JN269336

カルマンフィルタの基礎

足立修一・丸田一郎 共著

**Fundamentals of
Kalman Filter**

東京電機大学出版局

MATLABは米国 The MathWorks, Inc. の米国ならびにその他の国における商標または登録商標です．本文中では，^{TM} および ®マークは明記していません．

まえがき

　1960年代初頭にカルマンによって提案されたカルマンフィルタは，提案後50年以上経った現在でも，理論と応用の両面において活発に研究開発されている．20世紀にはさまざまな科学技術が研究開発されたが，カルマンフィルタはシステム科学の分野における最も代表的な成果の一つだろう．

　それまではたとえばRLC回路のような電気回路（ハードウェア）によって構成されていた電気的なフィルタを，1940年代に数理的な方法（ソフトウェア）で構築したのは米国のウィナーとロシアのコルモゴロフであったが，彼らの方法は数学的に非常に高度であり，また適用するための仮定も厳しかった．カルマンは，状態空間表現という新しい表現形式でフィルタリングの対象である時系列を記述し，逐次的な方法でフィルタリングされた値（状態推定値）を更新する方法を提案した．これは，計算機が生み出され科学的な計算が新しい方向に向かった1960年代に非常に合っていた．カルマンフィルタの逐次（再帰）計算は，ディジタル計算機のアルゴリズムとしてまさに合致していたのである．さらに，1960年代は宇宙開発が盛んに行われていた時代であり，カルマンフィルタは人工衛星の軌道推定という当時の最先端の対象に応用されて成功を収め，広く知られるようになった．

　カルマンフィルタは，システム制御理論の枠組みで発展してきたが，時系列，すなわち，ディジタル信号，実験データ，社会科学データ，経済データなどを対象とするため，工学に限定されずさまざまな分野に適用できる．そのため，1960年代からの応用分野である航空・宇宙分野をはじめとして，ロボット工学，信号・画像処理，通信工学などの工学分野のほか，計量経済学，農学，生物学など多岐にわたる分野で適用研究が行われている．

　カルマンフィルタを勉強するときのハードルの一つに，多様な前提知識が必要であることがあげられる．状態空間表現を用いるため，いわゆる現代制御理論（状態

空間法）の知識がまず必要になる．さらに，確率統計論を用いるために，確率，確率過程論の基礎，最小二乗推定法，ベイズ推定など，数理統計学の知識が必要になる．制御理論と確率統計論という大学の理工系の講義でも難解だと言われることが多い二つの分野を理解していないと，カルマンフィルタを理解することは難しいというのが，初学者の学習を妨げていたかもしれない．

　これまでに，洋書はもちろんのこと，和書でもカルマンフィルタのさまざまな良書が発行されているが，著者の私見ではかなりの前提知識がないと，それらの本を読みこなすことは困難だと思われる．特に和書では，制御の専門家向けの非常に理論的なものが多く，著者は長年カルマンフィルタの入門書を執筆したいと思っていた．

　そこで，本書では，カルマンフィルタの対象を離散時間データ（時系列）に限定した．数学的には連続時間カルマンフィルタは魅力的なテーマであるが，カルマンフィルタを現実問題に適用する場合には，離散時間カルマンフィルタを使うことがほとんどだからである．そして，カルマンフィルタの基本形である線形カルマンフィルタについて，その導出から丁寧に解説した．また，理解の助けになるように，MATLABのプログラム例もいくつか掲載した．その一方で，著者の力のなさから数学的な厳密性を欠く記述が多く見られるかもしれないことをあらかじめお許し願いたい．さらに，カルマンフィルタがカバーする領域が，制御理論から確率統計論などにまたがるために，専門用語の使い方には頭を悩ませた．たとえば，"one-step-ahead prediction" という英語は，制御の世界では「一段先予測」と訳すことが多いが，統計の世界では「一期先予測」と訳されている．著者の専門が制御工学であるために，このような場合には制御での使い方を優先させていただいた．

　本書の構成を図1に示す．本書は全8章からなっているが，どの章からでも読めるようにした．たとえば，手っ取り早くカルマンフィルタを理解したい読者は，第1章の「はじめに」を読んだあと，第6章の「線形カルマンフィルタ」に進んでもよい．時系列やシステムのモデリングを学びたい読者は，第2章，第3章が参考になるだろう．また，カルマンフィルタで用いる確率・統計的な前提である最小二乗推定法は第4章に，ベイズ統計の基礎は第5章に記述してある．第6章「線形カルマンフィルタ」は本書の中心的部分であり，線形離散時間カルマンフィルタの基礎について丁寧に解説している．第7章は線形カルマンフィルタより高度な非線形カルマンフィルタについての解説である．第8章ではカルマンフィルタの応用例について

```
            ┌──────────────────┐
            │ 第1章 はじめに    │
            └──────────────────┘
         ┌──────────┼──────────┐
   ┌─────────┐ ┌─────────┐ ┌─────────┐
   │  背景    │ │  本論    │ │ 応用例   │
   └─────────┘ └─────────┘ └─────────┘
```

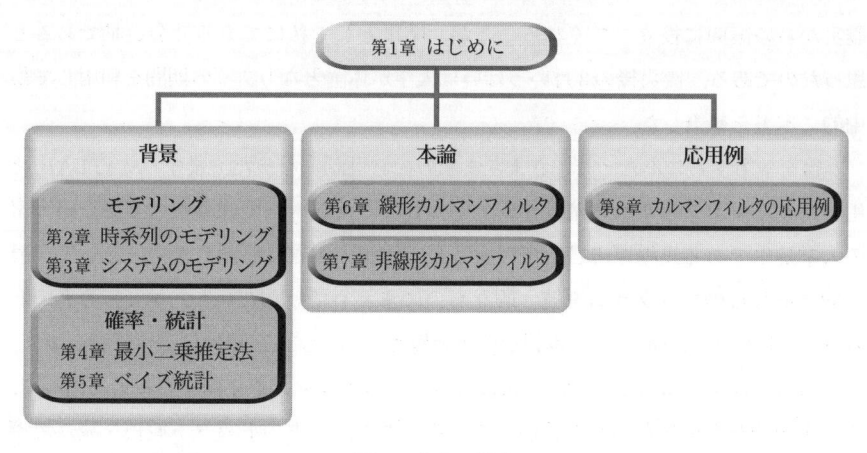

図1　本書の構成

記述した．

　本書は，これまで著者が行ったカルマンフィルタに関するセミナー，および慶應義塾大学大学院での講義「モデルベースト制御理論」の講義資料をもとにして執筆された．わかりやすいカルマンフィルタの入門書を目指したつもりであるが，どうしても数式が多くなって，結果的にはわかりにくくなってしまったかもしれない．しかし，読者には直感だけでわかったつもりになるのではなく，カルマンフィルタの数式を読者自身で手計算し，MATLABなどを用いて実際に数値計算することによって，地道に理解を深めていっていただきたい．カルマンフィルタというキーワードに興味があり，基礎からじっくりと勉強して利用してみたいという方に読んでいただければ幸いである．

　本書を執筆する材料は5年以上前から少しずつ準備していたが，カルマンフィルタの著書をまとめる決心がなかなかつかなかった．カルマンフィルタは，先駆的でかつ現在進行形のシステム科学の金字塔であり，著者がそのすべてを理解できるようなものではなかったからである．しかし，2011年3月11日に発生した東日本大震災が本書をまとめる大きなきっかけになった．さまざまな人たちがボランティアなどで被災地へ貢献されていたとき，私に何ができるか悩んでいたが，結局，私にできることは本業で頑張ることしかないと思った．難解と言われているカルマンフィルタの入門書を執筆し，その読者である研究者/技術者たちがカルマンフィルタ理論を大

震災からの復興に役立ててくれることが，結果として私にできる社会貢献であると思ったのである．震災後の3月いっぱいは大学が休講となり，その期間を利用して集中的に本書を執筆した．

　本書を執筆するにあたって，さまざまな方のお世話になった．まず，MATLABを用いたカルマンフィルタの例題作成で協力していただいた慶應義塾大学足立研究室の大学院生である馬場厚志君，川口貴弘君，伊藤大樹君に感謝します．そして，最終的にそれらのプログラムを統一的なものにまとめていただいた，第2の著者である丸田一郎博士（京都大学，本書を執筆時慶應義塾大学に在籍）に深く感謝します．これらのプログラムによって，本書はこれまでのカルマンフィルタの和書に比べて，より実用的なものになったと確信している．また，本書のドラフト原稿を読んで適切なコメントをくださった管野政明准教授（新潟大学）と村上俊之教授（慶應義塾大学）に感謝します．さらに，著者のカルマンフィルタに関する講義を受講していただいた慶應義塾大学の学生のみなさんによる，講義中の有益なフィードバックとドラフト原稿のタイプミスの発見に感謝します．最後に，本書の発行に際してさまざまな点でお世話になった東京電機大学出版局の吉田拓歩氏に感謝します．

　2012年8月　　　　　　　　　　　　　　　　　著者を代表して　足立修一

目次

第1章 はじめに　1

- 1.1 カルマンフィルタ 1
- 1.2 フィルタとは 2
- 1.3 フィルタリング問題の例題 4
- 1.4 離散時間信号の推定問題 8
- 1.5 フィルタリング，システム同定問題の周辺 10
- 1.6 カルマンフィルタの設計手順と本書の構成 12
- 演習問題 13
- 参考文献 14

第2章 時系列のモデリング　15

- 2.1 モデリングとは 15
- 2.2 時系列のモデリングとシステムのモデリング 16
- 2.3 線形動的システムを用いた時系列のモデリング 18
- 2.4 確率過程のスペクトル分解と ARMA モデル 20
- 2.5 AR モデルと MA モデル 25
- 2.6 時系列の状態空間モデル 29
- 2.7 状態空間モデルの実現 34
- 2.8 測定データに基づく時系列モデリング 38
- 演習問題 44
- 参考文献 44

第3章　システムのモデリング　45

- 3.1　信号とシステム 45
- 3.2　制御のためのモデリング 46
- 3.3　第一原理モデリング 53
- 3.4　システム同定 55
- 3.5　制御のためのモデリングのポイント 56
- 　　　演習問題 58
- 　　　参考文献 58

第4章　最小二乗推定法　60

- 4.1　最小二乗推定法（スカラの場合） 60
- 4.2　最小二乗推定法（多変数の場合） 69
- 　　　演習問題 74
- 　　　参考文献 75

第5章　ベイズ統計　76

- 5.1　はじめに 76
- 5.2　確率の初歩 78
- 5.3　ベイズの定理 79
- 5.4　ベイズ統計 80
- 5.5　推定理論 82
- 5.6　正規分布の場合の最尤推定法（スカラの場合） 84
- 5.7　最尤推定法（多変数の場合） 90
- 　　　演習問題 94
- 　　　参考文献 94

第6章　線形カルマンフィルタ　95

- 6.1　カルマンフィルタリング問題 96
- 6.2　逐次処理 98
- 6.3　時系列に対するカルマンフィルタ 99

6.4	数値シミュレーション例	111
6.5	システム制御のためのカルマンフィルタ	122
6.6	定常カルマンフィルタ	127
6.7	MATLAB 例題	134
6.8	カルマンフィルタのパラメータ推定問題への適用	140
6.9	カルマンフィルタの特徴と注意点	147
	演習問題	149
	参考文献	150

第7章　非線形カルマンフィルタ　152

7.1	問題の説明	152
7.2	拡張カルマンフィルタ	156
7.3	UKF	163
7.4	数値シミュレーション例	174
7.5	状態と未知パラメータの同時推定	186
	演習問題	190
	参考文献	191

第8章　カルマンフィルタの応用例　192

8.1	相補フィルタ	192
8.2	リチウムイオン二次電池の状態推定	204
8.3	まとめ	211
	演習問題	212
	参考文献	212

付録A　MATLAB プログラム　213

A.1	無名関数	213
A.2	関数ハンドル	214
A.3	クロージャとしての関数ハンドル	215
A.4	高階関数	217

演習問題の解答　221
索引　225

コラム

- ルドルフ・カルマン教授 5
- Big people 13
- ノーバート・ウィナー 43

ミニ・チュートリアル

- 白色雑音 18
- 正規分布（ガウシアン）（1変数の場合） 31
- 正規分布（ガウシアン）（多変数の場合） 33
- 平方完成 64
- 期待値演算 103
- 可観測性と可制御性 131
- コレスキー分解 165

第1章 はじめに

1.1　カルマンフィルタ

　モデルベース開発（MBD：Model-Based Development）の重要性が自動車産業を中心に産業界で認識されてきた．「モデル」という用語は幅広い意味をもつため，MBDと一口に言ってもさまざまなとらえ方がされているのが現状であり，統一的な解釈をすることは難しい．しかしながら，システム科学や制御理論では，古くから「モデルに基づいた」解析（アナリシス）や設計（シンセシス）が研究開発されている．モデルに基づいたアプローチの中で，最もよく知られたものの一つが，**カルマンフィルタ**（Kalman filter）であろう．

　1960年代初頭，カルマン（Rudolf Emil Kalman）が離散時間カルマンフィルタを発表し，その後，カルマンと同僚の数学者であるビュシー（R. S. Bucy）によって連続時間カルマンフィルタが提案された．カルマンフィルタは，1960年代米国で行われた宇宙開発（アポロ計画）における人工衛星の軌道推定での成功とともに，広く知られるようになった．提案後50年以上経った現在でも，線形カルマンフィルタの拡張に関する研究，たとえば，UKF（Unscented Kalman Filter）や，モンテカルロ法を適用したパーティクルフィルタ，アンサンブルカルマンフィルタなどが精力的に研究されている．理論研究だけでなく，カーナビなどをはじめとした実用化研究も数多く行われている．

　カルマンフィルタは，システム制御理論の枠組みで発展してきたが，その基本は時系列解析にあるため，ダイナミクスをもつ時系列（ディジタル信号，実験データ，社会科学データ，経済データなど）を扱うすべての領域で利用することができる．そのため，航空・宇宙工学，ロボット工学，信号・画像処理，通信工学などの工学をは

じめとして，計量経済学，農学，生物学など，さまざまな分野でカルマンフィルタの適用が検討されている．さらに，最近では，量子システムを対象とした量子フィルタリングと呼ばれる新しい研究も開始されている．

カルマンフィルタに関しては，これまで多くの洋書，和書が出版されているが，本書では特に文献 [1]〜[8] を参考にした[1]．これらの本は，本書より数学的に高度で厳密な内容を取り扱っているので，本書を読んだあとでこれらの本を読むと，よりカルマンフィルタに関する理解が深まるだろう．

1.2　フィルタとは

日常生活で**フィルタ**（filter）と言うと，コーヒーフィルタや空気清浄機などを思い浮かべるだろう（図1.1参照）．これらのフィルタの一般的な意味は，「不要なものを取り除き，欲しいものだけを通すもの」である．フェルト（felt）という布を使ってワインなどの液体から不純物を取り除いていたところから，フィルタという言葉が派生したと言われている．

フィルタを作用させることを意味する**フィルタリング**（filtering）という用語には，さまざまな日本語訳が存在する．たとえば，電気では「濾波(ろは)」，化学では「濾過(ろか)」，そ

図1.1　一般的なフィルタの例 [9]

---

[1] 本書では，各章末に参考文献を掲載している．

して光学では「濾光」などという訳語が使われる．特に電気回路では，低域通過フィルタ（low-pass filter，ローパスフィルタ）や帯域通過フィルタ（band-pass filter，バンドパスフィルタ）といった用語で，フィルタという言葉がよく知られている．最近では，電子メールの世界で「スパムフィルタ」（スパムメールなどを判別し隔離するもの）という言葉もよく使われる．また，数学の集合論の世界にも「フィルター」という概念がある．

フィルタリング理論は，1940年代にコルモゴロフ（ロシア）とウィナー（米国）らによって定常時系列（定常確率過程）に対して提案されたものに始まる．彼らはつぎのような問題を考えた．

❖ Point 1.1 ❖ （古典的な）フィルタリング問題
　測定された時系列データの中から，信号（Signal, S）成分だけを通し，雑音（Noise, N）成分を除去する仕組み（アルゴリズム）を見つけること．ただし，その時刻までの時系列データを用いて，その時刻で信号処理を行う．

この問題の解答として得られた代表的なフィルタが，**ウィナーフィルタ**（Wiener filter）である．

　制御理論の用語を使うと，ウィナーフィルタは**伝達関数**（transfer function）を用いた定式化であったが，カルマンは**状態空間表現**（state-space representation）による定式化を用いて，つぎのようなフィルタリング問題を考えた．

❖ Point 1.2 ❖ フィルタリング問題（状態推定問題）
　現時刻までに測定可能な量である時系列データと，場合によっては入力も用いて，ダイナミクスを規定する状態変数の値を推定すること．

　状態方程式の状態を推定する方法として，ルーエンバーガによるオブザーバ（状態観測器）が有名であるが，これは雑音などが存在しない確定的な場合を対象としている．それに対して，カルマンフィルタでは，確率的な枠組みで状態推定問題を検討した．

　図1.2に，日常生活で経験する状態推定の一例を示す[9]．相手と会話しているとき，入出力データは会話であるが，会話に表れない相手の本心を，それまでの付き合

図1.2 日常生活の中の状態推定：相手の「心の内」を読む

いで構築してきた相手のモデルに基づいて探ることが，相手の内部状態を推定する状態推定に対応する．

1.3 フィルタリング問題の例題

Point 1.2でフィルタリング問題を定義したが，それは抽象的なものだったので，本節では具体的な例題を通して，フィルタリングについて見ていこう．

つぎの運動方程式に従う力学システム（バネ・マス・ダンパシステム）を考える．

$$M\frac{\mathrm{d}^2 y(t)}{\mathrm{d}t^2} + C\frac{\mathrm{d}y(t)}{\mathrm{d}t} + Ky(t) = u(t) \tag{1.1}$$

ただし，t は連続時間 $(0 \leq t < \infty)$ を表し，M は質量，C は粘性係数，K はバネ定数である．また，$u(t)$ は入力である力，$y(t)$ は出力である質点の位置である．本書では，時系列，すなわち離散時間データのみを対象としているが，この例題では，説明を簡単にするために，連続時間データを対象とした．いま，$y(t)$ は位置，$\mathrm{d}y(t)/\mathrm{d}t$ は速度，$\mathrm{d}^2 y(t)/\mathrm{d}t^2$ は加速度であるが，ここでは位置 $y(t)$ だけ測定可能であると仮定する．

一般に，力学的な関係は，式 (1.1) のように微分方程式で記述され，**ダイナミクス** (dynamics)[2] と呼ばれる．ダイナミクスは連続時間系の場合には微分方程式で，離散

---

[2] "Dynamics" は，機械系では「動力学」，電気系では「動特性」と訳されることが多い．

時間系の場合には差分方程式で記述される．本書で扱うカルマンフィルタのような状態推定問題では，式 (1.1) の微分方程式で記述されたダイナミクスを状態方程式と呼ばれる表現形式に変換する．そこで，式 (1.1) から状態空間表現を導出しよう．

いま，状態変数として二つの物理量（位置と速度），

$$x_1(t) = y(t) \qquad \text{（位置）} \tag{1.2}$$

$$x_2(t) = \frac{\mathrm{d}y(t)}{\mathrm{d}t} \qquad \text{（速度）} \tag{1.3}$$

を選ぶと，つぎの式を導くことができる．

$$\frac{\mathrm{d}x_1(t)}{\mathrm{d}t} = x_2(t) \tag{1.4}$$

コラム1 ── ルドルフ・カルマン教授（1930〜）

カルマン教授はハンガリーのブダペストで生まれた．戦火を逃れるため，1944 年に米国に入国した後，1951 年に MIT（マサチューセッツ工科大学）に入学し，1953 年に電気工学で学士号，1954 年に修士号を取得した．彼の修士論文のテーマは「2 次差分方程式の解の挙動」であった．1957 年にコロンビア大学で博士号（Ph.D）を取得した．コロンビア大学時代の同僚には，システム同定の創始者であり，ファジィ制御で有名なザデー（I. A. Zadeh）がいた．IBM 研究所を経て，1964 年スタンフォード大学教授，1971 年フロリダ大学において数学的システム論センターの教授と所長を兼任した．1973 年にはスイス連邦工科大学（ETH）の数学的システム論講座の教授を併任．1985 年には京都賞（先端技術部門賞）を受賞している．また，2008 年には Draper Prize を受賞している．これは慣性航法の父と呼ばれるドレイパー（C. S. Draper）の名を冠した賞であり，「カルマンフィルタとして知られている最適ディジタル技術の開発と普及」に対してこの賞が贈られた．

カルマンと現代制御

また，式 (1.2)，(1.3) を式 (1.1) に代入すると，

$$\frac{dx_2(t)}{dt} = \frac{1}{M}\{-Cx_2(t) - Kx_1(t) + u(t)\} \tag{1.5}$$

が得られる．式 (1.4)，(1.5) の連立方程式は，つぎのように行列・ベクトルを用いて表現できる．

$$\frac{d}{dt}\begin{bmatrix} x_1(t) \\ x_2(t) \end{bmatrix} = \begin{bmatrix} 0 & 1 \\ -\frac{K}{M} & -\frac{C}{M} \end{bmatrix} \begin{bmatrix} x_1(t) \\ x_2(t) \end{bmatrix} + \begin{bmatrix} 0 \\ \frac{1}{M} \end{bmatrix} u(t) \tag{1.6}$$

いま，**状態ベクトル** (state vector) をつぎのように定義する．

$$\boldsymbol{x}(t) = \begin{bmatrix} x_1(t) \\ x_2(t) \end{bmatrix} \tag{1.7}$$

また，つぎのような行列 $\boldsymbol{A}$ とベクトル $\boldsymbol{b}$ を定義する．

$$\boldsymbol{A} = \begin{bmatrix} 0 & 1 \\ -\frac{K}{M} & -\frac{C}{M} \end{bmatrix}, \quad \boldsymbol{b} = \begin{bmatrix} 0 \\ \frac{1}{M} \end{bmatrix} \tag{1.8}$$

これらの記号を用いると，式 (1.6) は，

$$\frac{d}{dt}\boldsymbol{x}(t) = \boldsymbol{A}\boldsymbol{x}(t) + \boldsymbol{b}u(t) \tag{1.9}$$

のように記述でき，これは**状態方程式**と呼ばれる．状態ベクトルを用いると，出力 $y(t)$ は，

$$y(t) = \boldsymbol{c}^T \boldsymbol{x}(t) \tag{1.10}$$

のように記述でき，これは**観測方程式**と呼ばれる[3]．ただし，

$$\boldsymbol{c}^T = \begin{bmatrix} 1 & 0 \end{bmatrix} \tag{1.11}$$

とおいた．式 (1.9)，(1.10) をシステムの**状態空間表現**と呼ぶ．また，ここでは状態空間表現の係数行列 $\{\boldsymbol{A}, \boldsymbol{b}, \boldsymbol{c}\}$ はすべて既知であると仮定する[4]．なお，状態空間表現については，第 2 章で詳しく説明する．

---

[3] 出力方程式，測定方程式と呼ばれることもある．
[4] 本書では，基本的に行列は $\boldsymbol{A}$ のように大文字の太字斜体で，ベクトルは $\boldsymbol{b}$ のように小文字の太字斜体で表す．また，特に断らない限り，ベクトルは列ベクトルとする．

ここで考えている力学システムは，**1入力1出力**（SISO：Single Input, Single Output）システムであるが，2次系なので状態変数は二つある．位置センサはついているが，速度センサはついていない状況を仮定しているため，これらの状態変数のうち一つしか測定できない．また，式(1.9)，(1.10)の状態空間表現では雑音を考慮していなかったが，実際には位置を測定するとき観測雑音が混入する．

以上の準備のもとで，ここで考えているフィルタリング問題はつぎのようになる．

> ♣ Point 1.3 ♣　力学システムのフィルタリング問題
>
> 　力学システムを記述する状態空間表現の係数行列・ベクトル $\{A, b, c\}$ が既知である，すなわちシステムのダイナミクスが既知であるという仮定のもとで，雑音に汚された位置の測定値 $y(t)$ から，状態変数 $x(t)$（すなわち，速度と位置）を推定すること．

位置が測定されているとき，それから速度を求める最も直接的な方法は，位置信号を微分することである．しかし，信号の微分は高域通過フィルタを通すことと同じなので，位置データに雑音が多く含まれている場合には，まず，位置データを低域通過フィルタ（LPF）に通す必要がある．一般に，信号は低域にパワーを多くもっており，一方，雑音は白色性雑音のように，そのパワースペクトルは平坦である．したがって，図1.3に示すような LPF を通すことになるが，このフィルタの構造（次数）やカットオフ周波数の決定は，試行錯誤や経験に頼ることが多い．

カルマンフィルタでは，雑音の正規白色性を仮定することにより，フィルタを試行錯誤に頼ることなく，システマティックに最適設計することができる．ここで考え

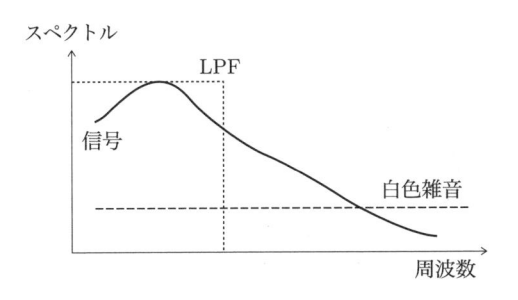

図1.3　古典的なフィルタリング問題

た例題のように，位置を測定するセンサしか搭載されていないとき，その情報から速度センサがなくてもソフトウェアで速度を推定することができる．そのため，カルマンフィルタは通常のハードウェアのセンサではなく，**ソフトセンサ**（software sensor）と呼ばれることもある．

この力学システムの例のように，対象のダイナミクスが明らかで，質量などの物理パラメータ値が既知，すなわち，対象の正確なモデルが利用できれば，その情報を有効に活用することによって，状態推定（フィルタリング）を行うことができる．これがカルマンフィルタの重要なポイントの一つである．この意味で，カルマンフィルタは対象のモデルに基づく，モデルベーストアプローチである．カルマンフィルタが提案された 1960 年代と比べると，格段にモデリング技術が進歩している．これは，物理モデリングに代表される第一原理モデリングと，入出力データに対して主に統計的処理を行うシステム同定の発展によるところが大きい．そのため，カルマンフィルタが利用される機会は，これからもますます増加していくだろう．

1.4　離散時間信号の推定問題

図 1.4 に，連続時間信号 $\{y(t): 0 \leq t < \infty\}$ と，それをサンプリング周期 T で等間隔にサンプリングした離散時間信号 $\{y(k): k = 0, 1, 2, \ldots\}$ を示す．ここで，k は離散時刻を表す整数である．通常，自然界に存在する信号は，前節で取り扱った力学システムの例のように連続時間信号で記述されるが，われわれがそれらをディジタル計算機などで処理するときには，離散時間信号に変換する必要がある．また，為替レートのような経済データは本質的に離散時間信号であることが多い．離散時間

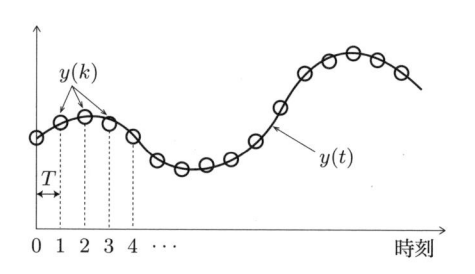

図 1.4　連続時間信号 $y(t)$ と離散時間信号 $y(k)$

信号は**時系列**（time series）データと呼ばれることもある．本書では時系列を対象とする．

さて，推定問題は利用できるデータの時刻と推定したい時刻の関係で，三つに分類できる．その様子をつぎの Point 1.4 にまとめた．

❖ **Point 1.4** ❖ **推定問題**（estimation problem）

現時刻を k とするとき，推定問題はつぎの三つに分類される．

- **予測**（prediction）——時刻 $(k-n)$ までの過去のデータに基づいて現在の値 $y(k)$ を推定する問題であり，予測値は $\hat{y}(k|k-n)$ と表記される．
- **フィルタリング**（filtering）——時刻 k までの現時刻を含む過去のデータに基づいて現在の値 $y(k)$ を推定する問題であり，フィルタリング値は $\hat{y}(k|k)$ と表記される．
- **平滑**（smoothing）——時刻 $(k+n)$ までの未来のデータに基づいて現在の値 $y(k)$ を推定する問題であり，平滑値は $\hat{y}(k|k+n)$ と表記される．

本書では，この中で主にフィルタリング問題について考える．

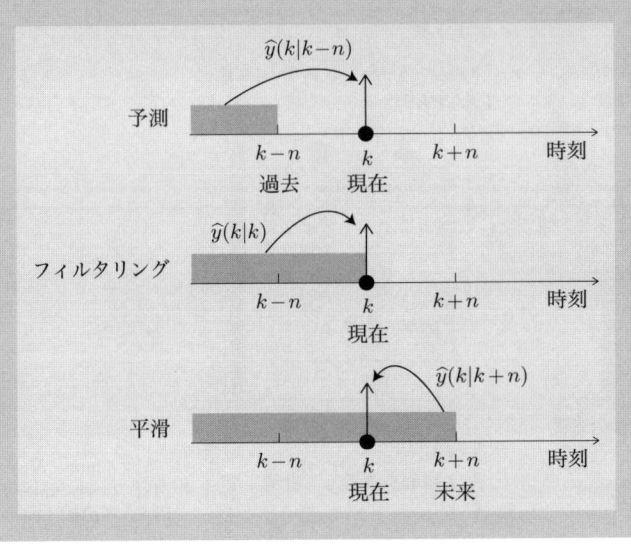

1.5 フィルタリング，システム同定問題の周辺

著者が 2000 年頃に作成したシステム同定の周辺分野の関係図の一例を図 1.5 に示す．また，図 1.6 には，2009 年 7 月にフランスで行われた IFAC Symposium on System Identification でプレナリー講演をした Brett Ninness 教授が作成したシステム同定の周辺分野の関係図[10] を示す．これらの図から，確率・統計的な基礎が重要であることが理解できるだろう．特に，ベイジアン，マルコフ連鎖モンテカルロ法（MCMC 法）やブートストラップ法といった統計学におけるツールの重要性が，今後増していくだろう．

なぜいま「確率・統計」なのだろう？　この質問に対する著者の私見を述べておこう[11]．

これまで，制御理論の威力を発揮できる制御対象は，前述した力学系のようなメカニカルシステムに代表される第一原理（たとえば，ニュートン力学やさまざまな保存則）に基づいてダイナミクスが記述される美しい対象であった．それに対して，これから制御が必要になっていく重要な分野として，たとえば，量子システムやバ

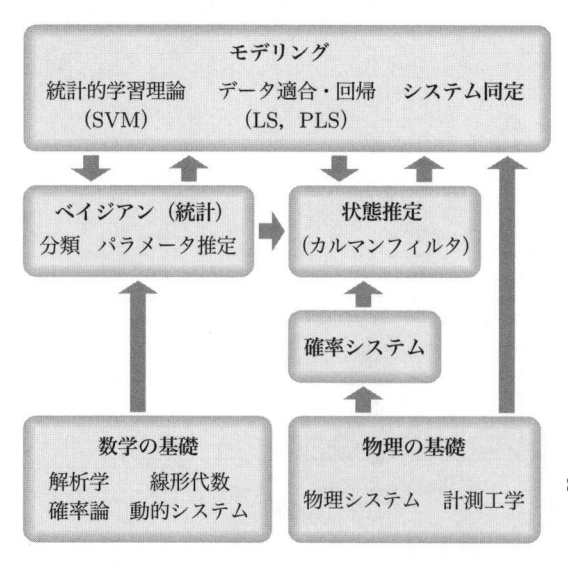

図 1.5　システム同定問題の周辺分野 (1)

SVM：Support Vector Machine
LS：Least-Squares
PLS：Partial Least-Squares

図1.6 システム同定問題の周辺分野 (2)

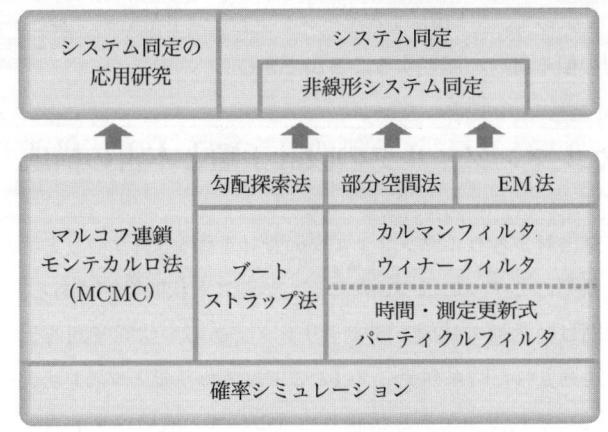

EM：Expectation Maximization

イオシステム，あるいは自動車の運転などのように人間が制御ループの中に含まれるシステム（MIL：Man In the Loop）などがあげられる．

量子システムは確率の概念が必須になる典型的な分野であろう．アインシュタインは「いずれにしても彼［神］はサイコロを振らないと，私は確信している」（1926）と述べたが，ホーキング（ケンブリッジ大学）は「あらゆる証拠から，神は根っからのギャンブラーであり，機会あるごとにサイコロを振っている」（1993）とアインシュタインと逆の立場をとっている．

また，バイオシステムにおいても確率（ゆらぎ）の重要性が指摘されている．たとえば，細胞分裂，慨日リズム，化学走性，遺伝子発現などにおいてゆらぎの研究が行われている．

さらに，人間を含むシステムでは，気まぐれな人間を確定的に記述することは不可能に近いだろう．このようなときわれわれが利用できる数学のツールは「確率」である．対象を確率的にモデリングすることに対する関心が，今後ますます高まっていくだろう．

過去50年の間に，システム制御分野における確率・統計的アプローチの最も成功した例は，本書の主題であるカルマンフィルタであろう．時系列が線形で，雑音が正規性であるという仮定のもと，時系列の動的モデルに基づいてカルマンフィルタ

を用いることによって，平均値（1次モーメント）と共分散行列（2次モーメント）で複雑な時系列の振る舞いを記述することができる．

1.6　カルマンフィルタの設計手順と本書の構成

時系列データに対するカルマンフィルタの設計手順を図1.7にまとめる．カルマンフィルタは時系列のモデルに基づいたモデルベース状態推定である．したがって，設計の第1段階は時系列の状態空間モデリングである．状態空間モデルを構築することにより，観測された時系列データ（ここではスカラ量とする）と，その時系列の背後に含まれている物理量である状態変数（これは一般にベクトル量である）を推定することができる．

引き続く第2章と第3章では，カルマンフィルタ設計の第1段階であるモデリングについて解説する．第2章では時系列のモデリングについて，第3章ではシステムのモデリングについて述べる．カルマンフィルタを設計し，実装するためには，このモデリングのプロセスが最も重要であるが，本書ではカルマンフィルタのアルゴリズムについて重点をおくため，モデリングのステップについては簡潔にまとめる．

第4章と第5章では，カルマンフィルタの推定理論の基礎となる最小二乗推定法とベイズ統計について解説する．第4章では，線形推定則である最小二乗推定法を，スカラの場合と多変数の場合に対して詳細に導出する．第5章では，近年注目を集めているベイズ統計の基礎を簡潔にまとめる．特に，正規性の仮定のもとでは，第4章で述べる最小二乗推定値は最尤推定値になることを明らかにする．これらの章は，数

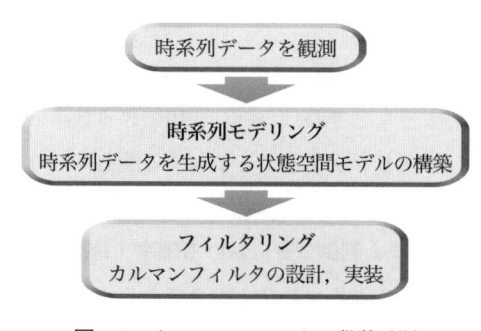

図1.7　カルマンフィルタの設計手順

> **コラム2 —— Big people**
>
> 1985年にカルマンが京都賞を受賞したとき，カルマンは彼に影響を与えたという，若い頃コロラドのパブで彼が見たエピグラフ（短い風刺詩）を紹介した．
>
> | Little people discuss other people. | （小さな人間は他人のことを話す） |
> | Average people discuss events. | （普通の人間は出来事を話す） |
> | Big people discuss ideas. | （大きな人間はアイディアを議論する） |

式が多く，初学者にとってはとっつきにくいかもしれないので，第6章のカルマンフィルタを学習したあとで，手を動かして数式を確認することをお勧めする．

第6章は，本書の主題である線形カルマンフィルタに関する章である．対象とする時系列が何らかの線形システムから生成され，その駆動源雑音と観測雑音が正規白色性であるという理想的な仮定のもとでのカルマンフィルタを，最初に導出する．初学者のために，少々くどいくらいの数式の変形を与えた．また，多変数時系列の場合，そして制御入力がある場合のカルマンフィルタも与える．さらに，理解を助けるために，MATLABのプログラム例も掲載する．第6章の後半では，リッカチ方程式を用いた定常カルマンフィルタの導出，そして，カルマンフィルタのパラメータ推定問題への適用についても解説する．

第7章では，非線形時系列に対するカルマンフィルタについて解説する．特に，EKF (Extended Kalman Filter, 拡張カルマンフィルタ) と UKF (Unscented Kalman Filter) について，MATLABを用いた例題を中心にして述べる．

第8章では，カルマンフィルタの応用例として，相補フィルタを用いた慣性航法システムと，リチウムイオン二次電池の状態推定を紹介する．

演習問題

1-1 さまざまな分野において用いられているフィルタについて調べよ．

1-2 電気回路による低域通過フィルタの設計法について調べよ．

1-3 信号処理の分野などで用いられているディジタルフィルタについて調べよ．

参考文献

[1] 有本 卓：カルマンフィルター，産業図書，1977.
[2] 片山 徹：新版 応用カルマンフィルタ，朝倉書店，2000.
[3] 片山 徹：システム同定――部分空間法からのアプローチ，朝倉書店，2004.
[4] 谷萩隆嗣：カルマンフィルタと適応信号処理，コロナ社，2005.
[5] Simon Haykin : Adaptive Filter Theory (4th Ed.), Prentice Hall, 2001.
[6] M. S. Grewal and A. P. Andrews : Kalman Filtering: Theory and Practice Using MATLAB (3rd Edition), Wiley-IEEE Press, 2008.
[7] R. G. Brown and P. Y. C. Hwang : Introduction to Random Signals and Applied Kalman Filtering (3rd Ed.), John Wiley & Sons, 1997.
[8] Simon Haykin (ed.) : Kalman Filtering and Neural Networks (4th Ed.), Wiley-Interscience, 2001.
[9] 生産技術者のためのキーワード100――計測・制御・センサ・アクチュエータのすべて，「機械と工具」1999年10月号別冊，工業調査会，1999.
[10] Brett Ninness : Some system identification challenges and approaches, 15th IFAC Symposium on System Identification, France, 2009.
[11] 足立修一：プラントモデリングにおけるシステム同定の役割，計測と制御，Vol.49, No.7, pp.433–438, 2010.

第2章 時系列のモデリング

　カルマンフィルタを用いて時系列やシステムの状態推定を行うためには，まず，対象となる時系列やシステムのモデリングを行わなければならない．これは，カルマンフィルタによって高精度な状態推定が行えるかどうかを左右する，非常に重要なプロセスである．そこで，本章では時系列のモデリングについて，次章ではシステムのモデリングについて解説する．

2.1 モデリングとは

　対象とするシステムあるいは時系列（信号）の振る舞いを特徴づけるモデルを構築することを**モデリング**（modeling）という[1]．モデリングは工学のさまざまな分野に登場する基本的な方法である．分野によってモデリングの意味が若干異なっているが，複雑な物理，化学，あるいは社会現象を**モデル**（model）という単純化された数学的表現に変換しようとする考え方は，ヨーロッパで誕生した近代科学の基礎をなしている．モデリングという過程には，方法論だけでなく，エンジニアの知恵と経験が大きく関与するところがあり，それが難しさでもあり面白さでもある．なお，「モデル」（model）の原義は「小さな尺度」（mode）である．ちなみに，「尺度とするときの」という原義からmodernという単語が派生したという．このようにモデルとモダンとが同じ語源をもつことは興味深い．

　本書で対象とする「モデル」は，プラモデルのような「模型」という意味のものであり，一般につぎのように記述できる．

> モデルとは対象の本質的な部分に焦点を当て，特定の形式で表現したものである

これは抽象的な言い回しなので，レーシングカーのプラモデルを例にとって説明しよう．プラモデルは，本物と比べて，材質も違うし，大きさも違うし，動力源も違うだろう．違う点ばかりである．その一方で，プラモデルの形や色は本物と同じである．このように，プラモデルは本物がもつ特徴のうちで，形や色に焦点を当てたモデルである．重要な点は，モデルは本物がもつ特徴のうちで，ユーザ（モデリングを行う人）が着目する点が一致していればよいということであり，本物の完全なコピーを作ることが，ここで考えているモデリングの目的ではない．このように，「モデル」と「近似」(approximation)は，ほぼ同義語として使われる場合が多く，モデルには必ず本物を記述していない部分（**モデルの不確かさ**（model uncertainty）と呼ばれる）があることを認識しておかなければならない．

2.2　時系列のモデリングとシステムのモデリング

時系列のモデリングとシステムのモデリングを図2.1にまとめた．時系列のモデリングでは，対象とする時系列を，ある線形システムの出力としてモデリングする．それに対して，システムのモデリング（特に，ここではシステム同定を指しているが）とは，対象とするシステムのモデルをそのシステムの入出力信号から構築することをいう．二つのブロック線図は似ているように見えるが，本章と次章でその違いを解説する．

システムのモデルが得られたら，それに基づいて制御系を構成するのがモデルに基づく制御である．その様子を図2.2に示す．一方，本書では，時系列あるいはシステムのモデルが得られたとき，そのモデルに基づいて状態推定（フィルタリング）を行うことが目的である．図2.3にその様子を示す．

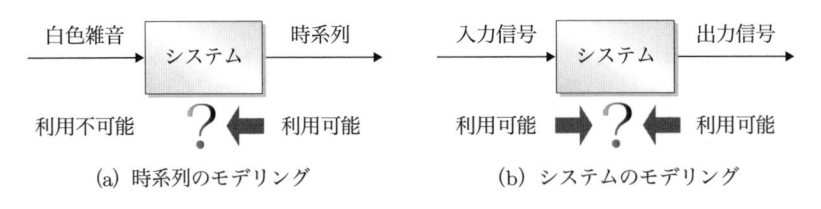

図2.1　時系列のモデリングとシステムのモデリング

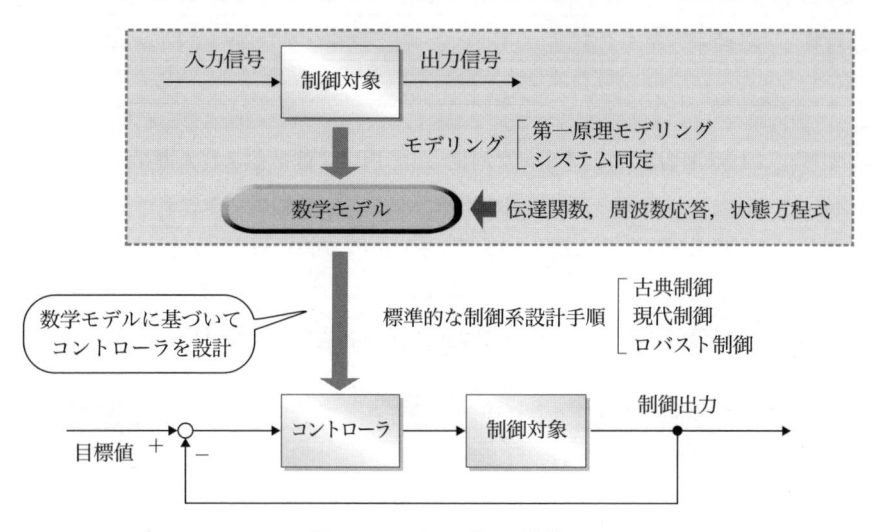

図2.2 モデルに基づく制御

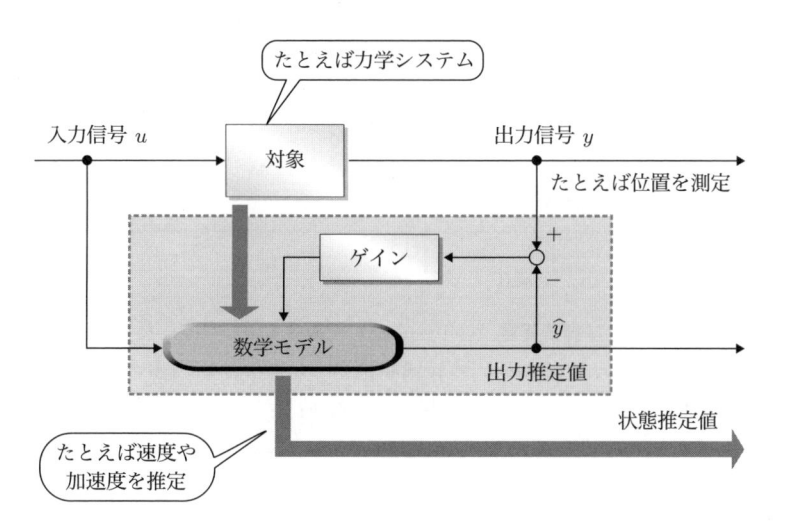

図2.3 モデルに基づく状態推定

2.3 線形動的システムを用いた時系列のモデリング

対象とする時系列データを

$$\{y(k),\ k=1,2,\ldots,N\}$$

とする．これは適切なサンプリング周期 T を用いて離散化された離散時間データ（信号）であり，k は時間を表す整数である．また，N は利用できるデータ数である．

たとえば，時系列（確率過程とも呼ばれる）$y(k)$ が白色雑音であれば，$\{y(i): i=1,2,\ldots,k-1\}$ の測定値から $y(k)$ を予測することはできない．なぜならば，白色雑音は無相関な時系列だからである（ミニ・チュートリアル1参照）．

ミニ・チュートリアル1 —— 白色雑音

時系列 $y(k)$ の自己相関関数は

$$\phi_y(\tau) = \mathrm{E}[y(k)y(k+\tau)] \tag{2.1}$$

のように定義される．ここで，E は期待値を表し，τ は遅れ（lag）を表す．

実データからは次式のような時間平均を用いて自己相関関数を計算する．

$$\phi_y(\tau) = \begin{cases} \dfrac{1}{N}\displaystyle\sum_{k=1}^{N-\tau} y(k)y(k+\tau), & \tau \geq 0 \\ \phi_y(-\tau), & \tau < 0 \end{cases} \tag{2.2}$$

いま，時系列 $y(k)$ の自己相関関数が，

$$\phi_y(\tau) = \begin{cases} \sigma_y^2, & \tau = 0 \\ 0, & \tau \neq 0 \end{cases} \tag{2.3}$$

を満たすとき，$y(k)$ は**白色雑音**（white noise）であると言われる．ただし，σ_y^2 は時系列 $y(k)$ の分散である．$\tau \neq 0$ のとき自己相関関数が 0 になることより，白色雑音は**無相関**（uncorrelated）であると言われる．無相関とは，時刻が異なる二つの白色雑音 $y(k)$ と $y(k+\tau)$ はまったく関係していないことを意味する．したがって，過去の白色雑音のデータをすべて利用できても，現時刻における白色雑音の値を予測することはできない．

また，白色雑音のパワースペクトル密度（$\Phi_y(\omega)$ とする）は，すべての周波数で一定値をとる．すなわち，$\Phi_y(\omega) = \mathrm{const.}$ であり，白色雑音はすべての周波数成分を含んでいる．白色雑音は，すべてのスペクトルをもつ白色光に由来する用語である．

一方，第1章の力学システムの例題では，出力信号 $y(t)$ は位置の測定値であったが，もともとの2階微分方程式から明らかなように，その背後に速度，加速度情報が含まれていた．このように，時系列が白色雑音でなければ，時系列データ $y(k)$ には，それ以外の物理量の情報（あるいは，物理的ではないが何らかの動的な関係）が含まれている．そして，その関係は連続時間の場合には微分方程式で，離散時間の時系列の場合には差分方程式で記述されることが予想できる．

以上の準備のもとで，ある時系列は，平均値 0，分散 1 の正規性白色雑音（$v(k)$ とする）が何らかの線形離散時間動的システム（その伝達関数を $H(z)$ とする）を通って得られたものであるとして，モデリングすることができる．これを式で表すと，

$$y(k) = H(z)v(k) \tag{2.4}$$

となる（図2.4参照）．ここで，z は**時間推移演算子**（time shift operator）を表すものとする[1]．たとえば，$zy(k) = y(k+1)$ となるような演算子である．

周波数領域で考えると，白色雑音のパワースペクトル密度関数は周波数に対して一定値をとるので，それがある周波数特性をもつシステム H を通ると，時系列 $y(k)$ のパワースペクトル密度は，システムの周波数特性と同じ情報をもつ．この事実より，時系列の動特性を解析することは，システムを解析することと同じ意味をもつ

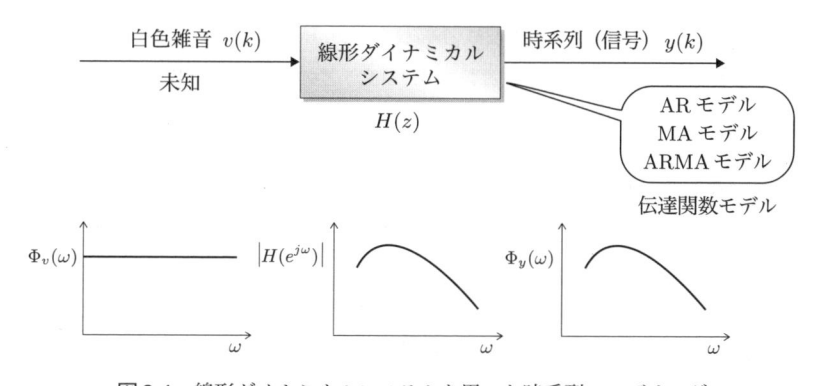

図2.4 線形ダイナミカルシステムを用いた時系列のモデリング

---

[1]. たとえば，拙著[1]では時間推移演算子としてqを用いているが，本書ではzを用いる．

ことになる(図2.4参照.これは図2.1(a)に対応する).このように,線形システムを用いて時系列をパラメトリックにモデリングすることができる[2].白色雑音を線形システムの駆動源として,時系列をシステムの出力とみなすこの考え方は,カルマンフィルタを学ぶ上で重要な出発点である.

2.4　確率過程のスペクトル分解と ARMA モデル[3]

図2.4に示したように,正規性白色雑音 $v(k)$ を漸近安定システム $H(z)$ に入力したときの出力信号を,時系列 $y(k)$ とする.入力信号は白色雑音なので定常確率過程であり,その分散を 1 としたので,出力信号はパワースペクトル密度関数

$$\Phi_y(\omega) = H(e^{-j\omega})H(e^{j\omega})\Phi_v(\omega) = \left|H(e^{j\omega})\right|^2 \tag{2.5}$$

をもつ定常確率過程になる.ただし,$H(e^{j\omega})$ はシステムの伝達関数 $H(z)$ の z の部分に $e^{j\omega}$ を代入した周波数伝達関数であり,ω は周波数である.式 (2.5) において,ある複素数 z に対してその複素共役を z^* とするとき,その複素数の大きさは,$|z|^2 = zz^*$ で計算できることを利用した.

このとき,つぎの二つの点が問題になる.

- 周波数 ω の複素関数であるスペクトル密度関数 $\Phi_y(\omega)$ は,つねに式 (2.5) のように $H(e^{-j\omega})H(e^{j\omega})$ と因数分解して記述できるのだろうか?
- もしもそのように記述できるのであれば,どのようにして関数 H を見つけることができるのだろうか?

これは**スペクトル分解**(spectral factorization)問題[2][3]として知られており,一般的に解くことは難しいが,つぎのような条件のもとで解けることが知られている.

---

[2]. 入出力データからシステムの動特性を求めるシステム同定の目的は,システムのモデリングであるが,時系列のモデリングの目的は信号のモデリングであることに注意する.
[3]. 本節の内容は少し高度なので,初学者は飛ばして次節に進んでもよい.

2.4 確率過程のスペクトル分解と ARMA モデル

❖ Point 2.1 ❖　スペクトル分解定理

有理形スペクトル密度関数（rational spectral density function）$\Phi(\omega)$ をもつ定常確率過程に対して，

$$\Phi(\omega) = H(e^{-j\omega})H(e^{j\omega}) = \left|H(e^{j\omega})\right|^2 \tag{2.6}$$

となるような z 平面の「単位円内（単位円上を含む）にすべての極と零点をもつ有理関数」H が存在する．

ここで重要な点が二つある．一つは有理形という仮定であり，もう一つは単位円内にすべての極と零点をもつ（このようなシステムを**安定**（stable）・**最小位相**（minimum phase）という）という仮定である．これらについて説明していこう．

まず，有理形とは，スペクトル密度関数 $\Phi(\omega)$ が $e^{j\omega}$（あるいは $\sin\omega$ と $\cos\omega$）の有理関数（すなわち，分数）で表されることを意味している．以下では，簡単な例を用いて説明する．

確率過程 $y(k)$ のパワースペクトル密度が

$$\Phi(\omega) = \frac{1 + b^2 + 2b\cos\omega}{1 + a^2 + 2a\cos\omega}, \quad |a| < 1,\ |b| < 1,\quad 0 \leq \omega \leq 2\pi \tag{2.7}$$

で与えられるものとする．ここで，ω はサンプリング周波数によって正規化された**正規化周波数**（normalized frequency）である．いま，

$$\cos\omega = \frac{e^{j\omega} + e^{-j\omega}}{2} \tag{2.8}$$

という複素関数の関係式を式 (2.7) に代入すると，つぎのように因数分解することができる[4]．

$$\Phi(\omega) = \frac{1 + b^2 + b(e^{j\omega} + e^{-j\omega})}{1 + a^2 + a(e^{j\omega} + e^{-j\omega})} = \frac{(1 + be^{j\omega})(1 + be^{-j\omega})}{(1 + ae^{j\omega})(1 + ae^{-j\omega})} \tag{2.9}$$

二つの1次多項式

$$A(e^{j\omega}) = 1 + ae^{j\omega}, \quad B(e^{j\omega}) = 1 + be^{j\omega} \tag{2.10}$$

を定義すると，式 (2.9) はつぎのようになる．

---

[4] この因数分解は初めて見ると難しく感じるかもしれないが，因数分解されたものから元の式を計算すれば，理解できるだろう．

$$\Phi(\omega) = \frac{B(e^{j\omega})}{A(e^{j\omega})} \cdot \frac{B(e^{-j\omega})}{A(e^{-j\omega})} = \left|\frac{B(e^{j\omega})}{A(e^{j\omega})}\right|^2 \tag{2.11}$$

さらに，二つの多項式の引数を

$$z = e^{j\omega} \tag{2.12}$$

とすると，

$$A(z^{-1}) = 1 + az^{-1}, \quad B(z^{-1}) = 1 + bz^{-1} \tag{2.13}$$

が得られる[5]．なお，時系列が定常過程になるために安定・最小位相という仮定が必要になるが，これについてはつぎの例題で説明する．

以上の結果を一般化すると，時系列 $\{y(k),\ k=1,2,\ldots\}$ は

$$A(z^{-1})y(k) = B(z^{-1})v(k) \tag{2.14}$$

のように記述できる．あるいは，

$$y(k) = \frac{B(z^{-1})}{A(z^{-1})}v(k) \tag{2.15}$$

と書くこともできる．ただし，

$$A(z^{-1}) = 1 + a_1 z^{-1} + \cdots + a_n z^{-n} \tag{2.16}$$
$$B(z^{-1}) = b_0 + b_1 z^{-1} + \cdots + b_n z^{-n} \tag{2.17}$$

とおいた．式 (2.13) の例は $n=1$ に対応する．また，$v(k)$ は平均値 0，分散 1 の正規性白色雑音である．このようなモデルを **ARMA モデル**（Auto-Regressive Moving Average model，自己回帰・移動平均モデル）[4] といい，そのブロック線図を図 2.5 に示す．ARMA モデルはシステムの伝達関数表現に対応する．

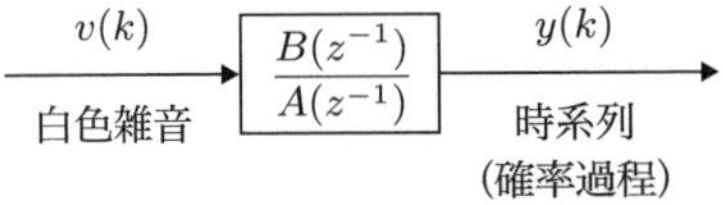

図 2.5　ARMA モデル

---

[5]. 本書では，数学的な厳密さには欠けるが，時間シフトオペレータと z 変換の両方の意味で z を用いることにする．

ここで，ARMA モデルの入力に当たる v は，白色雑音という確率過程であることに注意する．確率過程は正弦波のような確定的な信号と違って，試行するたびに異なる波形をとる．そのため，波形自体には意味はなく，白色性であること，そして，その平均値（1次モーメント）と分散（2次モーメント）といった統計量が意味をもつ．

式 (2.14) に式 (2.13) を代入して，**確率差分方程式** (stochastic difference equation) の形に変形すると，

$$y(k) + ay(k-1) = v(k) + bv(k-1) \tag{2.18}$$

が得られる．

このように，確率過程のパワースペクトル密度関数が有理形で与えられれば（これを有理形スペクトル密度という），因数分解（ここではスペクトル分解）のテクニックを用いて，その確率過程を記述する差分方程式を導出することができる．

例題 2.1

確率過程 $y(k)$ のパワースペクトル密度が，

$$\Phi(\omega) = \frac{1.04 + 0.4\cos\omega}{1.25 + \cos\omega}$$

で与えられるとき，スペクトル分解を用いて，この確率過程を記述する確率差分方程式を導け．

解答 $\Phi(\omega)$ をスペクトル分解すると，

$$\Phi(\omega) = \frac{(1 + 0.2e^{j\omega})(1 + 0.2e^{-j\omega})}{(1 + 0.5e^{j\omega})(1 + 0.5e^{-j\omega})}$$

が得られる．いま，$z = e^{j\omega}$ とおき，上式を因数分解すると，つぎのような4通りのスペクトル因子が得られる．

$$H_1(z) = \frac{z + 0.2}{z + 0.5}$$

$$H_2(z) = \frac{1 + 0.2z}{z + 0.5} = 0.2\frac{z + 5}{z + 0.5}$$

$$H_3(z) = \frac{z + 0.2}{1 + 0.5z} = 2\frac{z + 0.2}{z + 2}$$

$$H_4(z) = \frac{1+0.2z}{1+0.5z} - 0.4\frac{z+5}{z+2}$$

ここで，$H(z)$ が安定・最小位相である，すなわち，$H(z)$ と $H^{-1}(z)$ の両方とも安定であるという仮定を満たすのは，$H_1(z)$ のみである．これより，

$$H_1(z) = \frac{z+0.2}{z+0.5} = \frac{1+0.2z^{-1}}{1+0.5z^{-1}}$$

なので，多項式 A と B は，

$$A(z^{-1}) = 1 + 0.5z^{-1}, \quad B(z^{-1}) = 1 + 0.2z^{-1}$$

になる．よって，確率差分方程式

$$y(k) + 0.5y(k-1) = v(k) + 0.2v(k-1)$$

が得られる． ∎

この例題からわかるように，スペクトル因子が安定・最小位相であるという仮定を導入することにより，スペクトル因子を（符号を除いて）唯一に定めることができる．

以上で得られた結果を要約すると，つぎの Point 2.2 が得られる．

> ❖ **Point 2.2** ❖ **表現定理**（representation theorem）
>
> 有理形スペクトル密度関数 $\Phi(\omega)$ が与えられたとき，入力が白色雑音で，線形・漸近安定・最小位相・動的システムの出力がスペクトル密度関数 $\Phi(\omega)$ となるような定常過程を与えるシステムが存在する．言い換えると，すべての定常確率過程は，白色雑音を安定・最小位相フィルタを通すことによって生成される．

この定理は，時系列 $\{y(k)\}$ を有限個のパラメータで表現される線形システムというパラメトリックモデルで等価表現できることを示しており，時系列モデリングに基づく状態推定（フィルタリング）の基礎となる．

2.5 ARモデルとMAモデル

前節で取り扱った式 (2.7) は分子と分母からなる有理形スペクトル密度だったので，ARMA モデルが導出されたが，分母だけの場合には **AR モデル**（Auto-Regressive model）が，そして分子だけの場合には **MA モデル**（Moving Average model）が導出される．それらとその拡張である ARIMA モデルについて，以下でまとめておこう．

2.5.1 AR モデル

AR モデル（Auto-Regressive model，自己回帰モデル）のブロック線図を図 2.6 に示す．

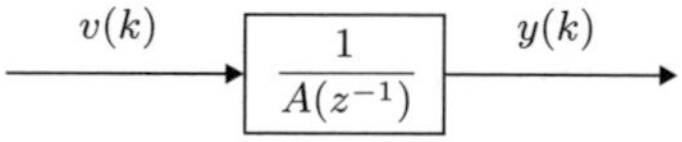

$$v(k) \to \boxed{\dfrac{1}{A(z^{-1})}} \to y(k)$$

図2.6　AR モデル

図より AR モデルは

$$y(k) = \frac{1}{A(z^{-1})} v(k) \tag{2.19}$$

と記述される．ただし，

$$A(z^{-1}) = 1 + a_1 z^{-1} + \cdots + a_n z^{-n} \tag{2.20}$$

とおいた．これより，AR モデルは白色雑音過程が分母だけからなるフィルタを通って時系列が生成される構造をしている．分母は**極**（pole）に対応するので，極の情報が支配的な時系列，たとえば，音声信号や地震波のような振動（共振）特性を有する時系列のモデリングに適している．

式 (2.20) より，z の n 次代数方程式

$$z^n A(z^{-1}) = z^n + a_1 z^{n-1} + \cdots + a_n = 0 \tag{2.21}$$

が得られる．この方程式の n 個の根が極である．この極がすべて z 平面の単位円内に存在するとき，時系列 $y(k)$ は**定常過程**（stationary process）になる．このとき，A は安定多項式と呼ばれる．なお，式 (2.15) で与えた ARMA モデルにより生成さ

れた時系列 $y(k)$ が定常過程になるための条件も,その分母多項式の根,すなわち極が単位円内に存在することである.

さて,多項式 $A(z^{-1})$ を

$$A(z^{-1}) = 1 + a_1 z^{-1}$$

とおいた簡単な AR モデルの例を与えよう.これは 1 次のモデルなので,AR(1) モデルと呼ばれる.この AR モデルを記述する差分方程式はつぎのようになる.

$$(1 + a_1 z^{-1})y(k) = v(k) \quad \longrightarrow \quad y(k) = -a_1 y(k-1) + v(k)$$

この式より,現時刻 k での時系列の値 $y(k)$ は,1 時刻前の自分自身の値 $y(k-1)$ を用いて計算されている.このことから,自己回帰モデルと名づけられた.

測定された時系列データ $\{y(1), y(2), \ldots, y(k)\}$ から,AR モデルの係数 $\{a_1, a_2, \ldots\}$ を推定する問題は,時系列モデリングの中心的テーマである.これは,時系列データの AR モデルへの**フィッティング**(fitting,適合)問題と呼ばれ,赤池や Burg らにより 1960 年代の後半に精力的に研究された.Burg の最大エントロピー法(MEM:Maximum Entropy Method),ユール=ウォーカー法などが有名である.時系列データから AR モデルを推定する方法については,2.8 節で説明する.

2.5.2　MA モデル

MA モデル(Moving Average model,移動平均モデル)のブロック線図を図 2.7 に示す.

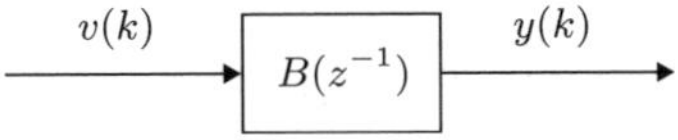

図2.7　MA モデル

図より MA モデルは

$$y(k) = B(z^{-1})v(k) \tag{2.22}$$

と記述される.ただし,

$$B(z^{-1}) = b_0 + b_1 z^{-1} + \cdots + b_n z^{-n} \tag{2.23}$$

とおいた．これより，MA モデルは白色雑音過程が**零点**（zero）だけから構成される **FIR モデル**（Finite Impulse Response model, 有限インパルス応答モデル）を通って時系列が生成される構造をしている．

MA モデルは有限個のインパルス応答から構成されるので，必ず式 (2.22) の入出力関係は安定になる．そのため，時系列 $y(k)$ が発散することはない．

多項式 $B(z^{-1})$ を

$$B(z^{-1}) = 0.5 + 0.5z^{-1}$$

とおいた簡単な MA モデルの例を与えよう．これは MA(1) モデルと呼ばれる．この MA モデルを記述する差分方程式はつぎのようになる．

$$y(k) = \frac{v(k) + v(k-1)}{2}$$

これは長さ 2 の移動平均フィルタを記述している．このように移動平均の操作と関係しているため，移動平均モデルと名づけられた．

2.5.3 ARIMA モデル

ARIMA モデル（Auto-Regressive Integrated Moving Average model, 自己回帰・積分・移動平均モデル）は，ボックス（Box）とジェンキンス（Jenkins）によって提案された**非定常時系列**（nonstationary time-series）を記述するモデルであり，

$$A(z^{-1})\nabla^d y(k) = B(z^{-1})v(k) \tag{2.24}$$

で与えられる．ただし，∇^d は

$$\nabla^d = (1 - z^{-1})^d, \quad d = 0, 1, 2 \tag{2.25}$$

で定義される差分演算子である．ARIMA モデルのブロック線図を図 2.8 に示す．

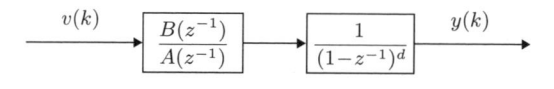

図2.8 ARIMA モデル

例題を用いて ARIMA モデルの理解を深めよう.

例題2.2

$A(z^{-1})$, $B(z^{-1})$, d を, それぞれつぎのように与える.

$$A(z^{-1}) = 1 + a_1 z^{-1}, \quad B(z^{-1}) = b_0 + b_1 z^{-1}, \quad d = 1$$

このとき, ARIMA モデルの確率差分方程式を導け.

解答 与えられた多項式などを式 (2.24) に代入して, 式を変形すると,

$$(1 + a_1 z^{-1})(1 - z^{-1})y(k) = (b_0 + b_1 z^{-1})v(k)$$
$$\{1 + (a_1 - 1)z^{-1} - a_1 z^{-2}\}y(k) = (b_0 + b_1 z^{-1})v(k)$$

となり, 次式が得られる.

$$y(k) = (1 - a_1)y(k-1) + a_1 y(k-2) + b_0 v(k) + b_1 v(k-1) \tag{2.26}$$

また,

$$(1 + a_1 z^{-1})\nabla y(k) = (b_0 + b_1 z^{-1})v(k)$$

より,

$$\nabla y(k) = -a_1 \nabla y(k-1) + b_0 v(k) + b_1 v(k-1) \tag{2.27}$$

と書くこともできる. ∎

なお, $d = 0$ のとき, ARIMA モデルは ARMA モデルに一致する. 差分の階数 d として 3 以上の値をとることもできるが, 現実的には 1, 2 の値 (すなわち 1 階差分, 2 階差分) がとられる. このように, ARIMA モデルは時系列モデルに d 個の積分器 (和分器), すなわち, $1/(1 - z^{-1})$ を含むため, 非定常時系列を記述することができる.

ここで紹介したさまざまな時系列モデルは, 工学のみならず, 金融データなどを扱う計量経済学においても精力的に研究されている[5].

時系列 (確率過程) の周波数特性であるパワースペクトル密度が測定 (計算) されていれば, 理論的には, スペクトル分解を用いて時系列のモデルである ARMA モデルを求めることができる. しかし, 因数分解の例題からわかるように, 比較的単純

で計算しやすいスペクトル密度関数が与えられていないと，スペクトル分解を行うことは大変難しい．そのため，ARMAモデルやその特殊な場合であるARモデルのパラメータを時間領域の時系列データから直接推定する方法が提案されており，現在ではそちらを用いることが多い（これについては2.8節で説明する）．

2.6　時系列の状態空間モデル

2.4節で説明したARMAモデルは，白色雑音によって線形動的システムが駆動され，その出力として時系列が生成されるというモデルであった．しかし，現実には，時系列データ $y(k)$ の観測値には雑音などが混入している．そこで，本節では伝達関数により記述されたARMAモデルなどの時系列モデルを状態空間表現に変換し，観測雑音を考慮したモデルを導入する．

2.6.1　状態空間モデル

時系列の状態空間モデルを図2.9に示す．まず，離散時間**状態方程式**（プロセス方程式とも呼ばれる）は

$$\boldsymbol{x}(k+1) = \boldsymbol{A}\boldsymbol{x}(k) + \boldsymbol{b}v(k) \tag{2.28}$$

で与えられる．ただし，$\boldsymbol{x}(k)$ は時刻 k における**状態**（state）であり，n 次元ベクトルである．状態とは，時系列の振る舞いを唯一に決定するために必要な最小のデータである．あるいは，時系列の未来の振る舞いを予測するために必要な，時系列の

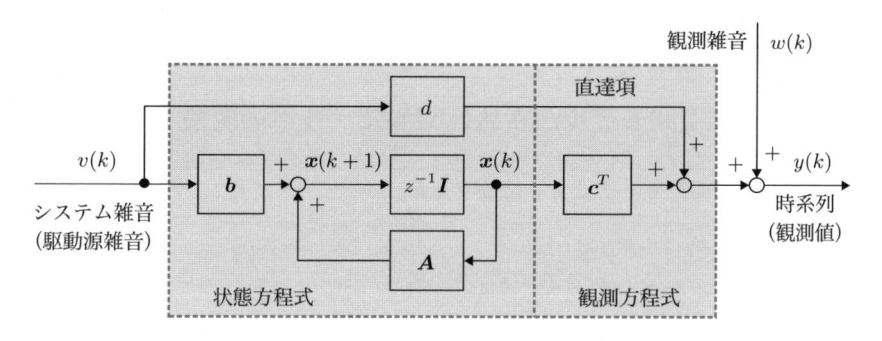

図2.9　時系列の状態空間モデル

過去の振る舞いに関する最小のデータということもできる．

式 (2.28) 中の A は**システム行列**と呼ばれ，その大きさは $(n \times n)$ であり，そのすべての固有値は単位円内に存在するものと仮定する[6]．また，b は n 次元ベクトルである．ここでは A と b を**時不変**（time-invariant），すなわち，時系列は定常過程としたが，$A(k)$, $b(k)$ とすれば**時変**（time-varying），すなわち，時系列が**非定常過程**（nonstationary process）のときにも適用できる．

式 (2.28) 中の $v(k)$ は，**システム雑音**（system noise）と呼ばれる**正規性白色雑音**である．図 2.9 から明らかなように，$v(k)$ はシステムを駆動するための入力であるので，駆動源雑音と考えることもできる．これは ARMA モデルを駆動する白色雑音 $v(k)$ に対応する．

つぎに，**観測方程式**（出力方程式，測定方程式とも呼ばれる）は，

$$y(k) = c^T x(k) + dv(k) + w(k) \tag{2.29}$$

で与えられる．ここで，c は観測係数ベクトル（n 次元）であり，これは物理量から観測量への変換係数ベクトルである．たとえば，熱電対を用いて温度を測定するとき，温度は電圧によって測定される．このとき，温度と電圧の間の変換係数が，この観測係数ベクトルの要素になる．$dv(k)$ は $v(k)$ が時間遅れなく直接 d 倍されて $y(k)$ に影響する項で，**直達項**と呼ばれる．離散時間の場合には演算遅れが存在するので，$d = 0$ とすることが多い．また，$w(k)$ は**観測雑音**（observation noise）であり，通常，システム雑音 $v(k)$ と無相関な正規性白色雑音が仮定される．式 (2.28)，(2.29) が時系列の状態空間表現である．

カルマンフィルタにおいて重要な仮定の一つである正規分布についてミニ・チュートリアル 2, 3 にまとめた．

2.6.2　状態空間モデルから ARMA モデルへの変換

式 (2.28) を初期値を 0 として z 変換すると，

$$(zI - A)x(z) = bv(z)$$
$$x(z) = (zI - A)^{-1} bv(z) \tag{2.30}$$

---

[6]. これは，AR, ARMA モデルのすべての極が単位円内に存在することに対応する．

ミニ・チュートリアル2 ── 正規分布（ガウシアン）（1変数の場合）

確率密度関数（probability density function）が，

$$p(x) = \frac{1}{\sqrt{2\pi\sigma^2}} \exp\left\{-\frac{1}{2}\frac{(x-\mu)^2}{\sigma^2}\right\}, \quad -\infty < x < \infty \tag{2.31}$$

で与えられる確率変数を**正規分布**（normal distribution）という．正規分布の確率密度関数の形を下図に示す．式 (2.31) において，μ は平均値 (mean value) であり，$\sigma\,(>0)$ は標準偏差 (standard deviation) である．また，σ^2 は分散 (variance) である．このような正規分布を $N(\mu, \sigma^2)$ と表記する．正規分布は**ガウス分布**，あるいは**ガウシアン** (Gaussian) とも呼ばれる．また，$N(0, 1)$ は**標準正規分布** (standard normal distribution) と呼ばれる．

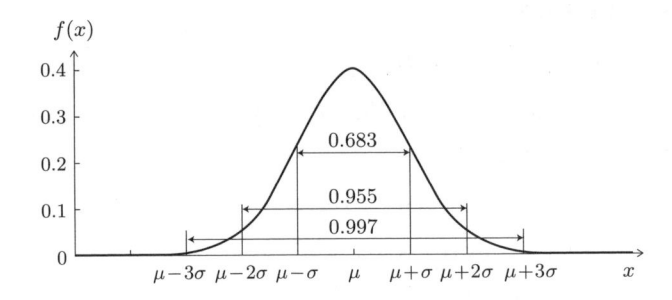

正規分布の性質をつぎにまとめよう．

(1) 1次モーメント（平均値）と2次モーメント（分散）を与えることにより，それが従う確率法則を完全に確定することができる．言い換えると，正規分布の確率変数の高次モーメントは，1次モーメントと2次モーメントから一意的に決定できる．これより，正規分布の場合，独立と無相関は等価になる．

(2) 確率変数 X が正規分布 $N(\mu, \sigma^2)$ に従うとき，その線形変換 $Y = aX + b$ は $N(a\mu + b, a^2\sigma^2)$ に従う．特に，$Z = (X - \mu)/\sigma$ は標準正規分布 $N(0, 1)$ に従う．これより，どんな正規分布の確率変数も標準正規分布に変換することができる．

(3) 中心極限定理（不規則性の和は近似的に正規分布に従う）に基づいて，多くの確率変数を正規分布で近似することができる．

(4) 正規分布の確率密度関数をフーリエ変換すると，同じ形式の関数になる．たとえば，式 (2.31) で $\mu = 0$ とした，

$$p(x) = \frac{1}{\sqrt{2\pi\sigma^2}} \exp\left\{-\frac{1}{2}\frac{x^2}{\sigma^2}\right\} \tag{2.32}$$

のフーリエ変換は

> ミニ・チュートリアル2 （つづき）
>
> $$\mathcal{F}[p(x)] = P(\omega) = \exp\left\{-\frac{1}{2}\sigma^2\omega^2\right\} \tag{2.33}$$
>
> で与えられる．これは平均値が 0 で，分散が σ^{-2} の正規分布である．
>
> 　これらの性質の中で，特に(1)と(2)はカルマンフィルタにおいて重要な性質である．雑音が正規性であるとは，時系列である雑音の振幅の分布が正規分布に従うことを意味する．本書では基本的に，システム雑音と観測雑音は正規性白色雑音であると仮定する．

が得られる．ただし，$x(z), v(z)$ はそれぞれ $x(k), v(k)$ の z 変換を表す．つぎに，式 (2.29) を z 変換すると，

$$y(z) = c^T x(z) + dv(z) + w(z) \tag{2.34}$$

が得られる．ただし，$y(z), w(z)$ はそれぞれ $y(k), w(k)$ の z 変換である．

　式 (2.30) を式 (2.34) に代入すると，

$$y(z) = \{c^T(zI - A)^{-1}b + d\}v(z) + w(z) \tag{2.35}$$

が得られる．式 (2.35) を式 (2.4) と比較すると，

$$H(z) = c^T(zI - A)^{-1}b + d \tag{2.36}$$

が得られる．これが，状態空間のシステム行列と伝達関数表現の関係式である．以上より，

$$y(z) = H(z)v(z) + w(z) \tag{2.37}$$

が得られる．ここで導入した状態空間表現は，伝達関数表現に観測雑音を考慮したものに等しいことが導かれた．

例題 2.3

状態方程式

$$\begin{bmatrix} x_1(k+1) \\ x_2(k+1) \end{bmatrix} = \begin{bmatrix} -0.5 & 0 \\ 0 & -0.3 \end{bmatrix} \begin{bmatrix} x_1(k) \\ x_2(k) \end{bmatrix} + \begin{bmatrix} 1 \\ 1 \end{bmatrix} v(k) \tag{2.38}$$

$$y(k) = \begin{bmatrix} -2.5 & 3.5 \end{bmatrix} \begin{bmatrix} x_1(k) \\ x_2(k) \end{bmatrix} \tag{2.39}$$

で記述される時系列 $\{y(k)\}$ を ARMA モデルに変換せよ．

> **ミニ・チュートリアル3 ―― 正規分布（ガウシアン）（多変数の場合）**
>
> n 次元ベクトル
>
> $$\boldsymbol{x} = [x_1, x_2, \ldots, x_n]^T$$
>
> が，平均値ベクトル $\overline{\boldsymbol{x}}$，共分散行列 (covariance matrix) $\boldsymbol{P}$ の**多変数正規分布**（あるいは，多次元正規分布とも呼ばれる）に従う場合を考える．ただし，
>
> $$\overline{\boldsymbol{x}} = \mathrm{E}[\boldsymbol{x}] \tag{2.40}$$
> $$\boldsymbol{P} = \mathrm{E}[(\boldsymbol{x} - \overline{\boldsymbol{x}})(\boldsymbol{x} - \overline{\boldsymbol{x}})^T] \tag{2.41}$$
>
> であり，$\boldsymbol{P}$ は $n \times n$ 正定値対称行列である．
>
> このとき，確率密度関数は，
>
> $$p(\boldsymbol{x}) = \frac{1}{\sqrt{(2\pi)^n \det \boldsymbol{P}}} \exp\left[-\frac{1}{2}(\boldsymbol{x} - \overline{\boldsymbol{x}})^T \boldsymbol{P}^{-1} (\boldsymbol{x} - \overline{\boldsymbol{x}})\right] \tag{2.42}$$
>
> で与えられる．ただし，$\det \boldsymbol{P}$ は行列 $\boldsymbol{P}$ の行列式である．下図に2次の場合の正規分布の確率密度関数の一例を示す．
>
> 式 (2.42) をフーリエ変換すると，
>
> $$p(\boldsymbol{\omega}) = \mathcal{F}[p(\boldsymbol{x})] = \frac{1}{\sqrt{(2\pi)^n \det \boldsymbol{P}^{-1}}} \exp\left[-\frac{1}{2}\boldsymbol{\omega}^T \boldsymbol{P} \boldsymbol{\omega}\right] \tag{2.43}$$
>
> が得られる．ただし，$\boldsymbol{\omega}$ は n 次元ベクトルである．スカラの場合と同様に，多変数正規分布の場合にも，確率密度関数をフーリエ変換すると，平均値ベクトル $\boldsymbol{0}$，共分散行列 $\boldsymbol{P}^{-1}$ の多変数正規分布となる．

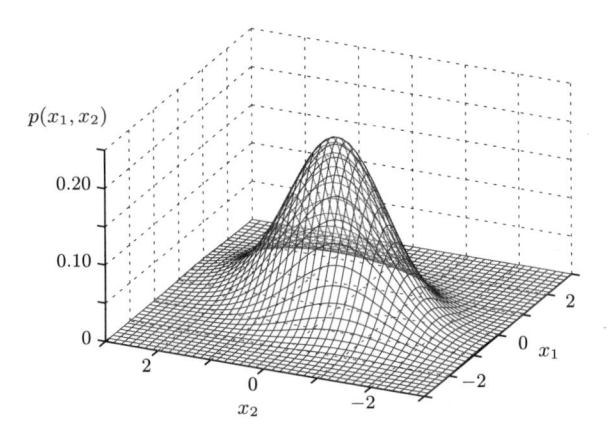

解答 式 (2.36) で与えた公式を利用すると，

$$
\begin{aligned}
H(z) &= \begin{bmatrix} -2.5 & 3.5 \end{bmatrix} \begin{bmatrix} z+0.5 & 0 \\ 0 & z+0.3 \end{bmatrix}^{-1} \begin{bmatrix} 1 \\ 1 \end{bmatrix} \\
&= \frac{z+1}{(z+0.3)(z+0.5)} = \frac{z+1}{z^2+0.8z+0.15} \\
&= \frac{z^{-1}+z^{-2}}{1+0.8z^{-1}+0.15z^{-2}}
\end{aligned}
\tag{2.44}
$$

が得られる． ∎

2.7 状態空間モデルの実現

時系列を状態空間モデルで表現することは，**実現**（realization）と呼ばれる．さまざまな実現法が存在するが，ここでは ARMA モデルから状態空間モデルの標準形 (canonical form，制御の分野では「正準形」と呼ばれる) を求める方法を紹介する．

2.7.1 可観測正準形

まず，つぎの2次の ARMA モデルを考えよう．

$$y(k) + a_1 y(k-1) + a_2 y(k-2) = b_0 v(k) + b_1 v(k-1) + b_2 v(k-2) \tag{2.45}$$

初期値を 0 として，式 (2.45) を z 変換すると，

$$(1 + a_1 z^{-1} + a_2 z^{-2}) y(z) = (b_0 + b_1 z^{-1} + b_2 z^{-2}) v(z) \tag{2.46}$$

が得られる．したがって，システム雑音 v から時系列 y までの伝達関数は，

$$G(z) = \frac{y(z)}{v(z)} = \frac{b_0 + b_1 z^{-1} + b_2 z^{-2}}{1 + a_1 z^{-1} + a_2 z^{-2}} \tag{2.47}$$

となる．この伝達関数は分母と分子の次数が同じ（**バイプロパー**（bi-proper）と呼ばれる）なので，**直達項**が存在する．式 (2.45) 右辺第1項の $b_0 v(k)$ により，時刻 k で入力された $v(k)$ は時間遅れすることなく，そのまま $y(k)$ に影響する．これが直達項である．

直達項を伝達関数の外に出すために，つぎのような式変形を行う．

$$\begin{aligned}
G(z) &= \frac{b_0(1 + a_1 z^{-1} + a_2 z^{-2}) + b_1 z^{-1} + b_2 z^{-2} - a_1 b_0 z^{-1} - a_2 b_0 z^{-2}}{1 + a_1 z^{-1} + a_2 z^{-2}} \\
&= b_0 + \frac{(b_1 - a_1 b_0) z^{-1} + (b_2 - a_2 b_0) z^{-2}}{1 + a_1 z^{-1} + a_2 z^{-2}} \\
&= \beta_0 + \frac{\beta_1 z^{-1} + \beta_2 z^{-2}}{1 + a_1 z^{-1} + a_2 z^{-2}}
\end{aligned} \quad (2.48)$$

ただし，

$$\beta_0 = b_0, \quad \beta_1 = b_1 - a_1 b_0, \quad \beta_2 = b_2 - a_2 b_0$$

とおいた．

以上の準備のもとで，式 (2.48) の伝達関数は，つぎのような状態空間モデルで表現できる．

$$\begin{bmatrix} x_1(k+1) \\ x_2(k+1) \end{bmatrix} = \begin{bmatrix} 0 & -a_2 \\ 1 & -a_1 \end{bmatrix} \begin{bmatrix} x_1(k) \\ x_2(k) \end{bmatrix} + \begin{bmatrix} \beta_2 \\ \beta_1 \end{bmatrix} v(k) \quad (2.49)$$

$$y(k) = \begin{bmatrix} 0 & 1 \end{bmatrix} \begin{bmatrix} x_1(k) \\ x_2(k) \end{bmatrix} + \beta_0 v(k) \quad (2.50)$$

このような表現形式は，**可観測正準形**（observable canonical form）と呼ばれる．式 (2.49), (2.50) の可観測正準形のブロック線図を図 2.10 に示す．図のように，状態空間表現は，離散時間システムの**基本演算素子**である**遅延器**（図では z^{-1} で表さ

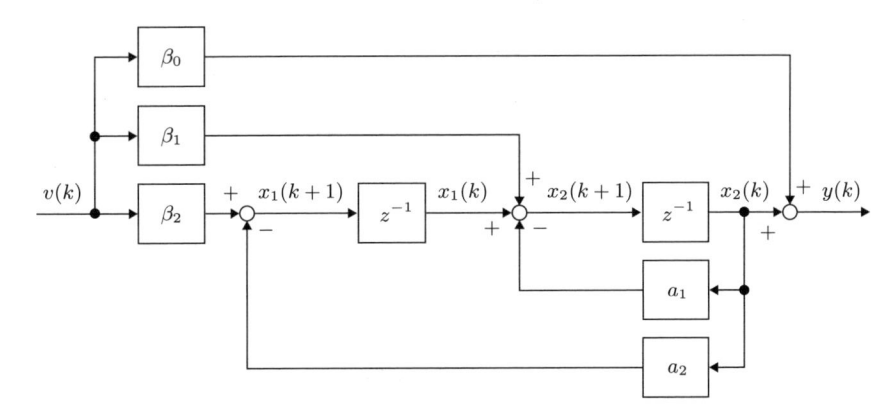

図2.10　可観測正準形のブロック線図（回路実現）

れるブロック），**係数倍器**（図ではたとえば β_0 で表されるブロック），そして**加算器**（図では ○ で表記）を用いて記述することができる．このように，状態空間モデルは回路実現と密接に関係していることから，システムを状態空間表現することは実現と呼ばれる．

つぎに，一般的な ARMA モデル

$$y(k) + a_1 y(k-1) + \cdots + a_n y(k-n)$$
$$= b_0 v(k) + b_1 v(k-1) + \cdots + b_n v(k-n) \tag{2.51}$$

の場合を考えよう．この ARMA モデルの伝達関数は，2次の場合と同様の変形を行うことにより，

$$\begin{aligned}G(z) &= \frac{b_0 + b_1 z^{-1} + \cdots + b_n z^{-n}}{1 + a_1 z^{-1} + \cdots + a_n z^{-n}} \\ &= \beta_0 + \frac{\beta_1 z^{-1} + \cdots + \beta_n z^{-n}}{1 + a_1 z^{-1} + \cdots + a_n z^{-n}}\end{aligned} \tag{2.52}$$

となる．ただし，

$$\beta_0 = b_0, \quad \beta_1 = b_1 - a_1 b_0, \quad \cdots, \quad \beta_n = b_n - a_n b_0$$

とおいた．式 (2.52) の伝達関数は，つぎの可観測正準形により実現することができる．

$$\begin{bmatrix} x_1(k+1) \\ x_2(k+1) \\ \vdots \\ x_n(k+1) \end{bmatrix} = \begin{bmatrix} 0 & \cdots & \cdots & 0 & -a_n \\ 1 & 0 & \cdots & 0 & -a_{n-1} \\ 0 & 1 & 0 & \ddots & -a_{n-2} \\ \vdots & \ddots & \ddots & \ddots & \vdots \\ 0 & \cdots & 0 & 1 & -a_1 \end{bmatrix} \begin{bmatrix} x_1(k) \\ x_2(k) \\ \vdots \\ x_n(k) \end{bmatrix}$$
$$+ \begin{bmatrix} \beta_n \\ \beta_{n-1} \\ \vdots \\ \beta_1 \end{bmatrix} v(k) \tag{2.53}$$

$$y(k) = \begin{bmatrix} 0 & \cdots & 0 & 1 \end{bmatrix} \begin{bmatrix} x_1(k) \\ x_2(k) \\ \vdots \\ x_n(k) \end{bmatrix} + \beta_0 v(k) \tag{2.54}$$

例題 2.4

例題 2.3 で求めた ARMA モデルを可観測正準形で実現せよ．

解答 式 (2.49) を利用することにより，

$$\begin{bmatrix} x_1(k+1) \\ x_2(k+1) \end{bmatrix} = \begin{bmatrix} 0 & -0.15 \\ 1 & -0.8 \end{bmatrix} \begin{bmatrix} x_1(k) \\ x_2(k) \end{bmatrix} + \begin{bmatrix} 1 \\ 1 \end{bmatrix} v(k)$$

$$y(k) = \begin{bmatrix} 0 & 1 \end{bmatrix} \begin{bmatrix} x_1(k) \\ x_2(k) \end{bmatrix}$$

が得られる． ∎

2.7.2 可制御正準形

例題 2.4 の結果から明らかなように，ある伝達関数を状態空間実現する方法は唯一ではなく，さまざまな方法が存在する．可観測正準形と双対な実現法に**可制御正準形**（controllable canonical form）がある．式 (2.52) の伝達関数の可制御正準形を以下に示す．

$$\begin{bmatrix} x_1(k+1) \\ x_2(k+1) \\ \vdots \\ x_n(k+1) \end{bmatrix} = \begin{bmatrix} 0 & 1 & 0 & \cdots & 0 \\ 0 & 0 & 1 & & 0 \\ \vdots & \vdots & \ddots & \ddots & \\ 0 & 0 & \cdots & 0 & 1 \\ -a_n & -a_{n-1} & \cdots & -a_2 & -a_1 \end{bmatrix} \begin{bmatrix} x_1(k) \\ x_2(k) \\ \vdots \\ x_n(k) \end{bmatrix}$$

$$+ \begin{bmatrix} 0 \\ \vdots \\ 0 \\ 1 \end{bmatrix} v(k) \tag{2.55}$$

$$y(k) = \begin{bmatrix} \beta_n & \beta_{n-1} & \cdots & \beta_1 \end{bmatrix} \begin{bmatrix} x_1(k) \\ x_2(k) \\ \vdots \\ x_n(k) \end{bmatrix} + \beta_0 v(k) \tag{2.56}$$

なお，例題 2.3 で与えた状態空間形式は，**対角正準形**と呼ばれる．

2.8 測定データに基づく時系列モデリング

2.4節では，確率過程である時系列のパワースペクトル密度関数をスペクトル分解することによって ARMA モデルを構築する方法を紹介した．これは周波数領域における時系列モデリング法であった（図2.11参照）．しかしながら，この方法を実データに適用した場合，定常性を満たすようなデータを十分多く利用できるか，スペクトル分解が行えるかなど，困難な課題が多い．そこで，本節では，時間領域における時系列モデリング法について解説する[7]．

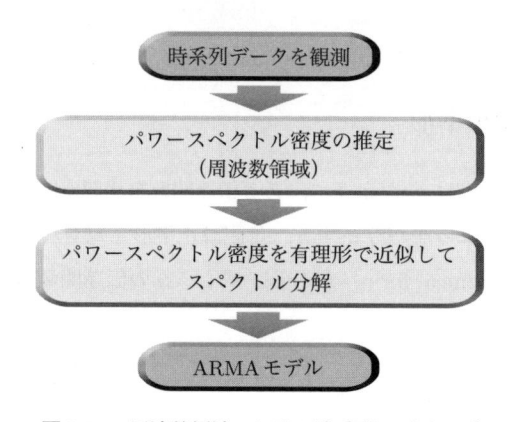

図2.11　周波数領域における時系列モデリング

2.8.1　ARモデルを用いた同定

2.5節で AR モデルを導入したが，本節では時系列データ $\{y(k)\}$ が測定されたとき，そのデータに基づいて式 (2.19) の AR モデルのパラメータ $\{a_i\}$ を推定する問題，すなわち AR モデルを用いた**時系列モデリング**について考える．

差分方程式

$$y(k) = -a_1 y(k-1) - a_2 y(k-2) - \cdots - a_n y(k-n) + v(k), \quad k = 1, 2, \ldots, N \tag{2.57}$$

---

[7] 本節で解説する時系列モデリングは少しレベルが高いので，初学者はカルマンフィルタを学習したあとで読むとよいだろう．

で記述される n 次 AR モデルの**パラメータ推定**（parameter estimation）問題について説明する．式 (2.57) は

$$y(k) = \boldsymbol{\theta}^T \boldsymbol{\varphi}(k) + v(k) \tag{2.58}$$

のように書き直すことができる．ただし，

$$\boldsymbol{\theta} = [a_1 \, a_2 \, \cdots \, a_n]^T \tag{2.59}$$

は推定すべき**未知パラメータベクトル**であり，

$$\boldsymbol{\varphi}(k) = [-y(k-1) \; -y(k-2) \; \cdots \; -y(k-n)]^T \tag{2.60}$$

は，**回帰ベクトル**（regression vector）と呼ばれる．式 (2.58) より，AR モデルでは未知パラメータに関して線形な形（1次式）で時系列 $y(k)$ を記述することができる．

パラメータ推定のための評価関数として，

$$J_N = \frac{1}{N} \sum_{k=1}^{N} \left\{ y(k) - \widehat{\boldsymbol{\theta}}^T \boldsymbol{\varphi}(k) \right\}^2 \tag{2.61}$$

を選び，これを最小にする $\widehat{\boldsymbol{\theta}}$ をパラメータ推定値としよう．このようにパラメータ推定を行う方法を**最小二乗推定法**（least-squares estimation method）という．最小二乗推定法については，第4章で詳しく説明する．

式 (2.61) はつぎのように変形できる．

$$\begin{aligned} J_N &= \frac{1}{N} \sum_{k=1}^{N} \left(y^2(k) - 2\widehat{\boldsymbol{\theta}}^T \boldsymbol{\varphi}(k) y(k) + \widehat{\boldsymbol{\theta}}^T \boldsymbol{\varphi}(k) \boldsymbol{\varphi}^T(k) \widehat{\boldsymbol{\theta}} \right) \\ &= \frac{1}{N} \sum_{k=1}^{N} y^2(k) - 2\widehat{\boldsymbol{\theta}}^T \left(\frac{1}{N} \sum_{k=1}^{N} \boldsymbol{\varphi}(k) y(k) \right) + \widehat{\boldsymbol{\theta}}^T \left(\frac{1}{N} \sum_{k=1}^{N} \boldsymbol{\varphi}(k) \boldsymbol{\varphi}^T(k) \right) \widehat{\boldsymbol{\theta}} \end{aligned} \tag{2.62}$$

ここで，

$$c_N = \frac{1}{N} \sum_{k=1}^{N} y^2(k), \quad \boldsymbol{h}_N = \frac{1}{N} \sum_{k=1}^{N} \boldsymbol{\varphi}(k) y(k), \quad \boldsymbol{G}_N = \frac{1}{N} \sum_{k=1}^{N} \boldsymbol{\varphi}(k) \boldsymbol{\varphi}^T(k) \tag{2.63}$$

とおくと，式 (2.62) はつぎのようになる．

$$J_N = \widehat{\boldsymbol{\theta}}^T \boldsymbol{G}_N \widehat{\boldsymbol{\theta}} - 2\widehat{\boldsymbol{\theta}}^T \boldsymbol{h}_N + c_N \tag{2.64}$$

これはパラメータベクトル $\widehat{\boldsymbol{\theta}}$ に関して2次形式であり,行列 $\boldsymbol{G}_N$ が正定値であれば,この評価関数 J_N は最小値をもつ.そこで,J_N を $\widehat{\boldsymbol{\theta}}$ に関して微分して $\mathbf{0}$ とおくと,

$$\frac{\mathrm{d}J_N}{\mathrm{d}\widehat{\boldsymbol{\theta}}} = 2\boldsymbol{G}_N \widehat{\boldsymbol{\theta}} - 2\boldsymbol{h}_N = \mathbf{0} \tag{2.65}$$

が得られる.これより,**正規方程式**(normal equation)

$$\boldsymbol{G}_N \widehat{\boldsymbol{\theta}} = \boldsymbol{h}_N \tag{2.66}$$

が導かれる.

パラメータの**最小二乗推定値** (least-squares estimate) $\widehat{\boldsymbol{\theta}}$ は,この連立1次方程式を解くことにより求められる.最も直接的な解法は,次式のように逆行列を用いる方法であり,これは**一括処理最小二乗推定法**(batch least-squares estimation method)と呼ばれる.

$$\widehat{\boldsymbol{\theta}} = \boldsymbol{G}_N^{-1} \boldsymbol{h}_N \tag{2.67}$$

式 (2.67) で与えた最小二乗推定値は,一般的な AR モデルに対する結果であったが,その特別な場合として,2次の AR モデル

$$y(k) = -a_1 y(k-1) - a_2 y(k-2) + v(k), \quad k=1,2,\ldots,N \tag{2.68}$$

について詳細に見ていこう.このとき,式 (2.63) で定義した行列 $\boldsymbol{G}_N$ とベクトル $\boldsymbol{h}_N$ は,それぞれつぎのようになる.

$$\begin{aligned}
\boldsymbol{G}_N &= \frac{1}{N} \sum_{k=1}^{N} \begin{bmatrix} -y(k-1) \\ -y(k-2) \end{bmatrix} \begin{bmatrix} -y(k-1) & -y(k-2) \end{bmatrix} \\
&= \frac{1}{N} \sum_{k=1}^{N} \begin{bmatrix} y^2(k-1) & y(k-1)y(k-2) \\ y(k-1)y(k-2) & y^2(k-2) \end{bmatrix}
\end{aligned} \tag{2.69}$$

$$\boldsymbol{h}_N = \frac{1}{N} \sum_{k=1}^{N} y(k) \begin{bmatrix} -y(k-1) \\ -y(k-2) \end{bmatrix} = \frac{1}{N} \sum_{k=1}^{N} \begin{bmatrix} -y(k)y(k-1) \\ -y(k)y(k-2) \end{bmatrix} \tag{2.70}$$

いま,利用できるデータ数 N が十分大きいと仮定すると,これらの行列・ベクトルの要素は時系列の自己相関関数

$$\phi_y(\tau) = \lim_{N \to \infty} \frac{1}{N} \sum_{k=1}^{N} y(k) y(k-\tau) \tag{2.71}$$

に対応する．したがって，この AR モデルのパラメータの最小二乗推定値は，

$$\widehat{\boldsymbol{\theta}} = \begin{bmatrix} \widehat{a}_1 \\ \widehat{a}_2 \end{bmatrix} = -\begin{bmatrix} \phi_y(0) & \phi_y(1) \\ \phi_y(1) & \phi_y(0) \end{bmatrix}^{-1} \begin{bmatrix} \phi_y(1) \\ \phi_y(2) \end{bmatrix} \tag{2.72}$$

より計算できる．

以上のように，時系列データが観測されたら，それより自己相関関数 $\phi_y(\tau)$ を計算し，その値を用いて伝達関数モデルである AR モデルの係数を推定することができる．

ここで，逆行列をとる行列

$$\boldsymbol{G} = \begin{bmatrix} \phi_y(0) & \phi_y(1) \\ \phi_y(1) & \phi_y(0) \end{bmatrix}$$

は規則的な並び方をしていて，**テプリッツ行列**（Toeplitz matrix）と呼ばれる．テプリッツ行列の一般形は，次式で与えられる．

$$\boldsymbol{G} = \begin{bmatrix} \phi_y(0) & \phi_y(1) & \cdots & \phi_y(n-1) \\ \phi_y(1) & \phi_y(0) & \cdots & \phi_y(n-2) \\ \vdots & \vdots & \ddots & \vdots \\ \phi_y(n-1) & \phi_y(n-2) & \cdots & \phi_y(0) \end{bmatrix} \tag{2.73}$$

ここでは詳細については述べないが，テプリッツ行列の特殊な構造を利用して，AR モデルのパラメータを効率良く推定する方法（レビンソン＝ダービン（Levinson-Durbin）のアルゴリズム）も提案されている．

2.8.2　ARMA モデルを用いた同定

AR モデルの場合，未知パラメータに関して線形であったため，推定値を線形方程式を解くことにより求めることができた．しかし，ARMA モデルの場合には，未知パラメータに関して非線形な関係式になってしまうため，パラメータ推定問題は非線形最適化問題になる．例として，差分方程式

$$y(k) + a_1 y(k-1) + a_2 y(k-2) = v(k) + b_1 v(k-1) + b_2 v(k-2) \tag{2.74}$$

で記述される ARMA モデルのパラメータ推定問題を考える．ただし，一般性を失うことなく，$b_0 = 1$ とおいた．式 (2.74) は，

$$y(k) = [a_1\ a_2\ b_1\ b_2] \begin{bmatrix} -y(k-1) \\ -y(k-2) \\ v(k-1) \\ v(k-2) \end{bmatrix} + v(k) = \boldsymbol{\theta}^T \boldsymbol{\varphi}(k) + v(k) \qquad (2.75)$$

のように書き直される．ただし，

$$\boldsymbol{\theta} = [a_1\ a_2\ b_1\ b_2]^T, \quad \boldsymbol{\varphi}(k) = [-y(k-1)\ -y(k-2)\ v(k-1)\ v(k-2)]^T \qquad (2.76)$$

とおいた．AR モデルのパラメータ推定の場合と同様の関係式が得られたが，ARMA モデルの場合には，回帰ベクトル $\boldsymbol{\varphi}(k)$ の要素に過去の白色雑音の値 $v(k-1)$, $v(k-2)$ が含まれている．これらは測定可能な量ではないので，パラメータ推定値を用いて計算しなければならず，ARMA モデルの推定問題は AR モデルのそれと比較すると複雑になってしまう．そのため，何らかの繰り返し計算が必要になるが，ここではその詳細については触れない．たとえば，文献 [4] が参考になる．

2.8.3　状態空間モデルを用いた同定

時系列 $\{y(k) : k = 1, 2, \dots\}$ の状態空間モデル

$$\boldsymbol{x}(k+1) = \boldsymbol{A}\boldsymbol{x}(k) + \boldsymbol{b}v(k) \qquad (2.77)$$
$$y(k) = \boldsymbol{c}^T \boldsymbol{x}(k) + w(k) \qquad (2.78)$$

のパラメータ行列・ベクトル $(\boldsymbol{A}, \boldsymbol{b}, \boldsymbol{c})$ を推定する問題，すなわち状態空間モデルを用いた同定問題を考える．ただし，ここでは直達項 $dv(k)$ の項は存在しないものとする．

状態空間モデルに対する最も有力な同定法は，**部分空間同定法**（subspace identification method）である．この分野の先駆的な研究は，赤池による**正準相関解析**（CCA：Canonical Correlation Analysis）である．最近では，たとえば，共分散確率部分空間法（covariance stochastic subspace identification method）が提案されているが，ここでは，部分空間同定法の詳細には触れず，その一般的な手順のみをまとめる．

Step 1 時系列データ $\{y(k)\}$ から自己共分散関数（その時系列の平均値が 0 であれば，自己相関関数と同じ）を計算する．

Step 2 自己共分散行列を要素としてもつハンケル行列を構成する．

Step 3 ハンケル行列を特異値分解し，その特異値の大きさを参考にして，時系列の次数を決定する．

Step 4 シフト不変性や最小二乗推定法を用いて，システム行列 (A, b, c) を計算する．

部分空間法の詳細については，たとえば文献 [3][6] が参考になる．

コラム3 ── ノーバート・ウィナー（1894〜1964）

カルマンフィルタに先がけて，数理的なフィルタであるウィナーフィルタを提案したのは，米国の数学者ノーバート・ウィナーであった．彼は，18才のときハーバード大学より Ph.D を授与された神童であった．その後，ケンブリッジ大学（英国）に留学し，ハーディ（$\mathcal{H}_\infty$ 制御で有名になったハーディ空間の生みの親）の数学の講義に感銘を受けたと言われている．そして，ゲッティンゲン大学（独）でヒルベルトの下で学ぶ．24才のとき MIT（米国）で数学科の職を得た．

ウィナーはさまざまな理論を提案したが，**サイバネティックス**（cybernetics，動物と機械における制御と通信）もその一つである．サイバネティックスとは，ギリシア語の「舵を取る人」という意味をもつ造語であり，「港を目指す船は，波や風の外乱の影響を受けながらも，灯台の明かりを頼りに舵を取って進んでいく」ということに由来する．

"Cyber-"（サイバー）という接頭語を最初に流行させたのは，ウィナーだった．

サイバネティックス

演習問題

 2-1 式 (2.32) をフーリエ変換して，式 (2.33) を導け．

 2-2 つぎの状態空間表現のブロック線図を，基本演算素子を用いて描け．
 (1) 式 (2.53)，(2.54) で与えた可観測正準形
 (2) 式 (2.55)，(2.56) で与えた可制御正準形
 (3) 例題 2.3 で与えた対角正準形

参考文献

[1] 足立修一：システム同定の基礎，東京電機大学出版局，2009．
[2] 片山 徹：新版 応用カルマンフィルタ，朝倉書店，2000．
[3] 片山 徹：システム同定――部分空間法からのアプローチ，朝倉書店，2004．
[4] 谷萩隆嗣：ARMA システムとディジタル信号処理，コロナ社，2008．
[5] 田中勝人：計量経済学，岩波書店，1998．
[6] 足立修一：MATLAB による制御のための上級システム同定，東京電機大学出版局，2004．

第3章 システムのモデリング

前章では時系列のモデリングを学んだが，本章ではシステムのモデリングについて解説する．制御工学では，動的システムのモデリングの主目的は制御系設計であることが多いので，本章では制御系設計のためのシステムのモデリングについて解説する．制御系設計と状態推定は双対な問題なので，互いに密接に関係しているが，本章の内容はカルマンフィルタの設計に直接関係のない部分が多い．そのため，最初は本章を飛ばして読んで，必要なときに参照してもよいだろう．

3.1 信号とシステム

図3.1に示す制御対象を考える．ここで，u は入力信号，y は出力信号であり，G は対象となるシステムである．図のブロック線図において，信号とシステムの観点から制御の問題はつぎの三つに分類できる．

- モデリング（modeling）：入出力信号 u と y が与えられたとき，システム G を求める．
- 解析（analysis）：入力信号 u とシステム G が与えられたとき，出力信号 y の性質を調べる．
- 設計（design）：システム G と出力信号 y の目標値 r が与えられたとき，入力信号 u を求める．

図3.1 信号とシステム

このように，制御の重要な三つの問題の基礎は，**信号とシステム**（signal and system）[1]～[3] である．まず，信号（本書では，時系列と呼ぶことが多いが）とシステムの区別を明確に行うこと，そして信号とシステムに関する基礎理論をじっくり学ぶことが，制御理論を理解する一番の早道である．たとえば，数学的に難解であると思われているロバスト制御の代表的な方法である $\mathcal{H}_\infty$ 制御の基本は，信号とシステムの ∞ ノルムであるが，これらも信号とシステム理論を勉強していれば，その理解は比較的容易である．ここでは，モデリングに関連する信号とシステムに関する代表的なキーワードを列挙しておこう．

- フーリエ級数，フーリエ変換，ラプラス変換，z 変換
- 相関関数，スペクトル密度関数，白色性，正規性
- 信号とシステムのノルム
- サンプリング，量子化，ディジタルフィルタ

これらのキーワードのいくつかは，大学の学部，あるいは大学院などで学んだかもしれないが，制御や状態推定という目的指向の立場からもう一度復習してみると，信号とシステムに関する新しい発見が得られるかもしれない．

3.2　制御のためのモデリング

3.2.1　制御系設計とモデル

第一に考えなければならないことは，制御系設計のためにモデルは必要かという議論であろう．この観点から制御系設計法は，

(1) モデルベースト制御（MBC：Model-Based Control）
(2) モデルフリー制御（MFC：Model-Free Control）

に大別できる．

MBC の代表は，現代制御，ロバスト制御，モデル予測制御であり，MFC の代表は，ファジィ制御やニューロ制御である．特に，ファジィ制御は 1980 年代からさまざまな分野で実用化されており，1990 年代には「ファジィ」は流行語になるほど一般

の人々にも馴染みが深かった．このアプローチは，制御対象のモデリングが困難な分野においては有効な方法の一つであるが，本章では (1) のモデルに基づくアプローチによって制御系を設計することを前提とする．MBD（Model-Based Development）に代表されるように，モデルに基づく開発の重要性が産業界で認識され始めているが，制御工学はもともとモデルに基づく方法である．制御工学におけるモデルの役割を図3.2 に示す．図より，モデルは現実世界と仮想世界を結ぶインタフェースの役割を果たしていることがわかる．制御対象のモデルは，対象の解析や制御系設計において重要となる．また，モデルを構築することによって，対象の現在の値を推定（フィルタリング）したり，未来の振る舞いを予測したりすることも可能になる．特に，制御以外の分野では，対象のモデルをフィルタリングや予測に用いるニーズは非常に大きい．

制御理論の簡単な歴史を図3.3にまとめる．まず，1960 年以前は PID 制御に代表される古典制御[4]の時代である．**古典制御**（classical control）は制御系の一巡伝達関数（開ループ特性）に基づく，周波数領域における設計法である．そのため，制御系設計用モデルとして周波数伝達関数（ボード線図やナイキスト線図）が利用されることが多かった．また，ジーグラー＝ニコルス法と呼ばれる設計法では，対象のステップ応答が利用された．このように，多数のデータによってモデルが構成される**ノンパラメトリックモデル**（nonparametric model）が利用されていた．

1960 年，カルマンによって提案された状態空間法に基づく制御理論が**現代制御**（modern control）[5]と呼ばれるようになり，1960～70年代には現代制御に関する研究が精力的に行われた．さまざまな新しい概念が提案されたが，その中で制御と推定は双対な問題であることも重要な発見だった．すなわち，制御系設計で用いられ

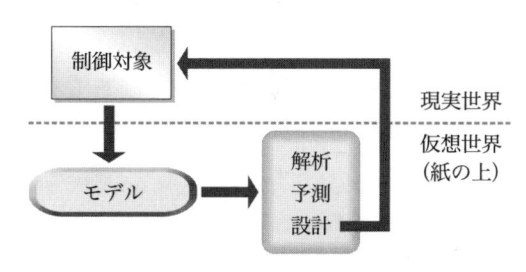

図3.2　モデルは制御工学の要(かなめ)

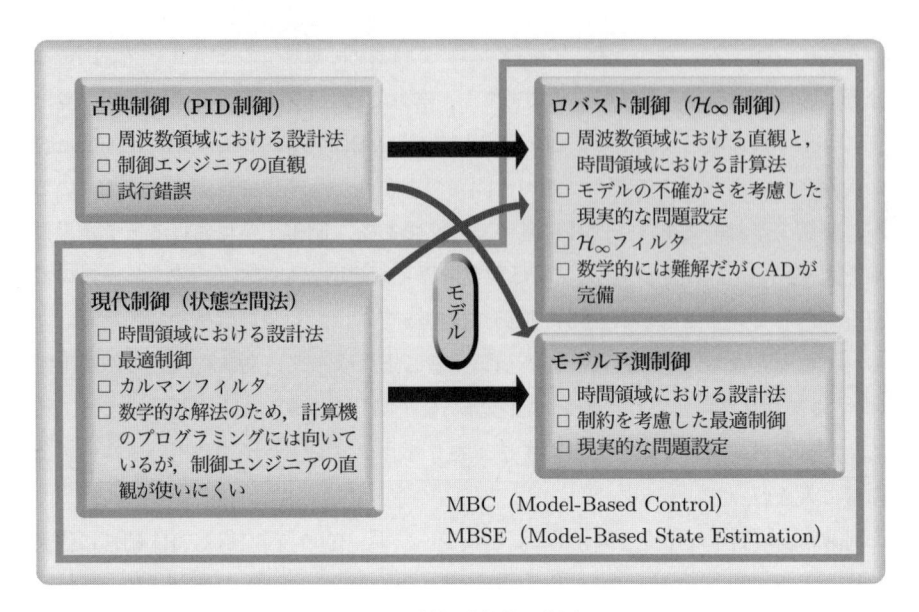

```
┌─────────────────────────────────────────────────────────────┐
│  ┌──────────────────────┐         ┌──────────────────────┐  │
│  │ 古典制御（PID制御）    │         │ ロバスト制御（H∞制御）│  │
│  │ □ 周波数領域における   │──┐  ┌──▶│ □ 周波数領域における  │  │
│  │   設計法              │  │  │   │   直観と，時間領域   │  │
│  │ □ 制御エンジニアの直観 │  │  │   │   における計算法     │  │
│  │ □ 試行錯誤            │  │  │   │ □ モデルの不確かさを  │  │
│  └──────────────────────┘  │  │   │   考慮した現実的な    │  │
│                            │  │   │   問題設定           │  │
│                            │  │   │ □ H∞フィルタ         │  │
│                            │  │   │ □ 数学的には難解だが  │  │
│                            │  │   │   CADが完備          │  │
│                            │  │   └──────────────────────┘  │
│  ┌──────────────────────┐  │  │   ┌──────────────────────┐  │
│  │ 現代制御（状態空間法） │  │  │   │ モデル予測制御        │  │
│  │ □ 時間領域における    │──┘  └──▶│ □ 時間領域における    │  │
│  │   設計法              │         │   設計法             │  │
│  │ □ 最適制御            │         │ □ 制約を考慮した     │  │
│  │ □ カルマンフィルタ    │         │   最適制御           │  │
│  │ □ 数学的な解法のため， │         │ □ 現実的な問題設定   │  │
│  │   計算機のプログラミ  │         └──────────────────────┘  │
│  │   ングには向いている  │                                    │
│  │   が，制御エンジニア  │                                    │
│  │   の直観が使いにくい  │                                    │
│  └──────────────────────┘                                    │
│                    MBC（Model-Based Control）                │
│                    MBSE（Model-Based State Estimation）      │
└─────────────────────────────────────────────────────────────┘
```

図3.3　制御系設計の発展

る解析・設計法は，状態推定（カルマンフィルタ）に対しても適用することができたのである．状態空間法は時間領域における設計法であり，古典制御が不得意だった多変数系へ拡張できることや，最適制御と呼ばれる方法で補償器のパラメータを系統的に計算できることなど，さまざまな利点をもつことから活発に研究された．また，制御アルゴリズムが，計算機のプログラミングに向いていたことも時代の流れに乗っていた．一方，モデルの観点から眺めてみると，この設計法を用いるためには状態方程式と呼ばれるモデルが必要だった．古典制御の場合と異なり，これは少数個のパラメータでモデルが記述される**パラメトリックモデル**（parametric model）であった．

　1980年代に入ると，$\mathcal{H}_\infty$制御に代表される**ロバスト制御**（robust control）[6]が主役になった．ロバスト制御とは，モデリングの不確かさや対象の変動に対して頑健な（ロバストな）制御系を構築しようとするものであり，制御理論の実システム応用に真正面から取り組んだ設計法であった．ロバスト制御は古典制御と現代制御の長所を融合した設計法であるため，モデルの観点から見ると，パラメトリックモデルとノンパラメトリックモデルの双方が必要となる．したがって，より高度なシステ

ム同定法を利用して，対象のモデリングを行わなければならない．ロバスト制御は，周波数領域での設計法という古典制御を意識した設計法であり，古典制御のアドバンストな後継者とみなすことができる．

一方，時間領域の設計法である現代制御の有力な後継者として 1990 年代から注目を集めているのが，**モデル予測制御**（model predictive control）[7] である．モデル予測制御は，アクチュエータの制約などを不等式制約条件として制御系設計で直接利用できるという現実的な制御系設計法である．制御対象のモデルとしては，伝達関数や状態空間表現などが用いられる．基本的には，最適入力を計算するために制約条件付最適化問題を各時刻で解く必要があるが，計算機パワーの発展とともに，サンプリング周期の短いメカニカルシステムなどでも，モデル予測制御は実装化できるレベルになってきた．

古典制御の時代には，モデルを使うことなくコントローラのパラメータ（PID 定数）を直接チューニングすることが多かったが，その後の現代制御，ロバスト制御，モデル予測制御（これらはすべて MBC であるが）の時代では，制御対象のモデルの重要性が増してきた．

3.2.2　数学モデルの構築法

制御のためのモデリングを考えた場合，対象，目的，使用する制御系設計法などに応じてさまざまなモデリングの手法が存在するが，これらはモデルとして数学モデルを用いるのか，グラフィカルモデルを用いるのかによって分類できる [8]．

数学モデルとは，代数方程式，微分方程式，差分方程式，伝達関数，状態方程式，あるいは論理式などのような数学的な表現を用いて，システムの振る舞いを記述したものである．**数学モデル**は mathematical model の訳語であり，本書では物理モデルという言葉と対比するために「数学モデル」という言葉を利用しているが，数式モデル，数理モデルなどと呼ばれることもある．

一方，**グラフィカルモデル**（graphical model）とは，システムを構成する要素の接続や，システム内の情報伝達経路などを，グラフを用いて図的に表現したものであり，ブロック線図，信号フロー線図，ボンドグラフなどが有名である．グラフィカルモデリングは多変量解析のようなデータ解析の分野で研究されており，現在も重

要な研究テーマである[9].

制御系設計を行う場合，一般に制御対象の数学モデルが必要になるため，以下では数学モデルを構築するモデリング法を中心に述べる．

数学モデルを構築する方法は，つぎの三つに分類できる．

(1) **第一原理モデリング**（first principle modeling）——対象を支配する第一原理（科学法則のことで，たとえば運動方程式，回路方程式，電磁界方程式，保存則，化学反応式など）に基づいてモデリングを行う方法である．対象が物理システムである場合には，**物理モデリング**と呼ばれることが多い．第一原理モデリングは，制御のためのモデリングを行う場合，真っ先に検討すべきモデリングの王道である．この方法は対象の構造が完全に既知である場合に適用でき，**ホワイトボックスモデリング**（white-box modeling）とも呼ばれる．第一原理モデルの利点と問題点を以下にまとめる．

> 利点　対象の第一原理に基づいているので，対象の挙動が忠実に再現できる．また，モノを生産する前に，計算機上でモデリングして，解析や予測を行うことができる．

> 問題点　一般に，非線形・偏微分方程式で記述される詳細モデルが得られる．詳細モデルを計算機上に実装すると，**シミュレータ**（simulator）が得られる．詳細モデルを用いて対象の解析や予測を行うことができるが，モデルが複雑なので，通常，MBCによる制御系設計用にそのまま利用することは難しい．また，粘性係数のように，実際に実験を行わなければ正確な値がわからないパラメータも存在する．

(2) **システム同定**（system identification）——実験データに基づくモデリング法である．対象をブラックボックスとみなして，その入出力データから統計的な手法でモデリングを行う方法であり，**ブラックボックスモデリング**（black-box modeling）とも呼ばれる．線形システム同定に関しては理論体系が完備されている．

　大量に計測されるデータ（ビッグデータと呼ばれることもある）の中から，いかにして意味のある情報を抽出するかは，現代工学における重要な課題の一

つである．これについては，発見科学のような学問領域で研究されているが，システム同定もその範疇に入る．システム同定の利点と問題点を以下にまとめる．

利点 複雑なシステムに対しても，実験データから比較的簡潔なモデルを得ることができる．また，さまざまなシステム同定法が提案されており，それを実行するソフトウェアであるSystem Identification TOOLBOX（SITB）がMATLABにも用意されている．

問題点 実験的なモデリング法なので，一般にモノがないとモデリングできない．すなわち，モノを生産する前にシステム同定を行うことはできない．また，システム同定理論をある程度勉強しておかないと，使いこなすことが難しい．

(3) グレーボックスモデリング（grey-box modeling）——ホワイトボックスモデリングとブラックボックスモデリングの中間に位置づけられる方法で，部分的な物理情報が利用できる場合のモデリング法である．この方法が最も現実的なモデリング法であり，実際に制御の現場で用いられているモデリング法のほとんどは，この範疇に含まれる．ただし，対象や実験環境などに大きく依存するため，グレーボックスモデリングの一般的な方法論を構築することは難しい．

3.2.3 大量データの利用

図3.4にモデリングの方法の一例を示す．生産の現場で求められていることは，商品を生産する全体的な期間を短縮するために，モノを実際に生産する前に，計算機を使って，そのモノができ上がった後のさまざまな特性を解析することであろう．このニーズを実現するためには，第一原理モデリングが有力である．これは自動車メーカーをはじめとして，さまざまな産業界で利用されている方法論である．

しかしながら，第一原理モデリングによって構築されたモデルは，対象を忠実に再現することを目指して作られた詳細モデルであるため，通常，非線形・分布定数・高次システムになってしまう．したがって，いわゆる線形制御理論を適用するためのモデルとしてはふさわしくない．そのため，線形化，集中化，低次元化などの操作を行って，モデルを簡単化する手順が必要になる（図3.5参照）．

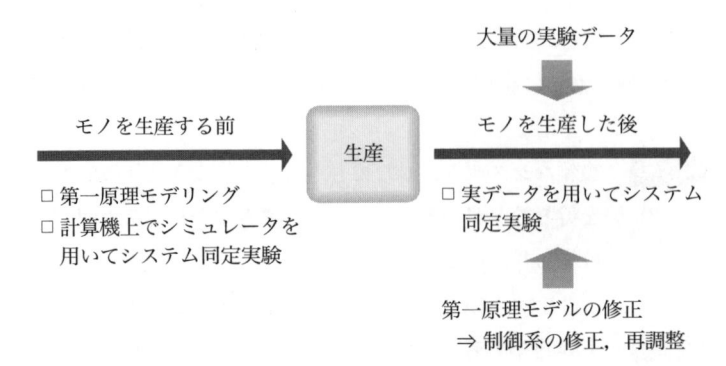

図3.4　モデリングの方法

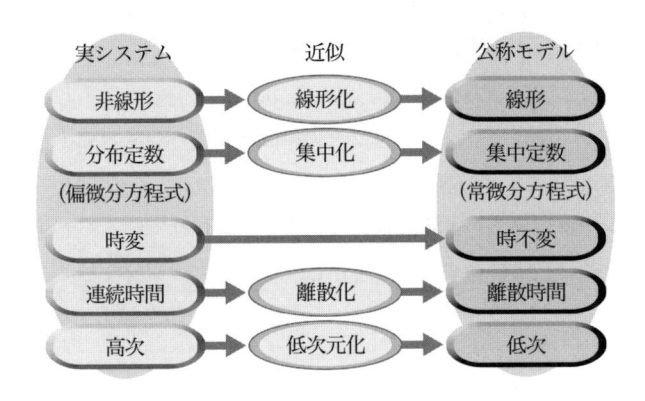

図3.5　モデルの簡単化

　異なるアプローチとして，計算機内に構築された第一原理モデル（シミュレータ）に仮想的に入力信号を印加して，対応する出力信号を観測し，計算機の中でシステム同定実験を行って制御系設計用のモデルを得る実用的な方法も提案されている．

　もちろん，対象が比較的小規模で，第一原理のみによってその動特性が記述できる場合には，第一原理モデリングが有効であり，得られたモデルに基づいて制御系設計を行うことは可能である．しかしながら，対象が大規模化，複雑化するにしたがって，第一原理だけでモデリングを行うことは困難になっていく．また，たとえ第一原理だけで対象を記述する複雑な連立微分方程式を得ることができたとしても，それに含まれるパラメータの値がすべて既知，あるいは測定可能であるとは，通常考

えにくい．したがって，モノを生産した後に，実際に実験的に入出力信号を計測し，それらに基づいて再モデリングを行う必要性が生じる．

現在では，高速・大容量の計算機が比較的低価格で入手できるようになってきた．また，高精度なセンサも低価格になり，データを伝送する高速通信ネットワークも整備されてきた．そのため，大量のデータを手に入れることは比較的容易になった．したがって，さまざまな分野で望まれているのは，「大量のデータの中からいかにして意味のある情報を抽出するか」である．この問いかけに対してよく耳にするキーワードは，データマイニングや学習理論である．モデリングにおいても，第一原理モデリングという紙と鉛筆と計算機だけの世界だけでなく，実際に対象のデータを実験的に収集することが重要になってきている．それは，第一原理モデリングの係数パラメータの修正かもしれないし，対象の構造をも含めた未知パラメータの推定（これをシステム同定という）かもしれない．

3.3　第一原理モデリング

モデリングを行う際に，第一に行わなければならないことは，対象が従う物理法則や化学法則などの第一原理を十分調べることである．制御対象のモデリングが成功するかどうかの一つの鍵は，モデリングを行う人が対象の特性をどれだけ熟知しているかにかかっている．そこで，本節では代表的な物理法則と化学法則を列挙しておこう[10]．

(1) 力学システム
- エネルギー保存則
- ニュートンの運動法則（並進運動，回転運動）
- ラグランジュの方程式
- レイリーの散逸関数
- ハミルトンの方程式

(2) 電気・磁気システム
- オームの法則，キルヒホッフの電流則・電圧則
- マクスウェルの方程式

(3) **流体システム**
   - 連続の式
   - ベルヌーイの方程式
(4) **化学反応システム**
   - 連続の式（物質平衡式）
   - エネルギー平衡の式
   - 化学反応式

ここではわずかな例しかあげなかったが，このほかにも熱システム，音響システムなど，さまざまなシステムが考えられ，それらを支配する第一原理が存在する．

第一原理モデリングに関連する重要な用語を以下に与えよう．

◻ ボンドグラフ

力学システムのモデリングを行う場合の基本的な第一原理はエネルギー保存則であるが，非保存力が存在する場合にそれを適用することは難しい．この問題点を解決するために，エネルギーの時間微分であるパワーを計算し，エネルギー保存則の代わりに，パワーの連続の式を利用する方法が 1960 年代初頭に提案された．これがボンドグラフの基本的な考え方である．なお，ボンドグラフはグラフィカルモデリング法である．さらに，電気，機械，流体など，さまざまな領域の物理モデルを統一的に扱うことを目指す**マルチドメインモデリング**（multi-domain modeling）に関する研究も行われている．

◻ オブジェクト指向モデリング

ボンドグラフ，電気回路図，多体システムなどを含むモデリングを実装化するために，オブジェクト指向モデリングに関する研究が，1970 年代後半に開始され，現在も活発に研究開発されている．

3.4 システム同定

3.4.1 システム同定とは

　システム同定とは，対象とする動的システムの入出力データの測定値から，ある目的のもとで，対象と同一である何らかの数学モデルを構築することをいう[8][11]．このとき，「目的」「数学モデル」「同一である」の三つの単語がキーワードになるので，それらについてまとめておこう．

❒ 目的

　まず大切なことは，何のためにシステム同定を行うかという「目的」である．主だった目的を列挙すると，制御系設計（古典制御，現代制御，ロバスト制御，モデル予測制御など），異常診断/故障検出，モデルに基づいた計測，適応信号処理，そして本書のテーマである状態推定などがあげられる．このように，システム同定は最終目的でないことに注意する．

❒ 数学モデル

　制御工学で用いられる「数学モデル」の代表例には，伝達関数，周波数伝達関数，ステップ応答，状態方程式などがあり，どのような数学モデルを利用するかは，システム同定法とその目的の双方に依存する．また，利用するモデルが決まれば，利用可能なシステム同定法もそれに応じて絞られてくる．

❒ 同一であること

　これは，identification（同定）の名の由来であり，モデルの品質に関係する．一般にプラントと同一のモデルを作成することは不可能なので，対象の重要な特性がモデルに盛り込まれているとき，同一であるとみなす．このとき，モデルに含まれなかった動特性は，モデルの**不確かさ**（uncertainty）と呼ばれる．通常，システム同定法では，統計的な評価関数を用いてモデルがどの程度，元のシステムと同一であるかを判断する．

3.4.2　システム同定用ソフトウェア

　制御系設計用のソフトウェアは数多く商品化されているが，本節で紹介したシステム同定については，MATLAB の System Identification TOOLBOX が最も強力なツールである．なぜならば，このツールボックスはシステム同定理論のコミュニティを長年牽引しているスウェーデンのL. Ljung教授が作成したものだからである．したがって，システム同定理論を利用するエンジニアにとっても，システム同定理論を勉強しようとする学生・研究者にとっても，有用なソフトウェアである．制御工学がそうであるように，システム同定も理論と実践が車の両輪である．特に，システム同定では大量のデータ処理を伴うため，計算機とシステム同定用ソフトウェアの使用は必要不可欠である．

3.5　制御のためのモデリングのポイント

　これまで説明してきたように，モデリングはモデルに基づく制御の重要な第一歩である．そのため，モデリングの出来・不出来が最終的に設計される制御系の性能に大きく影響するといっても過言ではない．詳細モデルと**公称モデル**（nominal model）の関係を図3.6に示す．図において，実システムをできるだけ忠実に再現する詳細モデルを構築しようとする立場をとるのが，第一原理モデリングである．そのため，図中では詳細モデルの矢印は外側を向いている．一方，制御用公称モデルとしては，できるだけ簡単なものが望ましい．そのため，公称モデルの矢印は内側を向いている．

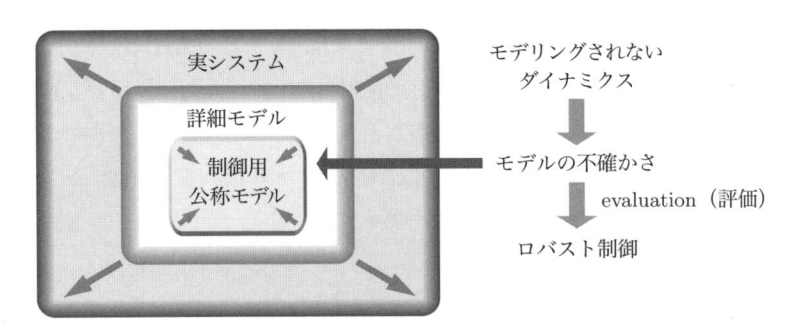

図3.6　詳細モデルと公称モデル

なぜならば，モデルが複雑になるにつれて設計されるコントローラの次数が高くなり，実装化の観点で望ましくないからである．すなわち，制御のためのモデリングは，対象とするシステムと同じ複雑さをもつ詳細モデルを構築することが目的ではなく，対象の主要なダイナミクスをできるだけ簡単な公称モデルで表現することが望まれる．制御エンジニアの腕の見せどころは，複雑な振る舞いをもつ制御対象を，できるだけポイントをおさえた簡潔なモデルで表現できるかにある．

図3.6のように，詳細モデルの重要な部分を記述したものが公称モデルである．そのため，公称モデルを得る際に行われる近似によって，実システムのさまざまな情報が失われてしまう．これがモデルの不確かさの原因である．本来ならば，公称モデルと実システムの間がモデルの不確かさであるが，われわれが知りうる実システムに最も近いものは詳細モデルなので，詳細モデルと公称モデルの差をモデルの不確かさであると考えてよいだろう．

現代制御では，モデルの不確かさを陽に考慮していなかった．そのため，モデルの不確かさが小さく抑えられる実問題においては成功例が報告されていたが，モデルの不確かさが大きい実問題では適用が難しかった．現代制御はたとえば宇宙開発において成果をあげてきたが，宇宙空間は重力や摩擦などの非線形性の影響が少なく，意外にもモデルの不確かさが小さい対象である．

それに対して，1980年代から精力的に研究され，実問題に適用されてきたロバスト制御は，公称モデルとそのモデルの不確かさに基づいて，制御系を設計する方法である．ロバスト制御のためのモデリングにおいて，つぎの3点が重要になる．

(1) どれだけ第一原理モデルを実際の制御対象に近づけられるか？
(2) 制御用公称モデルが第一原理モデルの重要な部分をよく近似しているか？
(3) 近似しきれなかった部分を定量的に評価できるか？

まず，(1)は対象に強く依存するため，現場のエンジニアが個別に対応してきた部分であり，制御理論の研究者は深く関わってこなかった．しかしながら，制御工学という大きな枠組みの中では，(1)の重要性は今後増していくと思われる．

つぎに，(2)は「対象の主要なダイナミクスをできるだけ簡単なモデルで表現したい」という考えに基づいており，「ポイントをおさえた簡易なモデリング」を行うことが要求される．これを行うためには，エンジニアリングセンスが必要になって

くる.

最後に，(3) は「不確かさのモデリング」と呼ばれる研究分野であり，ロバスト制御のためのモデリングの枠組みの中で 1990 年代に精力的に研究された．これらの点については，制御理論の世界では現在も引き続き研究が続けられている．重要な点は，制御対象のモデリングを行うことが最終目的ではなく，制御系を設計することが最終目的であることである．したがって，モデリングの良し悪しは，最終的に構成される制御系（あるいは状態推定器）の性能で判断される．

6.5節「システム制御のためのカルマンフィルタ」で，本章で述べたシステムのモデルを利用することになる．

演習問題

3-1 具体的な制御対象を想定して，第一原理モデリングによってその数学モデルを導出せよ．

3-2 システム同定のための数学モデルとして，さまざまなものが提案されている．それらのモデルについて調べよ．また，第 2 章で述べた時系列モデルとシステム同定モデルの相違点について調べよ．

参考文献

[1] 足立修一：信号とダイナミカルシステム，コロナ社，1999.

[2] 足立修一：MATLAB によるディジタル信号とシステム，東京電機大学出版局，2002.

[3] A. V. Oppennheim and A. S. Willsky : Signals and Systems, Prentice-Hall, 1983.

[4] 足立修一：MATLAB による制御工学，東京電機大学出版局，1999.

[5] G. F. Franklin, J. D. Powell and A. Emami-Naeini : Feedback Control of Dynamic Systems (6th Edition), Prentice Hall, 2009.

[6] K. Zhou, J. C. Doyle and K. Glover : Robust and Optimal Control, Prentice

Hall, 1995.

[7] J. M. Maciejowski 著,足立・管野 訳:モデル予測制御——制約のもとでの最適制御,東京電機大学出版局,2005.

[8] 足立修一:システム同定の基礎,東京電機大学出版局,2009.

[9] 宮川雅巳:グラフィカルモデリング,朝倉書店,1997.

[10] 増淵・川田:システムのモデリングと非線形制御,コロナ社,1996.

[11] L. Ljung : System Identification — Theory for the Users (2nd Edition), Englewood Cliffs, NJ:Prentice Hall PTR, 1999.

第4章 最小二乗推定法

本章では，カルマンフィルタの基礎の一つである**最小二乗推定法**（least-squares estimation method）について詳細に解説する．煩雑な式変形が数多く登場して読みにくい章であるが，最小二乗推定法はカルマンフィルタの重要な基礎であるので，実際に手を動かして，本章の内容を習得してほしい．

4.1 最小二乗推定法（スカラの場合）

4.1.1 最小二乗推定値

物理量測定の一例として，ある物質の温度を測定する問題を考える[1]．ここでは，その温度は不規則に変動しているものとして，確率変数 x とする[1]．その物理量は環境条件に影響され，ある時刻におけるその物理量の真値は，その確率変数 x のある実現値（標本）と考える．いま，確率変数 x の平均値と分散は既知であり，それぞれつぎのように与えられるものと仮定する．

$$\mathrm{E}[x] = \overline{x}, \quad \mathrm{E}[(x-\overline{x})^2] = \sigma_x^2 \tag{4.1}$$

そして，物質の温度 x はつぎの観測方程式

$$y = cx + w \tag{4.2}$$

によって観測されるものとする．ここで，y は観測値であり，w は観測雑音である．ただし，w の平均値と分散は既知であり，それぞれつぎのように与えられるものとする．

---

[1]. 厳密には，$x(\omega)$ と書くべきであるが，ここでは単に x とする．ここで，ω は周波数ではなく，確率変数が定義される標本空間の要素を表す．

4.1 最小二乗推定法（スカラの場合）

$$\mathrm{E}[w] = \overline{w}, \quad \mathrm{E}[(w-\overline{w})^2] = \sigma_w^2 \tag{4.3}$$

また，w は x と無相関であると仮定する．式 (4.2) の c は物理量から観測量への変換係数であり，この値は既知であるとする．たとえば，熱電対を用いて温度を測定した場合，電圧を温度へ変換する係数が c に相当する．ここで考える推定問題は，雑音に汚された観測値（スカラ量）y から信号（スカラ量）x の推定値 $\widehat{x}$ を求めることである．

さて，

$$\widehat{x} = f(y) = \alpha y + \beta \tag{4.4}$$

で与えられる，観測値 y に関して 1 次関数である**線形推定則**（linear estimation law）を仮定する．そして，**推定誤差**（estimation error）を

$$e = x - \widehat{x} \tag{4.5}$$

と定義し，この**平均二乗誤差**（MSE：Mean Square Error）が最小になるように線形推定則の係数 α と β を決定する問題を考える．

以下では，この推定誤差の平均値（1 次モーメント）と分散（2 次モーメント）に関する二つの条件を導くことによって，式 (4.4) に含まれる二つの未知数 (α, β) を決定する．

☐ 推定誤差の平均値を 0 にする（1 次モーメントの条件）

この条件を計算すると，

$$\begin{aligned} \mathrm{E}[e] = \mathrm{E}[x-\widehat{x}] &= \mathrm{E}[x - \alpha y - \beta] \\ &= \mathrm{E}[x - \alpha(cx+w) - \beta] \\ &= (1-\alpha c)\overline{x} - \alpha \overline{w} - \beta = 0 \end{aligned} \tag{4.6}$$

となる．よって，

$$\widehat{\beta} = (1-\alpha c)\overline{x} - \alpha \overline{w} = \overline{x} - \alpha(c\overline{x} + \overline{w}) \tag{4.7}$$

のとき，推定値は偏り（バイアス）をもたない．このとき $\widehat{x}$ は**不偏推定値**（unbiased estimate）と呼ばれる．

◻ 推定誤差分散を最小にする（2次モーメントの条件）

推定値のMSEを計算すると，つぎのようになる．

$$\begin{aligned}
\mathrm{E}[\{e-\mathrm{E}[e]\}^2] &= \mathrm{E}\left[[(x-\alpha y-\beta)-\{(1-\alpha c)\overline{x}-\alpha\overline{w}-\beta\}]^2\right] \\
&= \mathrm{E}\left[\{x-\alpha(cx+w)-(1-\alpha c)\overline{x}+\alpha\overline{w}\}^2\right] \\
&= \mathrm{E}\left[\{(1-\alpha c)(x-\overline{x})-\alpha(w-\overline{w})\}^2\right] \\
&= (1-\alpha c)^2\mathrm{E}[x-\overline{x}]^2 - 2(1-\alpha c)\alpha\mathrm{E}[(x-\overline{x})(w-\overline{w})] \\
&\quad + \alpha^2\mathrm{E}\left[(w-\overline{w})^2\right] \\
&= (1-\alpha c)^2\sigma_x^2 + \alpha^2\sigma_w^2
\end{aligned} \quad (4.8)$$

ここで，信号 x と雑音 w は無相関であることを利用した．式 (4.8) は β に無関係なので，この推定誤差分散を最小にする α を選ぶことができる．

式 (4.8) を α に関する2次式に書き直して，**平方完成**すると，

$$\begin{aligned}
\mathrm{E}[\{e-\mathrm{E}[e]\}^2] &= (c^2\sigma_x^2+\sigma_w^2)\alpha^2 - 2c\sigma_x^2\alpha + \sigma_x^2 \\
&= (c^2\sigma_x^2+\sigma_w^2)\left(\alpha-\frac{c\sigma_x^2}{c^2\sigma_x^2+\sigma_w^2}\right)^2 + \sigma_x^2 - \frac{c^2\sigma_x^4}{c^2\sigma_x^2+\sigma_w^2} \\
&= (c^2\sigma_x^2+\sigma_w^2)\left(\alpha-\frac{c\sigma_w^{-2}}{\sigma_x^{-2}+c^2\sigma_w^{-2}}\right)^2 + \frac{1}{\sigma_x^{-2}+c^2\sigma_w^{-2}}
\end{aligned} \quad (4.9)$$

が得られる．平方完成については，ミニ・チュートリアル 4 (p.64) にまとめておく．

いま，

$$\sigma^2 = \frac{1}{\sigma_x^{-2}+c^2\sigma_w^{-2}} \quad (4.10)$$

とおくと，式 (4.9) はつぎのようになる．

$$\mathrm{E}[\{e-\mathrm{E}[e]\}^2] = (c^2\sigma_x^2+\sigma_w^2)(\alpha-c\sigma_w^{-2}\sigma^2)^2 + \sigma^2 \quad (4.11)$$

これより，

$$\alpha = c\frac{\sigma^2}{\sigma_w^2} \quad (4.12)$$

のとき，推定誤差分散は最小値

$$\mathrm{E}[\{e-\mathrm{E}[e]\}^2] = \sigma^2 \quad (4.13)$$

をとることがわかる．このとき，$\widehat{x}$ は**最小分散推定値**（minimum variance estimate）と呼ばれる．

以上の結果を Point 4.1 にまとめておこう．

❖ **Point 4.1** ❖　最小二乗推定法（スカラの場合）

　推定すべき確率変数 x の平均値と分散は既知であり，それぞれつぎのように与えられるものとする．

$$\mathrm{E}[x] = \overline{x}, \quad \mathrm{E}[(x-\overline{x})^2] = \sigma_x^2$$

そして，観測値 y は

$$y = cx + w$$

に従って観測されるものとする．ただし，w は観測雑音であり，その平均値と分散は既知であり，それぞれつぎのように与えられるものとする．

$$\mathrm{E}[w] = \overline{w}, \quad \mathrm{E}[(w-\overline{w})^2] = \sigma_w^2$$

また，w は x と無相関であると仮定する．

　このとき，x の最小二乗推定値 $\widehat{x}$ は，

$$\widehat{x} = \overline{x} + \frac{c\sigma^2}{\sigma_w^2}\{y - (c\overline{x} + \overline{w})\} \tag{4.14}$$

で与えられる．ただし，σ^2 は推定誤差

$$e = x - \widehat{x} \tag{4.15}$$

の分散であり，

$$\sigma^2 = \mathrm{E}[\{e - \mathrm{E}[e]\}^2] = \frac{1}{\sigma_x^{-2} + c^2\sigma_w^{-2}} \tag{4.16}$$

で与えられる．ここで，$\widehat{x}$ は**事後推定値**（*a posteriori* estimate），$\overline{x}$ は**事前推定値**（*a priori* estimate）と呼ばれる．最小二乗推定法のブロック線図を下図に示す．

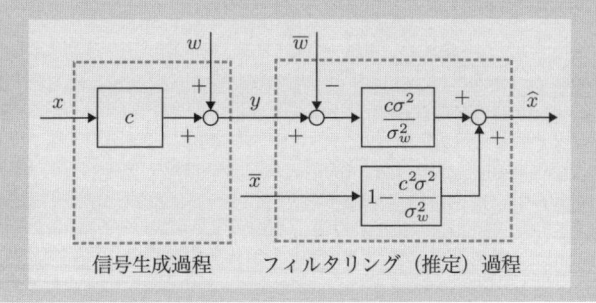

特に，雑音 w の平均値が 0 のときには，最小二乗推定値は

$$\widehat{x} = \overline{x} + \frac{c\sigma^2}{\sigma_w^2}(y - c\overline{x}) \tag{4.17}$$

で与えられる．ここで，$y - c\overline{x}$ は観測値による修正項であると考えられる．

データが観測されない場合には，これまで観測されたデータの平均値 $\overline{x}$ を推定値とするのが妥当だが，新しいデータを用いることにより推定値を改善できることを式 (4.14) と式 (4.17) は意味している．これらの式はカルマンフィルタの基礎となる重要な関係式である．

ミニ・チュートリアル 4 —— 平方完成

2 次関数

$$f(x) = ax^2 + bx + c, \quad a \neq 0 \tag{4.18}$$

は，つぎのように変形することができる．

$$f(x) = a\left(x^2 + \frac{b}{a}x\right) + c = a\left(x + \frac{b}{2a}\right)^2 + c - \frac{b^2}{4a} \tag{4.19}$$

この形式を平方完成という．

たとえば，$a > 0$，すなわち関数 $f(x)$ が下に凸のときには，

$$x = -\frac{b}{2a} \tag{4.20}$$

のとき，$f(x)$ は最小値 $c - b^2/4a$ をとる．このように，平方完成を行うことにより，微分を用いることなく 2 次関数の最小値を計算することができる．

最小二乗推定法からは離れるが，$f(x) = 0$ の解を求めよう．式 (4.19) を 0 とおくと，

$$a\left(x + \frac{b}{2a}\right)^2 = \frac{b^2 - 4ac}{4a} \tag{4.21}$$

が得られる．この式を変形すると，つぎのようになる．

$$\begin{aligned}\left(x + \frac{b}{2a}\right)^2 &= \frac{b^2 - 4ac}{4a^2} \\ x + \frac{b}{2a} &= \pm\frac{\sqrt{b^2 - 4ac}}{2a} \\ x &= \frac{b \pm \sqrt{b^2 - 4ac}}{2a}\end{aligned} \tag{4.22}$$

このようにして，2 次方程式の解の公式を導出することができる．

最小二乗推定値である式 (4.14) の意味についてもう少し考えてみよう．問題を簡単にするために $c=1$ とおく．すなわち，

$$y = x + w \tag{4.23}$$

とする．また，$\overline{w} = 0$ とする．このとき，式 (4.14) はつぎのようになる．

$$\widehat{x} = \overline{x} + \alpha(y - \overline{x}) \tag{4.24}$$

ただし，α は**推定ゲイン**（estimation gain）と呼ばれ，式 (4.12) で定義される．この場合，式 (4.12) はつぎのように変形することができる．

$$\alpha = \frac{\sigma_x^2}{\sigma_x^2 + \sigma_w^2} = \frac{1}{1 + \frac{\sigma_w^2}{\sigma_x^2}} = \frac{1}{1 + \frac{1}{\text{SNR}}} \tag{4.25}$$

ただし，

$$\text{SNR} = \frac{\sigma_x^2}{\sigma_w^2} \tag{4.26}$$

とおいた．これは雑音の分散と信号の分散の比，すなわち，**SN 比**（Signal-to-Noise ratio）である．

さて，推定ゲインは，

$$0 < \alpha \leq 1 \tag{4.27}$$

の範囲に存在する．ここで，雑音が存在しない場合は $\alpha = 1$ になり，雑音の分散が ∞ に向かうとき，α の大きさは 0 に向かう．式 (4.24) を変形すると，

$$\widehat{x} = (1 - \alpha)\overline{x} + \alpha y \tag{4.28}$$

が得られる．この式より，事後推定値 $\widehat{x}$ は，事前推定値 $\overline{x}$ と観測値 y の重み付き平均，あるいは二つの量の内分点であることがわかる．その特殊な場合として，

- $\alpha \to 1$ のとき，雑音が存在しないので，$\widehat{x} \to y$ となる．
- $\alpha \to 0$ のとき，雑音が ∞ になるので観測値の信頼性はまったくなくなり，$\widehat{x} \to \overline{x}$ となる．

4.1.2 直交性の原理

式 (4.14) で与えられた最小二乗推定値 $\widehat{x}$ と推定誤差 e の相関関数を計算してみよう．

$$\begin{aligned}
\mathrm{E}[\widehat{x}e] &= \mathrm{E}\left[\left\{\overline{x} + \frac{c\sigma^2}{\sigma_w^2}\{y-(c\overline{x}+\overline{w})\}\right\}e\right] \\
&= \left\{\overline{x} - \frac{c\sigma^2}{\sigma_w^2}(c\overline{x}+\overline{w})\right\}\mathrm{E}[e] + \frac{c\sigma^2}{\sigma_w^2}\mathrm{E}[ye] \\
&= \frac{c\sigma^2}{\sigma_w^2}\mathrm{E}[y(x-\widehat{x})] \quad\quad (4.29)
\end{aligned}$$

ここで，$\mathrm{E}[e]=0$ を利用した．続いて，式 (4.29) 中の $\mathrm{E}[y(x-\widehat{x})]$ を計算していこう．

$$\begin{aligned}
\mathrm{E}[y(x-\widehat{x})] &= \mathrm{E}\left[(cx+w)\left\{x-\left(\overline{x}+\frac{c\sigma^2}{\sigma_w^2}\{y-(c\overline{x}+\overline{w})\}\right)\right\}\right] \\
&= \mathrm{E}\left[(cx+w)\left\{\left(1-\frac{c^2\sigma^2}{\sigma_w^2}\right)(x-\overline{x}) - \frac{c\sigma^2}{\sigma_w^2}(w-\overline{w})\right\}\right] \\
&= c\left(1-\frac{c^2\sigma^2}{\sigma_w^2}\right)\mathrm{E}[x(x-\overline{x})] - \frac{c\sigma^2}{\sigma_w^2}\mathrm{E}[w(w-\overline{w})] \quad\quad (4.30)
\end{aligned}$$

ここで，

$$\mathrm{E}[x(x-\overline{x})] = \mathrm{E}[(x-\overline{x})(x-\overline{x}) + \overline{x}(x-\overline{x})] = \sigma_x^2 \quad\quad (4.31)$$

$$\mathrm{E}[w(w-\overline{w})] = \mathrm{E}[(w-\overline{w})(w-\overline{w}) - \overline{w}(w-\overline{w})] = \sigma_w^2 \quad\quad (4.32)$$

なので，これらを式 (4.30) に代入すると，つぎのようになる．

$$\begin{aligned}
\mathrm{E}[y(x-\widehat{x})] &= c\left(1-\frac{c^2\sigma^2}{\sigma_w^2}\right)\sigma_x^2 - \frac{c\sigma^2}{\sigma_w^2}\sigma_w^2 \\
&= c\left[1-\sigma^2\left(\frac{c^2}{\sigma_w^2}+\frac{1}{\sigma_x^2}\right)+\frac{\sigma^2}{\sigma_x^2}\right]\sigma_x^2 - c\sigma^2 \\
&= c\left(1-\sigma^2\frac{1}{\sigma^2}+\frac{\sigma^2}{\sigma_x^2}\right)\sigma_x^2 - c\sigma^2 \\
&= 0 \quad\quad (4.33)
\end{aligned}$$

以上の計算より，「最小二乗推定値と推定誤差とは無相関である」，すなわち，

$$\mathrm{E}[\widehat{x}e] = 0 \quad\quad (4.34)$$

が成り立つことが導かれた．この関係を「最小二乗推定値と推定誤差は直交している」と表現し，これは**直交性の原理**と呼ばれる．

✤ Point 4.2 ✤　内積と直交

二つのベクトルが直交しているかどうかは，それらを描いた図面で互いになす角度を分度器などで測れば調べることができる．これは幾何学的な方法であるが，二つのベクトルが直交しているかどうかを調べる別の方法として，二つのベクトルの**内積**を計算し，それが 0 になっているかどうかを調べるものがある．この考え方を関数空間に拡張することができる．

二つの関数が直交しているかどうかをグラフから判断することはできない．たとえば，$\sin \omega t$ と $\sin 2\omega t$ は直交しているのだが，これらの図面から直交性を判断できる人はほとんどいないだろう．そのようなとき，二つの関数の**内積**を定義し，その値が 0 になったとき，**直交**しているということにする．また，自分自身で内積をとり，その平方根を**大きさ**と定義する．フーリエ級数展開は，このような関数の直交性に基づいた級数展開であった[2]．

本書では，確率変数の直交性を規定するための内積演算として，二つの確率変数の期待値（相互相関関数）E[·] を用いる．そして，期待値が 0 になったとき，二つの確率変数は直交しているということにする．

直交性の原理について，つぎの Point 4.3 にまとめておこう．

✤ Point 4.3 ✤　直交性の原理

二つの確率過程 x, y の平均値を 0 とする．すなわち，

$$E[x] = 0, \quad E[y] = 0$$

とする．また，x, y は正規性であるとする（この仮定が必要な理由については，次章で説明する）．そして，MSE を評価関数として用い，最適推定値 $\hat{x}$ が観測値 y の線形結合で記述できる，すなわち，線形推定則とする．

以上の準備のもとで，観測値 y が与えられたとき，最適推定値 $\hat{x}$ はこの観測値によって張られる空間上への x の**直交射影**（orthogonal projection）である．次の図に観測値と推定値の関係のイメージを示す．

推定誤差を

$$e = x - \hat{x} \tag{4.35}$$

と定義する．最適推定値と推定誤差の内積をとると，図よりこれらは直交しているので 0 となることがわかる．すなわち，

$$\hat{x} \cdot e = \mathrm{E}[\hat{x}e] = 0 \tag{4.36}$$

である．

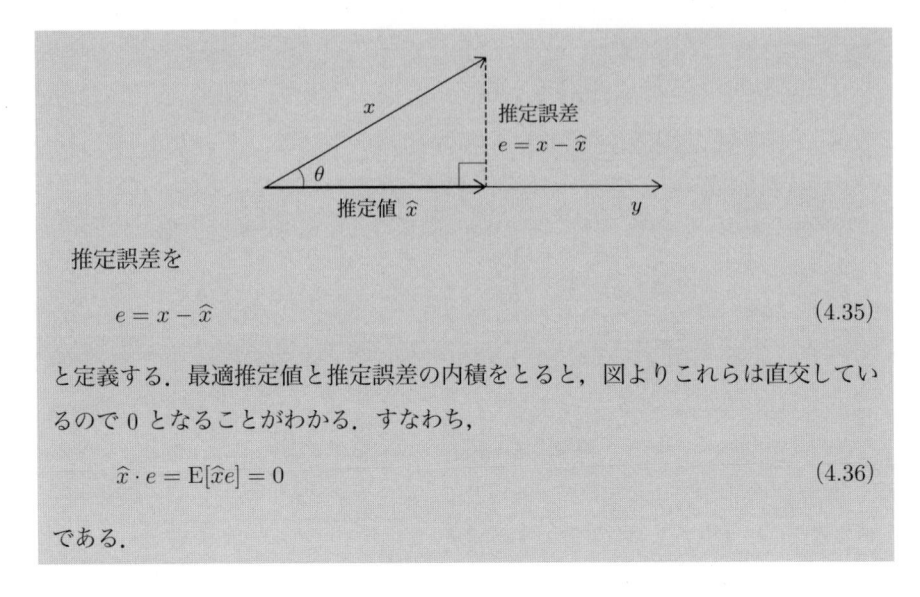

　以上では，信号 x と雑音 w の確率密度関数を用いることなく，直交性の原理に基づいて，信号と雑音の平均値と分散に関する条件から線形推定則により最小二乗推定値を計算した．

　そもそも，なぜ二つのパラメータから構成される線形推定則でよいのだろうか？ y^2, y^3 など非線形項まで用いた，より高次の非線形推定則にしたほうが推定精度が向上するのではないだろうか？ 言葉を換えて言うと，平均値と分散という 2 次モーメントまでの情報ではなく，3 次以上のモーメントに関する情報も利用したほうがよいのではないだろうか？

　これらの疑問に対する回答のポイントは，確率変数が正規性であると仮定することである．この点について詳しく学ぶためには，ベイズの定理や最尤推定法の知識が必要になる．それらについては次章で説明する．

4.2 最小二乗推定法（多変数の場合）

前節ではスカラの場合を取り扱ったが，本節では n 個の観測値

$$\boldsymbol{y} = \boldsymbol{Cx} + \boldsymbol{w} \tag{4.37}$$

が得られる多変数の場合を考える．ただし，$\boldsymbol{y}$ は観測ベクトル，$\boldsymbol{x}$ は信号ベクトル，$\boldsymbol{w}$ は観測雑音ベクトルで，いずれも $n \times 1$ ベクトルで，

$$\boldsymbol{y} = \begin{bmatrix} y_1 \\ y_2 \\ \vdots \\ y_n \end{bmatrix}, \quad \boldsymbol{x} = \begin{bmatrix} x_1 \\ x_2 \\ \vdots \\ x_n \end{bmatrix}, \quad \boldsymbol{w} = \begin{bmatrix} w_1 \\ w_2 \\ \vdots \\ w_n \end{bmatrix} \tag{4.38}$$

で与えられる．また，$\boldsymbol{C}$ は $n \times n$ の観測行列である．

信号 $\boldsymbol{x}$ と雑音 $\boldsymbol{w}$ は無相関であると仮定し，それらの平均値ベクトルと共分散行列がそれぞれつぎのように与えられると仮定する．

$$\mathrm{E}[\boldsymbol{x}] = \overline{\boldsymbol{x}}, \quad \mathrm{E}[(\boldsymbol{x} - \overline{\boldsymbol{x}})(\boldsymbol{x} - \overline{\boldsymbol{x}})^T] = \boldsymbol{\Sigma}_x \tag{4.39}$$

$$\mathrm{E}[\boldsymbol{w}] = \overline{\boldsymbol{w}}, \quad \mathrm{E}[(\boldsymbol{w} - \overline{\boldsymbol{w}})(\boldsymbol{w} - \overline{\boldsymbol{w}})^T] = \boldsymbol{\Sigma}_w \tag{4.40}$$

ここで，二つの共分散行列 $\boldsymbol{\Sigma}_x, \boldsymbol{\Sigma}_w$ は正定値対称行列であることに注意する．

このとき，出力 $\boldsymbol{y}$ の平均値ベクトルは

$$\mathrm{E}[\boldsymbol{y}] = \mathrm{E}[\boldsymbol{Cx} + \boldsymbol{w}] = \boldsymbol{C}\overline{\boldsymbol{x}} + \overline{\boldsymbol{w}}$$

となる．また，共分散行列はつぎのようになる．

$$\begin{aligned}
&\mathrm{E}[(\boldsymbol{y} - \mathrm{E}[\boldsymbol{y}])(\boldsymbol{y} - \mathrm{E}[\boldsymbol{y}])^T] \\
&= \mathrm{E}[(\boldsymbol{Cx} + \boldsymbol{w} - \boldsymbol{C}\overline{\boldsymbol{x}} - \overline{\boldsymbol{w}})(\boldsymbol{Cx} + \boldsymbol{w} - \boldsymbol{C}\overline{\boldsymbol{x}} - \overline{\boldsymbol{w}})^T] \\
&= \mathrm{E}[\{\boldsymbol{C}(\boldsymbol{x} - \overline{\boldsymbol{x}}) + (\boldsymbol{w} - \overline{\boldsymbol{w}})\}\{\boldsymbol{C}(\boldsymbol{x} - \overline{\boldsymbol{x}}) + (\boldsymbol{w} - \overline{\boldsymbol{w}})\}^T] \\
&= \boldsymbol{C}\boldsymbol{\Sigma}_x \boldsymbol{C}^T + \boldsymbol{\Sigma}_w
\end{aligned} \tag{4.41}$$

ここで，$\boldsymbol{x}$ と $\boldsymbol{w}$ の無相関性を利用した．

前節と同様に，線形推定則

$$\widehat{\boldsymbol{x}} = \boldsymbol{Fy} + \boldsymbol{d} \tag{4.42}$$

を用いる．ただし，F は $n \times n$ 行列，d は $n \times 1$ ベクトルであり，これらを決定することがここで考える問題になる．

推定誤差ベクトルを

$$e = x - \widehat{x} \tag{4.43}$$

と定義する．最小二乗推定値の導出法は前節でのスカラの場合と同様であるが，ベクトルと行列の取り扱いに少し注意する必要がある．

まず，推定誤差ベクトルの平均値が 0 という条件

$$\begin{aligned} \mathrm{E}[e] &= \mathrm{E}[x - Fy - d] \\ &= \overline{x} - F(C\overline{x} + \overline{w}) - d = 0 \end{aligned} \tag{4.44}$$

から，

$$d = \overline{x} - F(C\overline{x} + \overline{w}) = (I - FC)\overline{x} - F\overline{w} \tag{4.45}$$

が導出される．

つぎに，推定誤差ベクトルの共分散行列を

$$P = \mathrm{E}[ee^T] \tag{4.46}$$

と定義する．これは誤差共分散行列と呼ばれることもある．この行列は $n \times n$ 行列である．この共分散行列を最小にしたいのだが，スカラ量と違って行列を最小化するというイメージはつかみにくい．しかし，前節の結果から2次モーメントの最小化に関連するのは，式 (4.42) の線形推定則の行列 F の部分だけなので，共分散行列を最小にする行列 F を求める問題を考える．

少し面倒な計算だが，順を追って計算していこう．式 (4.46) に，式 (4.42)，(4.43) を代入して，式 (4.37) を利用すると，

$$\begin{aligned} P &= \mathrm{E}[(x - Fy - d)(x - Fy - d)^T] \\ &= \mathrm{E}[\{x - F(Cx + w) - d\}\{x - F(Cx + w) - d\}^T] \end{aligned} \tag{4.47}$$

が得られる．この式の $x - F(Cx + w) - d$ を変形すると，つぎのようになる．

$$\begin{aligned} x - F(Cx + w) - d &= (I - FC)x - Fw - d \\ &= (I - FC)x - Fw - (I - FC)\overline{x} + F\overline{w} \end{aligned}$$

$$= (I - FC)(x - \overline{x}) - F(w - \overline{w}) \tag{4.48}$$

ここで，式 (4.45) を利用した．式 (4.48) を式 (4.47) に代入すると，

$$\begin{aligned}
P &= \mathrm{E}[\{(I - FC)(x - \overline{x}) - F(w - \overline{w})\}\{(I - FC)(x - \overline{x}) - F(w - \overline{w})\}^T] \\
&= (I - FC)\mathrm{E}[(x - \overline{x})(x - \overline{x})^T](I - FC)^T + F\mathrm{E}[(w - \overline{w})(w - \overline{w})^T]F^T \\
&= (I - FC)\Sigma_x (I - FC)^T + F\Sigma_w F^T \\
&= F(C\Sigma_x C^T + \Sigma_w)F^T - FC\Sigma_x - \Sigma_x C^T F^T + \Sigma_x \tag{4.49}
\end{aligned}$$

となる．ここで，式 (4.39) と式 (4.40) を利用した．

式 (4.49) は，行列 F に関して 2 次形式であるので，何らかの条件を満たせば，共分散行列の最小値を与える F が存在する．少し記号が複雑なので，つぎのような記号を定義しよう．

$$A = C\Sigma_x C^T + \Sigma_w, \quad B = C\Sigma_x \tag{4.50}$$

ここで，これらはすべて $n \times n$ 行列であり，A は正定値対称行列である．これらの記号を用いると，式 (4.49) は

$$P = FAF^T - FB - B^T F^T + \Sigma_x \tag{4.51}$$

となる．右辺第 1 項は最適化すべき変数行列 F に関して 2 次，第 2 項と第 3 項は 1 次，第 4 項は 0 次である．また，行列 A は正定値なので，この関数は最小値をもつ．

式 (4.51) はつぎのように変形できる．

$$P = (F - B^T A^{-1})A(F - B^T A^{-1})^T + \Sigma_x - B^T A^{-1} B \tag{4.52}$$

この式は前節で与えた**平方完成**の行列への拡張版である．したがって，

$$F = B^T A^{-1} \tag{4.53}$$

が成り立つとき，共分散行列 P は最小値

$$P = \Sigma_x - B^T A^{-1} B \tag{4.54}$$

をとる．これらを元の記号に戻すと，行列 F は

$$F = \Sigma_x C^T (C\Sigma_x C^T + \Sigma_w)^{-1} \tag{4.55}$$

となる．

式 (4.45), (4.55) を式 (4.42) に代入すると,

$$\begin{aligned}\widehat{x} &= Fy + (I - FC)\overline{x} - F\overline{w} \\ &= \overline{x} + F\{y - (C\overline{x} + \overline{w})\} \\ &= \overline{x} + \Sigma_x C^T (C\Sigma_x C^T + \Sigma_w)^{-1}\{y - (C\overline{x} + \overline{w})\}\end{aligned} \tag{4.56}$$

が得られる．これが多変数の場合の**最小二乗推定値**である．このとき，式 (4.54) に式 (4.50) を代入することにより，共分散行列の最小値は，

$$P = \Sigma_x - \Sigma_x C^T (\Sigma_w + C\Sigma_x C^T)^{-1} C\Sigma_x \tag{4.57}$$

で与えられる．

式 (4.56) の最小二乗推定値をもう少し見通しの良い形にするために，つぎに逆行列補題を与える．

> ❖ Point 4.4 ❖　　逆行列補題（matrix inversion lemma）
>
> $$(A + BC)^{-1} = A^{-1} - A^{-1}B(I + CA^{-1}B)^{-1}CA^{-1} \tag{4.58}$$
>
> ただし，行列 A は正方・正則行列で，行列 B と C はそれぞれ適切なサイズの行列である（正方である必要はない）．

この逆行列補題は，システム同定における**逐次最小二乗推定法**（Recursive Least-Squares (RLS) estimation method）[2] の導出にも利用される，有用な行列の公式である．

さて，スカラの場合には，式 (4.10)，すなわち

$$\sigma^2 = \frac{1}{\sigma_x^{-2} + c^2 \sigma_w^{-2}}$$

のように推定誤差分散を定義した．多変数の場合にも，この式の右辺にならって

$$(\Sigma_x^{-1} + C^T \Sigma_w^{-1} C)^{-1} \tag{4.59}$$

となることが予想される．そこで，式 (4.59) に式 (4.58) の逆行列補題を適用すると，

---

[2] 6.8 節で詳しく説明する．

$$
\begin{aligned}
(\Sigma_x^{-1} + C^T\Sigma_w^{-1}C)^{-1} &= \Sigma_x - \Sigma_x C^T(I + \Sigma_w^{-1}C\Sigma_x C^T)^{-1}\Sigma_w^{-1}C\Sigma_x \\
&= \Sigma_x - \Sigma_x C^T\{\Sigma_w^{-1}(\Sigma_w + C\Sigma_x C^T)\}^{-1}\Sigma_w^{-1}C\Sigma_x \\
&= \Sigma_x - \Sigma_x C^T(\Sigma_w + C\Sigma_x C^T)^{-1}\Sigma_w\Sigma_w^{-1}C\Sigma_x \\
&= \Sigma_x - \Sigma_x C^T(\Sigma_w + C\Sigma_x C^T)^{-1}C\Sigma_x \\
&= P
\end{aligned}
\tag{4.60}
$$

となり,式 (4.57) の推定誤差共分散行列に一致することがわかる.

以上より,推定誤差共分散行列の最小値は,つぎのように二つの式で記述できる.

$$
\begin{aligned}
P &= (\Sigma_x^{-1} + C^T\Sigma_w^{-1}C)^{-1} \\
&= \Sigma_x - \Sigma_x C^T(\Sigma_w + C\Sigma_x C^T)^{-1}C\Sigma_x
\end{aligned}
\tag{4.61}
$$

さらに,式 (4.55) のゲイン行列 F はつぎのように変形することができる.

$$
\begin{aligned}
F &= \Sigma_x C^T(C\Sigma_x C^T + \Sigma_w)^{-1} \\
&= \Sigma_x C^T\Sigma_w^{-1} - \Sigma_x C^T\Sigma_w^{-1} + \Sigma_x C^T(C\Sigma_x C^T + \Sigma_w)^{-1} \\
&= \Sigma_x C^T\Sigma_w^{-1} - \Sigma_x C^T[\Sigma_w^{-1} - (C\Sigma_x C^T + \Sigma_w)^{-1}] \\
&= \Sigma_x C^T\Sigma_w^{-1} - \Sigma_x C^T(C\Sigma_x C^T + \Sigma_w)^{-1}[(C\Sigma_x C^T + \Sigma_w)\Sigma_w^{-1} - I] \\
&= \Sigma_x C^T\Sigma_w^{-1} - \Sigma_x C^T(C\Sigma_x C^T + \Sigma_w)^{-1}[(C\Sigma_x C^T + \Sigma_w) - \Sigma_w]\Sigma_w^{-1} \\
&= \Sigma_x C^T\Sigma_w^{-1} - \Sigma_x C^T(C\Sigma_x C^T + \Sigma_w)^{-1}C\Sigma_x C^T\Sigma_w^{-1} \\
&= \{\Sigma_x - \Sigma_x C^T(C\Sigma_x C^T + \Sigma_w)^{-1}C\Sigma_x\}C^T\Sigma_w^{-1} \\
&= PC^T\Sigma_w^{-1}
\end{aligned}
\tag{4.62}
$$

大変煩雑な式変形であったが,この計算により共分散行列 P を用いてゲイン行列 F を記述することができた.このようにして求められた F は,式 (4.12) で与えられたスカラの場合のゲイン α と同じ形式をしていることがわかる.

以上より,つぎの Point 4.5 が得られる.

❖ Point 4.5 ❖　最小二乗推定法(多変数の場合)

多変数の場合の最小二乗推定値は,

$$
\widehat{x} = \overline{x} + PC^T\Sigma_w^{-1}\{y - (C\overline{x} + \overline{w})\}
\tag{4.63}
$$

で与えられる.このとき,共分散行列は次式で与えられる最小値をとる.

$$
P = \Sigma_x - \Sigma_x C^T(\Sigma_w + C\Sigma_x C^T)^{-1}C\Sigma_x
\tag{4.64}
$$

特に，雑音の平均値ベクトルが $\mathbf{0}$ の場合には，式 (4.63) は，
$$\widehat{x} = \overline{x} + PC^T \Sigma_w^{-1}(y - C\overline{x}) \tag{4.65}$$
となる．最小二乗推定法のブロック線図を下図に示す．

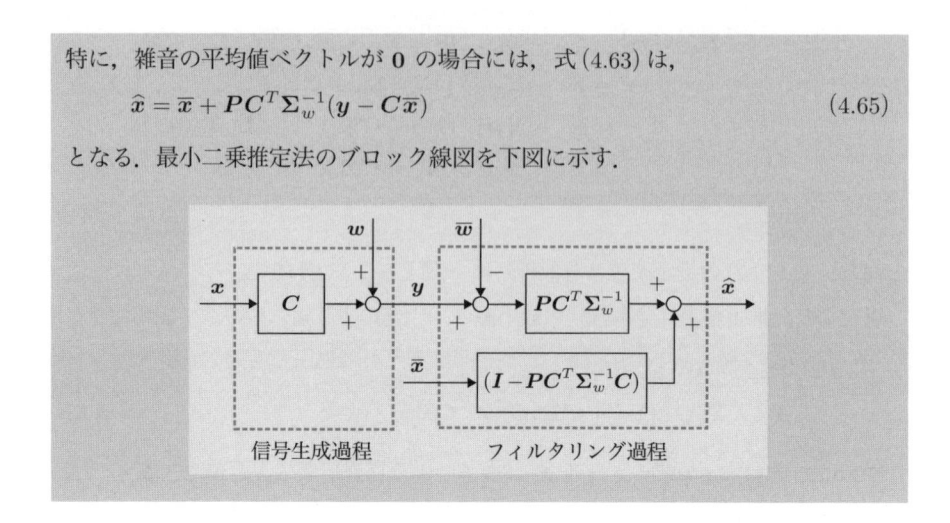

さらに，確率過程が正規性であると仮定すると，スカラの場合と同様につぎの関係が成り立つ．

> ❖ Point 4.6 ❖　推定値と推定誤差の直交性（多変数の場合）
>
> $$\mathrm{E}[\widehat{x} e^T] = \mathbf{0} \tag{4.66}$$

なお，この証明は省略する．

演習問題

4-1 4.1 節の Point 4.1 で与えたスカラの場合の最小二乗推定法の導出を，手計算で確認せよ．

4-2 4.2 節の Point 4.5 で与えた多変数の場合の最小二乗推定法の導出を，手計算で確認せよ．

4-3 式 (4.66) を導け．

4-4 逆行列補題を用いて，つぎの Q を計算せよ．

$$Q = (P^{-1} + \varphi\varphi^T)^{-1} \tag{4.67}$$

ただし，P は $n \times n$ の正則な対称行列，φ は $n \times 1$ 列ベクトルとする．

参考文献

[1] 有本 卓：カルマンフィルター，産業図書，1977.
[2] 足立修一：信号とダイナミカルシステム，コロナ社，1999.

第5章 ベイズ統計

前章の最小二乗推定法に続いて，本章ではカルマンフィルタのもう一つの理論的基礎であるベイズ統計について簡潔に紹介する．また，後半では，ベイズの定理を用いて最尤推定法について説明する．前章と同様に，煩雑な式変形が数多く登場するが，最尤推定法は推定理論の基本なので，一つひとつ計算を追ってほしい．

5.1 はじめに

数理統計学は図5.1に示すように分類することができる[1]．その中で，推測統計はつぎの二つに分類できる．

- 標本分布理論統計
- ベイズ統計

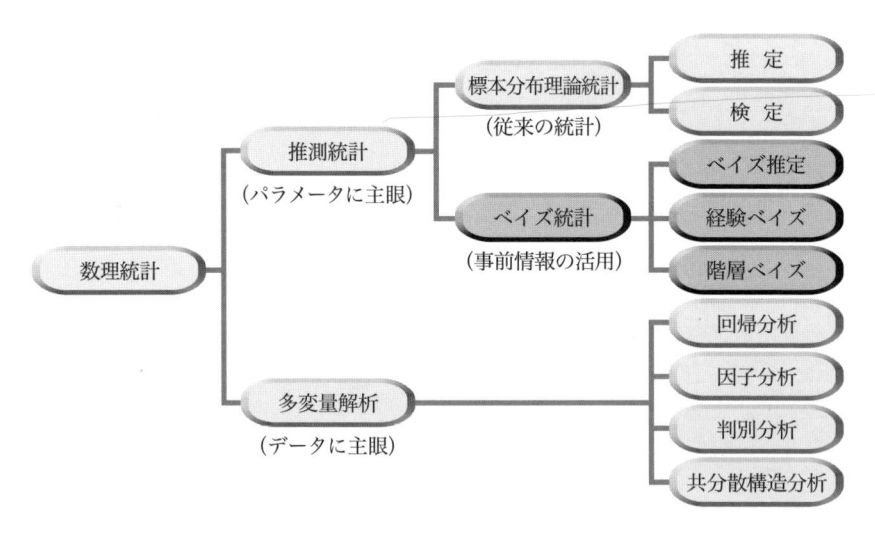

図5.1 数理統計学の分類（文献[1]を参考に作成）

標本分布理論統計は，確率の標本理論，頻度論による統計学で，通常，大学などで講義されている統計学である．フィッシャーの推定論，ネイマン＝ピアソンによる統計的検定論による理論で，漸近理論（すなわち，データが十分多く利用できるという仮定のもとでの理論）が中心的話題であり，たとえば，平均値や分散といったモデルのパラメータ（母数）推定がその主目的である．

ベイズ統計は，18世紀前半に英国の牧師であるトーマス・ベイズ（Thomas Bayes, 図5.2）により提案された**ベイズの定理**

$$P(A|B) = \frac{P(A)P(B|A)}{P(B)} \tag{5.1}$$

に始まる．ここで用いた記号の意味はあとで説明する．ベイズの定理が有名になったのはベイズの死後であり，世の中にベイズの定理を広めたのはラプラスの著書「確率の理論解析」(1812) であった．さらに，1950年代にサベージの "The foundation of statistics" によりベイズ統計が体系化された．近年では，ベイズ統計は検索エンジン Google で利用され，インテル社やマイクロソフト社などのアプリケーション開発の数学的基礎になるなど，幅広い分野で利用されており，ベイズ統計に関するさまざまな書籍が出版されている（たとえば [1]〜[5]）．

ベイズ理論は漸近理論によらないため，有限個のデータ（試行）しか利用できない現実の問題との親和性が高い．しかし，主観的な事前情報を利用することから，ときによってはその恣意性が批判されることがある．

図5.1のように，ベイズ統計の中には経験ベイズ（empirical Bayes）と階層ベイズ（hierarchical Bayes）がある．少し専門的になるが，経験ベイズとは観測データを利

図5.2 トーマス・ベイズ（1702〜1761）

用して事前分布の特徴づけを行う方法であり，階層ベイズとは事前分布のパラメータ設定の不確実性を記述するハイパー事前分布を下の階層に設定して，階層構造を構成する方法である．

5.2　確率の初歩

本節では，必要最小限の確率の知識を用いてベイズの定理を導出しよう．

ある標本空間で定義される二つの事象 A, B について，つぎのような確率が定義できる．

- **同時確率**（joint probability）$P(A, B)$ あるいは $P(A \cap B)$ ── A と B が同時に起こる確率．結合確率と呼ばれることもある．
- **周辺確率**（marginal probability）$P(A), P(B)$ ── 他の事象に関わりない一つの事象だけの確率．普通の確率．
- **条件付確率**（conditional probability）$P(A|B)$ ── B が起こったという条件のもとで A が起こる確率．

m 個の事象 $A_1, \ldots, A_m$ と n 個の事象 $B_1, \ldots, B_n$ に対する同時確率と周辺確率の例を図5.3に示す．$P(A_1)$ や $P(B_1)$ といったそれぞれの事象に対する確率を周辺確率といい，これは表では中心部の周辺に書かれているので，このような名称がついた．また，2個のコインを投げたときの表と裏が出る確率についての例を，図5.4に示す．

つぎに，独立性と排反性についてまとめておこう．

	事象 B_1	事象 B_2	$\cdots$	事象 B_n	周辺確率
事象 A_1	$P(A_1, B_1)$	$P(A_1, B_2)$	$\cdots$	$P(A_1, B_n)$	$P(A_1)$
事象 A_2	$P(A_2, B_1)$	$P(A_2, B_2)$	$\cdots$	$P(A_2, B_n)$	$P(A_2)$
$\vdots$	$\vdots$	$\vdots$	$\vdots$	$\vdots$	$\vdots$
事象 A_m	$P(A_m, B_1)$	$P(A_m, B_2)$	$\cdots$	$P(A_m, B_n)$	$P(A_m)$
周辺確率	$P(B_1)$	$P(B_2)$	$\cdots$	$P(B_n)$	$\sum = 1$

図5.3　同時確率と周辺確率

コイン1 \ コイン2	表	裏	周辺確率
表	1/4	1/4	1/2	← コイン1が表である確率
裏	1/4	1/4	1/2	← コイン1が裏である確率
周辺確率	1/2	1/2	1

図5.4　同時確率と周辺確率の例（二つの事象の場合）

- **独立**（independent）—— $P(A,B) = P(A)P(B)$ が成り立つとき，事象 A と事象 B は独立であると言われる．独立であれば，$P(A|B) = P(A), P(B|A) = P(B)$ が成り立つ．
- **排反**（exclusive）—— $P(A,B) = 0$ が成り立つとき，事象 A と事象 B は排反であると言われる．排反であれば，$P(A|B) = P(B|A) = 0$ が成り立つ．

5.3　ベイズの定理

以上の準備のもとで，ベイズの定理を導出しよう．まず，つぎの式が成り立つ．

$$P(A,B) = P(A|B)P(B) \tag{5.2}$$
$$P(A,B) = P(B|A)P(A) \tag{5.3}$$

すなわち，A と B の同時確率は，式 (5.2) のように B が起こった後，B が起きたという条件のもとで A が起こる条件付確率 $P(A|B)$ を乗ずることである．一方，式 (5.3) のように A が起こった後，A が起きたという条件のもとで B が起こる条件付確率 $P(B|A)$ を乗じても同時確率は計算できる．これらは**乗法定理**と呼ばれる．

式 (5.2) と式 (5.3) を変形すると

$$P(A|B) = \frac{P(A,B)}{P(B)}, \quad P(B|A) = \frac{P(A,B)}{P(A)} \tag{5.4}$$

が得られるが，これらは条件付確率の定義式でもある．当然，式 (5.2) と式 (5.3) は等しいので，これらを等号で結ぶと，

$$P(A|B) = \frac{P(A)P(B|A)}{P(B)} \tag{5.5}$$

が得られる．これがよく知られた**ベイズの定理**である．式 (5.5) はつぎのように見ることができる．

$$P(A|B) = P(A) \cdot \frac{P(B|A)}{P(B)} \tag{5.6}$$

この式の右辺の項 $P(A)$ は，原因として規定する仮説に対する確信の度合いとしての確率を意味している．そして，$P(B|A)/P(B)$ は新しい情報である事象 B による修正項を表している．たとえば，A と B が独立であれば，$P(B|A) = P(B)$ となるので，この修正項は 1 となり，独立な事象を用いた場合は何も修正されないことを意味する．

5.4 ベイズ統計

観測データ $\boldsymbol{y} = \{y(1), y(2), \ldots, y(n)\}$ が与えられたとき，これに対応する**統計モデル** (statistical model)

$$\mathcal{S} = \{p(\boldsymbol{y}, \boldsymbol{\theta})\} \tag{5.7}$$

を求める問題を考える．ただし，$\mathcal{S}$ はこのデータを生成したシステム（あるいは仕組み）の候補集合であり，未知パラメータ $\boldsymbol{\theta}$ によって決定される確率分布の集合とする．また，$p(\boldsymbol{y}, \boldsymbol{\theta})$ は観測データの確率分布である．以上の準備のもとで，**ベイズ統計** (Bayes statistics) は，式 (5.5) と同様の形式，

$$p(\boldsymbol{\theta}|\boldsymbol{y}) = p(\boldsymbol{\theta}) \frac{p(\boldsymbol{y}|\boldsymbol{\theta})}{p(\boldsymbol{y})} \tag{5.8}$$

で与えられる．ここで，$p(\boldsymbol{\theta}|\boldsymbol{y})$ はデータ $\boldsymbol{y}$ が観測された後の**事後分布**（*a posteriori* distribution），$p(\boldsymbol{\theta})$ は**事前分布**（*a priori* distribution）である．また，$p(\boldsymbol{y}|\boldsymbol{\theta})$ は観測値から計算される**尤度** (likelihood) であり，$p(\boldsymbol{y}|\boldsymbol{\theta})/p(\boldsymbol{y})$ は観測データによる修正項を表す．ユーザから与えられた事前分布を観測データによって修正して，事後分布 $p(\boldsymbol{\theta}|\boldsymbol{y})$ を式 (5.8) に従って求め，これに基づいて統計的推測を行う方法を**ベイズ統計**と呼ぶ．

通常，式 (5.8) の分母にある $p(\boldsymbol{y})$ を計算せずに，

$$p(\boldsymbol{\theta}|\boldsymbol{y}) \propto p(\boldsymbol{\theta}) p(\boldsymbol{y}|\boldsymbol{\theta}) \tag{5.9}$$

が用いられる．このとき，つぎの Point 5.1 を得る．

> ❖ **Point 5.1** ❖　ベイズ統計の意味
>
> 式 (5.9) はつぎのように解釈することができる．
>
> $$\boxed{事後分布} \propto \boxed{事前分布} \cdot \boxed{尤度} \tag{5.10}$$
>
> あるいは
>
> $$\boxed{事後情報} \propto \boxed{事前情報} \cdot \boxed{観測データ情報} \tag{5.11}$$
>
> これは，問題についてユーザが有している知識（事前情報）を，観測データによって修正することにより，より良い事後情報を得る，ということを意味している．
>
> モデリングの観点から式 (5.11) を見ると，事前情報が対象の第一原理モデルに当たり，システム同定実験を行うことにより観測データを収集し，そのデータを有効に活用することによってモデリングを行う，いわゆるグレーボックスモデリングの考え方に対応する．

さて，ベイズ統計では，ほとんどの統計的推測は**期待値**（expectation value）によって評価される．そこで，確率変数 x の期待値をその確率密度関数 $p(x)$ を用いて定義しておこう．

$$\bar{x} = \mathrm{E}[x] = \int_{-\infty}^{\infty} x p(x) \mathrm{d}x \tag{5.12}$$

ここで，期待値は集合平均の意味の平均値であることに注意する．

この定義より，パラメータの関数 $g(\boldsymbol{\theta})$ の事後分布の期待値を求めるためには，

$$\begin{aligned} \mathrm{E}[g(\boldsymbol{\theta})|\boldsymbol{y}] &= \int_{-\infty}^{\infty} g(\boldsymbol{\theta}) p(g(\boldsymbol{\theta})|\boldsymbol{y}) \mathrm{d}\boldsymbol{\theta} \\ &= \int_{-\infty}^{\infty} g(\boldsymbol{\theta}) \frac{p(g(\boldsymbol{\theta})) p(\boldsymbol{y}|g(\boldsymbol{\theta}))}{p(\boldsymbol{y})} \mathrm{d}\boldsymbol{\theta} \end{aligned} \tag{5.13}$$

という積分計算を行わなければならない．この積分計算は確率変数が正規分布の場合を除いて，解析的に行うことは難しいが，本書では第 7 章を除いて，基本的に確率変数の正規性を仮定して議論を行う．

現実には，正規性が仮定できない場合が多く，そのようなときはモンテカルロ積分を行うことになるが，近年，計算機パワーの発展に対応して，この分野の研究も急速に進展している．

5.5 推定理論

まず，パラメータ推定値を求める推定則を

$$\widehat{\boldsymbol{\theta}} = g(\boldsymbol{y}) \tag{5.14}$$

とする．第4章で説明した最小二乗推定法ではこの関数 g を線形関数と仮定したが，ここでは g は非線形関数である場合も含むものとする．

つぎに，推定誤差ベクトルを

$$\boldsymbol{e} = \boldsymbol{\theta} - \widehat{\boldsymbol{\theta}} \tag{5.15}$$

として，ノルムを用いた評価関数（損失関数）を次式のようにおく．

$$L_d(\boldsymbol{e}) = \|\boldsymbol{e}\|^d, \quad d = 1, 2, \ldots, \infty \tag{5.16}$$

さまざまな評価関数が考えられるが，代表的なものをつぎにまとめよう．

❖ Point 5.2 ❖　推定のための評価関数

- $d = 2$ のとき，**二乗誤差**（square error）評価関数は $L_2(\boldsymbol{e}) = \|\boldsymbol{e}\|^2$ で与えられる．これは，本書で考えている最小二乗推定法，そしてカルマンフィルタに対応する．
- $d = 1$ のとき，**絶対誤差**（absolute error）評価関数は $L_1(\boldsymbol{e}) = \|\boldsymbol{e}\|$ で与えられる．ロバスト推定の枠組みでこの評価関数が用いられることが多い．
- **一様誤差**（uniform error）あるいは 0-1 損失関数は

$$L_\Delta(\boldsymbol{e}) = \begin{cases} 0, & \|\boldsymbol{e}\| \leq \Delta/2 \\ 1, & \|\boldsymbol{e}\| > \Delta/2 \end{cases}$$

で与えられる．

e がスカラの場合に対するそれぞれの損失関数の形を次の図に示す．

5.5 推定理論

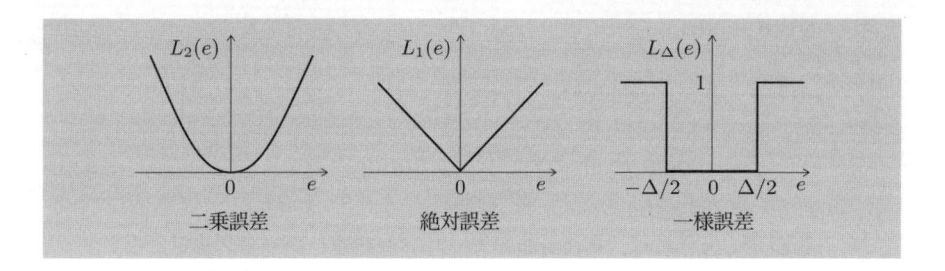

二乗誤差 $L_2(e)$ / 絶対誤差 $L_1(e)$ / 一様誤差 $L_\Delta(e)$

この三つの損失関数以外にも，機械学習の**サポートベクター回帰**（SVR：Support Vector Regression）[5][6] では ε 不感帯をもつ損失関数が，また，$\mathcal{H}_\infty$ 同定では $d = \infty$ に対応する ∞ ノルムを用いた損失関数が用いられる．どのような損失関数を利用すべきかという問題も推定問題においては重要なテーマであるが，ここではこれ以上詳細については議論しない．

つぎに，データ取得後の損失関数の事後分布の期待値

$$R_d^{\widehat{\theta}} = \mathrm{E}[L_d(\boldsymbol{e})|\boldsymbol{y}] = \int_{-\infty}^{\infty} L_d(\boldsymbol{e}) p(\boldsymbol{\theta}|\boldsymbol{y}) \mathrm{d}\boldsymbol{\theta} \tag{5.17}$$

を**ベイズリスク**と定義する．すると，**ベイズ推定値**は，

$$\widehat{\boldsymbol{\theta}}^* = \arg\min_{\widehat{\boldsymbol{\theta}}} R_d^{\widehat{\theta}} \tag{5.18}$$

で与えられる．

導出過程は省略するが，Point 5.2 の三つの損失関数に対するベイズ推定値[2] を以下にまとめておく．

- $d = 2$ の二乗誤差の場合には，事後分布の**条件付期待値**（条件付平均値）がベイズ推定になる．

$$\widehat{\boldsymbol{\theta}}^* = \mathrm{E}[\boldsymbol{\theta}|\boldsymbol{y}] \tag{5.19}$$

  カルマンフィルタでは二乗誤差からなる評価関数を利用するので，状態推定値は期待値演算を行うことによって求めることができる．

- $d = 1$ の絶対誤差の場合には，事後分布の**メディアン**（中央値）がベイズ推定になる．

$$\widehat{\boldsymbol{\theta}}^* = \boldsymbol{\theta}_{\text{median}} \tag{5.20}$$

このとき,次式が成り立つ.

$$\int_{\theta_{\text{median}}}^{\infty} p(\boldsymbol{\theta}|\boldsymbol{y})\mathrm{d}\boldsymbol{\theta} = \int_{-\infty}^{\theta_{\text{median}}} p(\boldsymbol{\theta}|\boldsymbol{y})\mathrm{d}\boldsymbol{\theta} = 0.5 \tag{5.21}$$

- 一様誤差のときには,事後分布の**モード**(**最頻値**)がベイズ推定になる.

$$\widehat{\boldsymbol{\theta}}^* = \boldsymbol{\theta}_{\text{mode}} = \max_{\theta} p(\boldsymbol{\theta}|\boldsymbol{y}) \tag{5.22}$$

5.6　正規分布の場合の最尤推定法(スカラの場合)

4.1 節で取り扱った式 (4.2) の問題について,再び考えよう[7].すなわち,観測方程式が

$$y = cx + w \tag{5.23}$$

で与えられる場合の確率変数 x の推定問題について考える.4.1 節と同じように,信号 x と雑音 w の平均値と分散をそれぞれ次式のようにおく.

$$\mathrm{E}[x] = \overline{x}, \quad \mathrm{E}[(x-\overline{x})^2] = \sigma_x^2 \tag{5.24}$$

$$\mathrm{E}[w] = \overline{w}, \quad \mathrm{E}[(w-\overline{w})^2] = \sigma_w^2 \tag{5.25}$$

ここで,信号と雑音は無相関であると仮定する.

すると,観測値 y も確率変数になり,その平均値と分散はそれぞれつぎのようになる.

$$\overline{y} = \mathrm{E}[y] = c\overline{x} + \overline{w} \tag{5.26}$$

$$\sigma_y^2 = \mathrm{E}[(y-\overline{y})^2] = \mathrm{E}[\{c(x-\overline{x}) + (w-\overline{w})\}^2] = c^2\sigma_x^2 + \sigma_w^2 \tag{5.27}$$

ここで,期待値演算の線形性と,信号と雑音は無相関であるという仮定を利用した.

いま,x と w の確率密度関数をそれぞれ次式のように定義する.

$$p_1(\xi) = \frac{\mathrm{d}}{\mathrm{d}\xi}P(x \leq \xi), \quad p_2(\eta) = \frac{\mathrm{d}}{\mathrm{d}\eta}P(w \leq \eta) \tag{5.28}$$

ただし，$P(x \leq \xi)$, $P(w \leq \eta)$ はそれぞれ x と w の累積分布関数である．

ここで，二つの独立な確率変数（x_1 と x_2 とする）の和

$$z = x_1 + x_2 \tag{5.29}$$

を考える．x_1 の確率密度関数を $p_1(x_1)$, x_2 のそれを $p_2(x_2)$ とすると，確率変数 z の確率密度関数は，

$$p_3(z) = \int_{-\infty}^{\infty} p_1(x_1) p_2(z - x_1) \mathrm{d}x_1 \tag{5.30}$$

のようにたたみ込み積分で与えられる．

この性質を用いると，式 (5.23) より観測値 y の確率密度関数は，

$$p_3(\theta) = \frac{\mathrm{d}}{\mathrm{d}\theta} P(y \leq \theta) = \int_{-\infty}^{\infty} p_1(\xi) p_2(\theta - c\xi) \mathrm{d}\xi \tag{5.31}$$

となる．これより，

$$p_3(y) = \int_{-\infty}^{\infty} p_1(x) p_2(y - cx) \mathrm{d}x \tag{5.32}$$

が得られる．問題は式 (5.32) 右辺の積分計算をどのように行うかである．

一般的な確率密度関数の場合には，この積分計算を解析的に行うことは困難である，しかしながら，信号 x と雑音 w がともに正規性であると仮定すると，それらの確率密度関数はそれぞれ

$$p_1(x) = \frac{1}{\sqrt{2\pi\sigma_x^2}} \exp\left\{-\frac{(x-\overline{x})^2}{2\sigma_x^2}\right\} \tag{5.33}$$

$$p_2(w) = \frac{1}{\sqrt{2\pi\sigma_w^2}} \exp\left\{-\frac{(w-\overline{w})^2}{2\sigma_w^2}\right\} \tag{5.34}$$

のように与えられ，式 (5.32) の積分を計算することが可能になる．Point 5.3 にまとめるように，信号と雑音の線形変換である観測値も正規性になるので，出力 y の確率密度関数は，

$$\begin{aligned}
p_3(y) &= \frac{1}{\sqrt{2\pi\sigma_y^2}} \exp\left\{-\frac{(y-\overline{y})^2}{2\sigma_y^2}\right\} \\
&= \frac{1}{\sqrt{2\pi(c^2\sigma_x^2 + \sigma_w^2)}} \exp\left[-\frac{\{y - (c\overline{x} + \overline{w})\}^2}{2(c^2\sigma_x^2 + \sigma_w^2)}\right]
\end{aligned} \tag{5.35}$$

で与えられる．

❖ Point 5.3 ❖ 正規性は線形変換で保存される

平均値ベクトル $\overline{x}$, 共分散行列 P_x の正規分布に従う多変数確率変数 $x = [x_1, x_2, \ldots, x_n]^T$ の確率密度関数は, 第2章のミニ・チュートリアル3 (p.33) より,

$$p(x) = \frac{1}{\sqrt{(2\pi)^n \det P_x}} \exp\left[-\frac{1}{2}(x - \overline{x})^T P_x^{-1}(x - \overline{x})\right] \tag{5.36}$$

で与えられる．このベクトル値確率変数 x を

$$y = Ax + b \tag{5.37}$$

のように線形変換[1]して, n 次元ベクトル値確率変数 $y = [y_1, y_2, \ldots, y_n]^T$ を得る．このとき, y も正規分布に従い, その平均値ベクトル $\overline{y}$ と共分散行列 P_y は, それぞれつぎのように与えられる．

$$\overline{y} = A\overline{x} + b, \quad P_y = AP_x A^T \tag{5.38}$$

このように, 線形変換によって平均値ベクトルと共分散行列は変化するが, 確率密度関数

$$p(y) = \frac{1}{\sqrt{(2\pi)^n \det P_y}} \exp\left[-\frac{1}{2}(y - \overline{y})^T P_y^{-1}(y - \overline{y})\right] \tag{5.39}$$

の形は正規分布のままで保存される．

Point 5.3 にまとめた「正規性は線形変換で保存される」という性質は, 線形・正規性に対するカルマンフィルタ設計の基本原理である．それに対して, 時系列の生成過程が非線形システムの場合（すなわち, 状態方程式が非線形の場合）には, その非線形性によって正規性の仮定も崩れ, カルマンフィルタの厳密な構成が困難になってしまう．

さて, ベイズの定理

$$p(x|y) = \frac{p_1(x) p_2(y|x)}{p_3(y)} \tag{5.40}$$

を利用するために, 信号 x が与えられたときの観測値 y の条件付確率密度関数を計

---

[1]. 厳密にはアフィン変換という．

算すると，

$$p_2(y|x) = \frac{1}{\sqrt{2\pi\sigma_w^2}} \exp\left\{-\frac{(y-cx-\overline{w})^2}{2\sigma_w^2}\right\} \tag{5.41}$$

となる．そして，式 (5.40) に式 (5.33), (5.35), (5.41) を代入して $p(x|y)$ を計算するのだが，数式が煩雑になるので，係数部と指数関数の部分に分けて計算する．まず，式 (5.40) 右辺の分子の指数部の計算を行うと，

$$\begin{aligned}
&\sigma_x^{-2}(x-\overline{x})^2 + \sigma_w^{-2}(y-cx-\overline{w})^2 \\
&= \sigma_x^{-2}(x-\overline{x})^2 + \sigma_w^{-2}\{(y-\overline{y}) - c(x-\overline{x})\}^2 \\
&= (\sigma_x^{-2} + c^2\sigma_w^{-2})(x-\overline{x})^2 - 2c\sigma_w^{-2}(x-\overline{x})(y-\overline{y}) + \sigma_w^{-2}(y-\overline{y})^2
\end{aligned} \tag{5.42}$$

が得られる．ただし，$-1/2$ の部分は省略した．

いま，第 4 章の式 (4.10) より，

$$\sigma_x^{-2} + c^2\sigma_w^{-2} = \sigma^{-2} \tag{5.43}$$

なので，式 (5.42) は

$$\sigma^{-2}(x-\overline{x})^2 - 2c\sigma_w^{-2}(x-\overline{x})(y-\overline{y}) + \sigma_w^{-2}(y-\overline{y})^2 \tag{5.44}$$

となる．この式を $(x-\overline{x})$ に関して平方完成すると，つぎのようになる．

$$\begin{aligned}
&\sigma^{-2}\{(x-\overline{x})^2 - 2c\sigma^2\sigma_w^{-2}(x-\overline{x})(y-\overline{y})\} + \sigma_w^{-2}(y-\overline{y})^2 \\
&= \sigma^{-2}\{(x-\overline{x}) - c\sigma^2\sigma_w^{-2}(y-\overline{y})\}^2 + (\sigma_w^{-2} - c^2\sigma^2\sigma_w^{-4})(y-\overline{y})^2
\end{aligned} \tag{5.45}$$

第 4 章の式 (4.14) で与えた最小二乗推定値

$$\widehat{x} = \overline{x} + c\sigma^2\sigma_w^{-2}(y-\overline{y}) \tag{5.46}$$

を用いると，式 (5.45) は，

$$\sigma^{-2}(x-\widehat{x})^2 + (\sigma_w^{-2} - c^2\sigma^2\sigma_w^{-4})(y-\overline{y})^2 \tag{5.47}$$

となる．この式の第 2 項に含まれる $\sigma_w^{-2} - c^2\sigma^2\sigma_w^{-4}$ の逆数を，Point 4.4 (p.72) で与えた逆行列補題を用いて計算すると，

$$\begin{aligned}
(\sigma_w^{-2} - c^2\sigma^2\sigma_w^{-4})^{-1} &= \sigma_w^2 + c^2(\sigma^{-2} - c^2\sigma_w^{-2})^{-1} \\
&= \sigma_w^2 + c^2\sigma_x^2
\end{aligned} \tag{5.48}$$

となる．ここで，式 (5.43) を利用した．式 (5.48) を式 (5.47) に代入すると，

$$\sigma^{-2}(x-\widehat{x})^2 + (c^2\sigma_x^2 + \sigma_w^2)^{-1}(y-\overline{y})^2 \tag{5.49}$$

となる．これがベイズの定理右辺の分子の指数部である．つぎに，分母，すなわち，$p_3(y)$ の指数部

$$\sigma_y^{-2}(y-\overline{y})^2 = (c^2\sigma_x^2 + \sigma_w^2)^{-1}(y-\overline{y})^2 \tag{5.50}$$

を考慮すると，式 (5.40) 右辺全体の指数部は，

$$-\frac{(x-\widehat{x})^2}{2\sigma^2} \tag{5.51}$$

となる．

最後に，式 (5.40) 右辺の係数部を計算すると，

$$\frac{\frac{1}{\sqrt{2\pi\sigma_x^2}}\frac{1}{\sqrt{2\pi\sigma_w^2}}}{\frac{1}{\sqrt{2\pi\sigma_y^2}}} = \frac{1}{\sqrt{2\pi}}\sqrt{\frac{\sigma_y^2}{\sigma_x^2\sigma_w^2}} = \frac{1}{\sqrt{2\pi\sigma^2}} \tag{5.52}$$

となり，式 (5.51)，(5.52) より，

$$p(x|y) = \frac{p_1(x)p_2(y|x)}{p_3(y)} = \frac{1}{\sqrt{2\pi\sigma^2}}\exp\left\{-\frac{(x-\widehat{x})^2}{2\sigma^2}\right\} \tag{5.53}$$

が得られる．これは y を観測したときの x の条件付確率密度関数（事後確率密度関数）である．

最尤推定について，つぎの Point 5.4 にまとめる．

❖ **Point 5.4** ❖　**最尤推定法**（Maximum Likelihood（ML）estimation method）

事後確率密度関数

$$p(x|y) = \frac{p_1(x)p_2(y|x)}{p_3(y)}$$

を最大にする $x = \widehat{x}$ を推定値とする方法を，**最尤推定法**[2] という．

---

[2] 最尤の「最」と「尤」はともに「もっとも」と読むが，「最も」は一番の意味で，「尤も」はごもっとも，道理にかなっているという意味である．

式 (5.53) から明らかなように，$x = \hat{x}$ のとき，式 (5.53) で与えた事後確率密度関数 $p(x|y)$ は最大値をとる．以上の準備のもとで，つぎの Point 5.5 を得る．

♣ **Point 5.5** ♣　最尤推定値（ガウス＝マルコフの定理）

信号 x と雑音 w がともに正規性であれば，観測値 y が与えられたときの x の事後確率密度関数は，

$$p(x|y) = \frac{1}{\sqrt{2\pi\sigma^2}} \exp\left\{-\frac{(x-\hat{x})^2}{2\sigma^2}\right\} \tag{5.54}$$

となり，最小二乗推定値

$$\hat{x} = \overline{x} + \frac{c\sigma^2}{\sigma_w^2}\{y - (c\overline{x} + \overline{w})\} \tag{5.55}$$

は最尤推定値に一致する．ただし，

$$\sigma^2 = \frac{1}{\sigma_x^{-2} + c^2\sigma_w^{-2}} \tag{5.56}$$

とおいた．

正規分布の場合，最小二乗推定値は最尤推定値に一致することを**ガウス＝マルコフの定理**という．

ガウス＝マルコフの定理より，観測値 y が与えられたときの信号 x の確率密度は，平均値 $\hat{x}$，分散 σ^2 の正規分布に従うことがわかる．また，事後確率密度 $p(x|y)$ が，与えられた y に対して $x = \hat{x}$ のときに最大値をとることは，式 (5.54) より明らかである．

式 (5.56) で与えられた推定誤差分散の式からつぎのことがわかる．

(1) 式 (5.56) を変形すると，

$$\sigma^2 = \frac{1}{1 + c^2\dfrac{\sigma_x^2}{\sigma_w^2}}\sigma_x^2 \tag{5.57}$$

が得られる．これより，

$$\sigma^2 < \sigma_x^2 \tag{5.58}$$

が成り立つので,信号の分散より推定誤差の分散のほうが必ず小さいことが言える.また,σ_x^2/σ_w^2 は SN 比なので,式 (5.57) より SN 比が良いときほど推定誤差分散は小さくなることもわかる.

(2) 観測雑音の分散が 0 のとき,

$$\lim_{\sigma_w^2 \to 0} \frac{\sigma^2}{\sigma_w^2} = \frac{1}{c^2}$$

が成り立つので,これを式 (5.55) に代入すると,

$$\widehat{x} \to \overline{x} + \frac{1}{c}\{y - (c\overline{x} + \overline{w})\} = \frac{y - \overline{w}}{c} \tag{5.59}$$

が得られる.たとえば,w が既知の大きさをもつ直流外乱の場合には,$\sigma_w^2 = 0$ で,$y = cx + \overline{w}$ となる.したがって,この場合には,信号の実現値自身が

$$x = \frac{y - \overline{w}}{c}$$

となり,推定値と一致する.

5.7　最尤推定法(多変数の場合)

4.2 節で取り扱った多変数の場合の最尤推定について考える.すなわち,n 個の観測値

$$\boldsymbol{y} = \boldsymbol{C}\boldsymbol{x} + \boldsymbol{w} \tag{5.60}$$

が得られる場合を考える.ただし,$\boldsymbol{y}, \boldsymbol{x}, \boldsymbol{w}$ は $n \times 1$ ベクトルで,

$$\boldsymbol{y} = \begin{bmatrix} y_1 \\ y_2 \\ \vdots \\ y_n \end{bmatrix}, \quad \boldsymbol{x} = \begin{bmatrix} x_1 \\ x_2 \\ \vdots \\ x_n \end{bmatrix}, \quad \boldsymbol{w} = \begin{bmatrix} w_1 \\ w_2 \\ \vdots \\ w_n \end{bmatrix} \tag{5.61}$$

で与えられる.また,$\boldsymbol{C}$ は $n \times n$ の観測行列である.

信号 $\boldsymbol{x}$ と雑音 $\boldsymbol{w}$ はともに正規性であると仮定し,それらの平均値ベクトルと共分散行列をそれぞれつぎのようにおく.

$$\mathrm{E}[\boldsymbol{x}] = \overline{\boldsymbol{x}}, \quad \mathrm{E}[(\boldsymbol{x} - \overline{\boldsymbol{x}})(\boldsymbol{x} - \overline{\boldsymbol{x}})^T] = \boldsymbol{\Sigma}_x \tag{5.62}$$

5.7 最尤推定法（多変数の場合）

$$\mathrm{E}[\boldsymbol{w}] = \overline{\boldsymbol{w}}, \quad \mathrm{E}[(\boldsymbol{w}-\overline{\boldsymbol{w}})(\boldsymbol{w}-\overline{\boldsymbol{w}})^T] = \boldsymbol{\Sigma}_w \tag{5.63}$$

正規性の仮定から，これらの確率密度関数はそれぞれつぎのように記述できる．

$$p_1(\boldsymbol{x}) = \frac{1}{\sqrt{(2\pi)^n \det \boldsymbol{\Sigma}_x}} \exp\left\{-\frac{1}{2}(\boldsymbol{x}-\overline{\boldsymbol{x}})^T \boldsymbol{\Sigma}_x^{-1}(\boldsymbol{x}-\overline{\boldsymbol{x}})\right\} \tag{5.64}$$

$$p_2(\boldsymbol{w}) = \frac{1}{\sqrt{(2\pi)^n \det \boldsymbol{\Sigma}_w}} \exp\left\{-\frac{1}{2}(\boldsymbol{w}-\overline{\boldsymbol{w}})^T \boldsymbol{\Sigma}_w^{-1}(\boldsymbol{w}-\overline{\boldsymbol{w}})\right\} \tag{5.65}$$

信号 $\boldsymbol{x}$ が与えられたときの観測値 $\boldsymbol{y}$ の条件付確率密度関数は，式 (5.60) を利用して式 (5.65) を変形することにより，

$$p_2(\boldsymbol{y}|\boldsymbol{x}) = \frac{1}{\sqrt{(2\pi)^n \det \boldsymbol{\Sigma}_w}} \exp\left\{-\frac{1}{2}(\boldsymbol{y}-\boldsymbol{C}\boldsymbol{x}-\overline{\boldsymbol{w}})^T \boldsymbol{\Sigma}_w^{-1}(\boldsymbol{y}-\boldsymbol{C}\boldsymbol{x}-\overline{\boldsymbol{w}})\right\} \tag{5.66}$$

で与えられる．

4.2節の結果より，出力 $\boldsymbol{y}$ の平均値ベクトルと共分散行列はそれぞれつぎのように表される．

$$\mathrm{E}[\boldsymbol{y}] = \overline{\boldsymbol{y}} = \boldsymbol{C}\overline{\boldsymbol{x}} + \overline{\boldsymbol{w}}$$
$$\mathrm{E}[(\boldsymbol{y}-\mathrm{E}[\boldsymbol{y}])(\boldsymbol{y}-\mathrm{E}[\boldsymbol{y}])^T] = \boldsymbol{\Sigma}_w + \boldsymbol{C}\boldsymbol{\Sigma}_x \boldsymbol{C}^T \tag{5.67}$$

これより，$\boldsymbol{y}$ の周辺確率密度関数は，

$$p_3(\boldsymbol{y}) = \frac{1}{\sqrt{(2\pi)^n \det(\boldsymbol{\Sigma}_w + \boldsymbol{C}\boldsymbol{\Sigma}_x \boldsymbol{C}^T)}} \cdot$$
$$\cdot \exp\left\{-\frac{1}{2}(\boldsymbol{y}-\overline{\boldsymbol{y}})^T (\boldsymbol{\Sigma}_w + \boldsymbol{C}\boldsymbol{\Sigma}_x \boldsymbol{C}^T)^{-1}(\boldsymbol{y}-\overline{\boldsymbol{y}})\right\} \tag{5.68}$$

となる．

以上の準備のもとで，ベイズの定理

$$p(\boldsymbol{x}|\boldsymbol{y}) = \frac{p_1(\boldsymbol{x}) p_2(\boldsymbol{y}|\boldsymbol{x})}{p_3(\boldsymbol{y})} \tag{5.69}$$

を用いて，観測値 $\boldsymbol{y}$ を得たときの信号 $\boldsymbol{x}$ の事後確率密度関数を求める問題を考える．基本的な計算は前節のスカラ系の場合と同様であるが，以下で詳細に導出する．

式 (5.68) 中の $\boldsymbol{y}$ の共分散行列の逆行列を，逆行列補題を用いて計算すると，

$$(\boldsymbol{\Sigma}_w + \boldsymbol{C}\boldsymbol{\Sigma}_x \boldsymbol{C}^T)^{-1} = \boldsymbol{\Sigma}_w^{-1} - \boldsymbol{\Sigma}_w^{-1} \boldsymbol{C} (\boldsymbol{\Sigma}_x^{-1} + \boldsymbol{C}^T \boldsymbol{\Sigma}_w^{-1} \boldsymbol{C})^{-1} \boldsymbol{C}^T \boldsymbol{\Sigma}_w^{-1}$$

$$= \Sigma_w^{-1} - \Sigma_w^{-1} C P C^T \Sigma_w^{-1} \tag{5.70}$$

が得られる．ここで，

$$P = (\Sigma_x^{-1} + C^T \Sigma_w^{-1} C)^{-1} \tag{5.71}$$

とおいた．さらに，この式に逆行列補題を適用すると，

$$P = \Sigma_x - \Sigma_x C^T (C^T \Sigma_x C + \Sigma_w)^{-1} C \Sigma_x \tag{5.72}$$

が得られる．

式 (5.69) に式 (5.64)，(5.66)，(5.68) を代入して式変形を行う．まず，式 (5.69) 右辺の分子の指数部（exp の肩）を計算しよう（ただし，$-1/2$ の項は省略する）．

$$\begin{aligned}
& (x-\overline{x})^T \Sigma_x^{-1}(x-\overline{x}) + (y - Cx - \overline{w})^T \Sigma_w^{-1}(y - Cx - \overline{w}) \\
&= (x-\overline{x})^T \Sigma_x^{-1}(x-\overline{x}) + [(y-\overline{y}) - C(x-\overline{x})]^T \cdot \\
& \quad \cdot \Sigma_w^{-1}[(y-\overline{y}) - C(x-\overline{x})] \\
&= (x-\overline{x})^T (\Sigma_x^{-1} + C^T \Sigma_w^{-1} C)(x-\overline{x}) + (y-\overline{y})^T \Sigma_w^{-1}(y-\overline{y}) \\
& \quad - (x-\overline{x})^T C^T \Sigma_w^{-1}(y-\overline{y}) - (y-\overline{y})^T \Sigma_w^{-1} C(x-\overline{x}) \\
&= \left[(x-\overline{x}) - PC^T \Sigma_w^{-1}(y-\overline{y})\right]^T P^{-1} \left[(x-\overline{x}) - PC^T \Sigma_w^{-1}(y-\overline{y})\right] \\
& \quad + (y-\overline{y})^T (\Sigma_w^{-1} - \Sigma_w^{-1} C P C^T \Sigma_w^{-1})(y-\overline{y})
\end{aligned} \tag{5.73}$$

いま，

$$\widehat{x} = \overline{x} + PC^T \Sigma_w^{-1}(y - \overline{y}) \tag{5.74}$$

とおくと，式 (5.73) は，

$$(x-\widehat{x})^T P^{-1}(x-\widehat{x}) + (y-\overline{y})^T (\Sigma_w^{-1} - \Sigma_w^{-1} C P C^T \Sigma_w^{-1})(y-\overline{y}) \tag{5.75}$$

となる．さらに，この式の $(\Sigma_w^{-1} - \Sigma_w^{-1} C P C^T \Sigma_w^{-1})$ の逆行列を，逆行列補題を用いて計算すると，次式が得られる．

$$\begin{aligned}
& (\Sigma_w^{-1} - \Sigma_w^{-1} C P C^T \Sigma_w^{-1})^{-1} \\
&= \Sigma_w + \Sigma_w \Sigma_w^{-1} C P (I - C^T \Sigma_w^{-1} \Sigma_w \Sigma_w^{-1} C P)^{-1} C^T \Sigma_w^{-1} \Sigma_w \\
&= \Sigma_w + C P (I - C^T \Sigma_w^{-1} C P)^{-1} C^T
\end{aligned}$$

$$= \Sigma_w + CP\{(P^{-1} - C^T\Sigma_w^{-1}C)P\}^{-1}C^T$$
$$= \Sigma_w + CPP^{-1}(P^{-1} - C^T\Sigma_w^{-1}C)^{-1}C^T$$
$$= \Sigma_w + C(P^{-1} - C^T\Sigma_w^{-1}C)^{-1}C^T \tag{5.76}$$

式 (5.71) より P^{-1} を計算したものを式 (5.76) に代入すると，

$$\Sigma_w + C(\Sigma_x^{-1} + C^T\Sigma_w^{-1}C - C^T\Sigma_w^{-1}C)^{-1}C^T = \Sigma_w + C\Sigma_x C^T \tag{5.77}$$

が得られる．式 (5.77) を式 (5.75) に代入すると，式 (5.69) の分子の指数部は，つぎのようになる．

$$(x - \hat{x})^T P^{-1}(x - \hat{x}) + (y - \overline{y})^T(\Sigma_w + C\Sigma_x C^T)^{-1}(y - \overline{y}) \tag{5.78}$$

さらに，式 (5.68) を用いて式 (5.69) の分母を考慮することにより，式 (5.69) 全体の指数部は，

$$-\frac{1}{2}\left[(x - \hat{x})^T P^{-1}(x - \hat{x})\right] \tag{5.79}$$

となる．続いて，式 (5.69) の係数部を計算すると，

$$\frac{1}{\sqrt{(2\pi)^n \det P}} \tag{5.80}$$

となるので，結局，式 (5.69) はつぎのようになる．

$$p(x|y) = \frac{1}{\sqrt{(2\pi)^n \det P}} \exp\left[-\frac{1}{2}(x - \hat{x})^T P^{-1}(x - \hat{x})\right] \tag{5.81}$$

以上より，つぎの Point 5.6 が得られる．

❖ Point 5.6 ❖　最尤推定値（多変数の場合）

n 次元信号 x と n 次元雑音 w がともに正規性であれば，観測値 y が与えられたときの x の事後確率密度関数は，ベイズの定理を用いることにより，

$$p(x|y) = \frac{1}{\sqrt{(2\pi)^n \det P}} \exp\left[-\frac{1}{2}(x - \hat{x})^T P^{-1}(x - \hat{x})\right] \tag{5.82}$$

となる．ただし，

$$\hat{x} = \overline{x} + PC^T\Sigma_w^{-1}\{y - (C\overline{x} + \overline{w})\} \tag{5.83}$$

とおいた．式 (5.82) の事後確率密度関数は，$x = \widehat{x}$ のとき最大になり，このときの $\widehat{x}$ を**最尤推定値**という．これは Point 4.5 (p.73) で与えた式 (4.63) の最小二乗推定値と一致する．ただし，

$$P = (\Sigma_x^{-1} + C^T \Sigma_w^{-1} C)^{-1} \tag{5.84}$$

とおいた．

演習問題

5-1　5.6 節の Point 5.5 で与えたスカラの場合の最尤推定値の導出を，手計算で確認せよ．

5-2　5.7 節の Point 5.6 で与えた多変数の場合の最尤推定値の導出を，手計算で確認せよ．

参考文献

[1] 涌井良幸：道具としてのベイズ統計，日本実業出版社，2009．

[2] 中妻照雄：入門 ベイズ統計学，朝倉書店，2007．

[3] 松原 望：入門 ベイズ統計，東京図書，2008．

[4] ビショップ著，元田ほか訳：パターン認識と機械学習（上），シュプリンガー・ジャパン，2007．

[5] ビショップ著，元田ほか訳：パターン認識と機械学習（下），シュプリンガー・ジャパン，2008．

[6] 足立修一：MATLAB による制御のための上級システム同定，東京電機大学出版局，2004．

[7] 有本 卓：カルマンフィルター，産業図書，1977．

第6章 線形カルマンフィルタ

　時刻 k において雑音の混入した時系列データ $y(k)$ が観測されたとき，その背後にある（物理）量（これを状態と呼ぶ）を，その時刻において利用可能な観測データ $\{y(i),\ i=1,2,\ldots,k\}$ と時系列の状態空間モデルを用いることによって推定することが，カルマンフィルタの目的である．

　すでに第1章で述べたが，カルマンフィルタの設計手順はつぎのようになる．

❖ **Point 6.1** ❖　　カルマンフィルタの設計手順

Step 1　時系列モデリング：対象とする時系列を，白色雑音により駆動された線形システムの出力とみなし，その線形システムの状態空間モデルを構築する手順である．これは，用いるモデルによってつぎの二つに分類される．

- 伝達関数モデル（AR，ARMA モデルなど）――たとえば，最小二乗推定法を用いて AR モデルを推定する．そして，得られた伝達関数モデルを状態空間モデルに変換する．
- 状態空間モデル――物理法則などに基づく第一原理モデリング，あるいは部分空間法などのシステム同定法により，状態空間モデルを構築する．

Step 2　カルマンフィルタによる状態推定：Step 1 で得られた状態空間モデルの状態を，時系列データ $\{y(i),\ i=1,2,\ldots,k\}$ から推定する手順である．

　本章では，Step 2 のカルマンフィルタによる状態推定アルゴリズムを丁寧に導出する．

6.1 カルマンフィルタリング問題

図6.1に示すように，対象とするスカラ時系列データ $y(k)$ が，線形離散時間状態空間モデル

$$x(k+1) = Ax(k) + bv(k) \tag{6.1}$$
$$y(k) = c^T x(k) + w(k) \tag{6.2}$$

で記述されるとする．ここで，$x(k)$ は n 次元状態ベクトルであり，A は $n \times n$ 行列，b と c は n 次元列ベクトルである．また，$v(k)$ は平均値 0，分散 σ_v^2 の正規性白色雑音であり，システム雑音と呼ばれる．$w(k)$ は平均値 0，分散 σ_w^2 の正規性白色雑音であり，観測雑音と呼ばれる．$v(k)$ と $w(k)$ は互いに独立であると仮定する．

状態空間モデルの係数行列・ベクトル (A, b, c) は既知であると仮定する．この仮定は，時系列の状態空間モデルは，何らかの時系列モデリング法によってすでに得られている，すなわち，Point 6.1のカルマンフィルタの手順の Step 1 は終了していることを意味する．また，(A, b, c) は時間によらず一定であると仮定する．このとき，式 (6.1)，(6.2) は線形時不変（LTI：Linear Time-Invariant）システムとなり，その結果得られる時系列 $y(k)$ は，**定常確率過程**[1]になる．

以上の準備のもとで，時刻 k までの時系列データ $\{y(i), i = 1, 2, \ldots, k\}$ を用いて，n 次元状態変数ベクトル $x(k)$ を推定する問題，すなわちフィルタリング問題を考える．特に，$x(k)$ を何らかの意味で最もよく表す**最適推定値**（optimal estimate）$\hat{x}(k)$ を求める**最適フィルタ**（optimal filter）を，システマティックに設計する方法につい

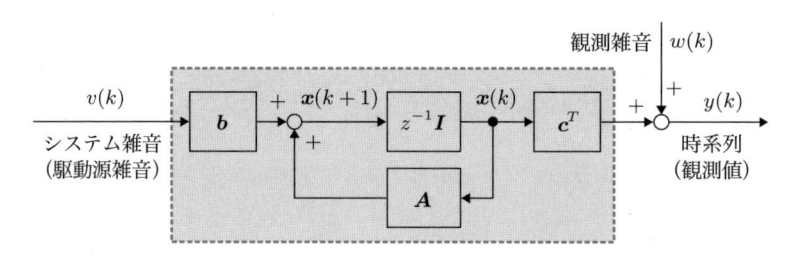

図6.1　時系列データの状態空間モデル

---

[1]　定常とは，集合平均の意味での平均値や分散などの統計量が，時間によらずに一定であることを意味する．

て考えていく．

まず，普段何気なく使っている「最適」という用語を定義しよう．

> ❖ Point 6.2 ❖
> 最適という用語を使用するときには，必ず評価関数 (cost function)（あるいは損失関数）を定義しなければならない．そして，その値を最小化（あるいは最大化）するときを最適と定義する．

最小二乗推定法やベイズ統計のときと同様にして，フィルタリングした結果得られる推定値 $\hat{x}(k)$ の良さを測るために，その値と真の状態の値 $x(k)$ との差である**状態推定誤差**

$$\tilde{x}(k) = x(k) - \hat{x}(k) \tag{6.3}$$

を導入する．この $\tilde{x}(k)$ の大きさを測るために，ノルム（norm）[2]と呼ばれる非負のスカラ値関数を導入する．ここでは，次式で定義される**平均二乗誤差**（MSE：Mean Square Error）による評価関数を用いる．

$$J(k) = \mathrm{E}[\tilde{x}^2(k)] \tag{6.4}$$

ただし，$\mathrm{E}[\cdot]$ は期待値（平均値）である．式 (6.4) の評価関数を最小にするという意味で最適な推定値を最適推定値と呼び，次式のように表す．

$$\hat{x}(k) = \arg \min_{x(k)} J(k) \tag{6.5}$$

式 (6.5) の最適推定値を求めるアルゴリズムを与えるものが，カルマンフィルタである．つぎの Point 6.3 でこれをまとめておこう [1][2]．

> ❖ Point 6.3 ❖ カルマンフィルタリング問題
> 時系列データ $\{y(i),\ i = 1, 2, \ldots, k\}$ に基づいて，状態 $x(k)$ の MSE の最小値を与える推定値，すなわち**最小平均二乗誤差推定値**（MMSE：Minimum Mean Square Error）を見つけることを，カルマンフィルタリング問題と呼ぶ．

---

[2]. ノルムとは距離（大きさ）のようなものであると考えればよい．

なお，前章で述べたように，MSEに基づく評価関数以外にも，さまざまな評価関数を設定することができる．

このとき，つぎのような素朴な疑問が浮かぶかもしれない．

疑問1 スカラ観測値 $y(k)$ から，n 次元状態変数ベクトル $x(k)$ を推定できるのだろうか？

疑問2 時系列モデルが既知なのだから，状態を推定できるのは当たり前なのではないだろうか？

これらの疑問の回答を与えるカルマンフィルタを，以下で導出していこう．

6.2 逐次処理

カルマンフィルタの大きな特徴は，新たな時系列データが入るたびに逐次的に状態推定値を時間更新できることである．これは，その時刻までのデータをすべて蓄積しておく必要があった一括処理形式のウィナーフィルタとは異なる点である．逐次処理はディジタル計算機を用いたオンライン処理に適していたため，1960年代の計算機の発展とともにカルマンフィルタは広く利用されるようになった．

簡単な例を用いて逐次処理について説明しよう[3]．いま，測定値 $z(1), z(2), \ldots, z(k)$ の平均値を求める問題を考える．**一括処理**（batch processing）の場合，次式によって平均値の推定値 $\widehat{m}(k)$ を計算する．

$$\widehat{m}(k) = \frac{z(1) + z(2) + \cdots + z(k)}{k} \tag{6.6}$$

この方法では，すべての測定データを保存しておく必要がある．また，$k+1$ 番目のデータ $z(k+1)$ が測定されたときには，再び同様の計算

$$\widehat{m}(k+1) = \frac{z(1) + z(2) + \cdots + z(k) + z(k+1)}{k+1} \tag{6.7}$$

を行う必要がある．

それに対して，**逐次処理**（recursive processing）ではつぎのような計算を行う．

$n = 1$ のとき，$\widehat{m}(1) = z(1)$

$n = 2$ のとき，$\widehat{m}(2) = \dfrac{1}{2}\widehat{m}(1) + \dfrac{1}{2}z(2)$

$n = 3$ のとき，$\widehat{m}(3) = \dfrac{2}{3}\widehat{m}(2) + \dfrac{1}{3}z(3)$

⋮   ⋮

これを一般的な形式で書くと，

$$\widehat{m}(k) = \frac{k-1}{k}\widehat{m}(k-1) + \frac{1}{k}z(k) \tag{6.8}$$

となる．これは高等学校で学習した数列の漸化式である．逐次処理では，すべてのデータを保存するのではなく，1 時刻前の推定値のみを保存しておけばよい．これはディジタル計算機を用いたオンライン処理に適した方法である．これから導出するカルマンフィルタの時間更新式も，式 (6.8) と同様の漸化式の形式になる．

6.3 時系列に対するカルマンフィルタ

現時刻を k とし，1 時刻前 $k-1$ において状態推定値 $\widehat{x}(k-1)$ が得られているとする．この推定値と，時刻 k における時系列データの最新の観測値 $y(k)$ を用いて，時刻 k における状態推定値 $\widehat{x}(k)$ を求める方法について，以下で考えていく．カルマンフィルタの導出法はいくつかあるが，本書では直交性の原理に基づいた導出法を紹介する．

6.3.1 事前推定値と事後推定値

時刻 k における状態 $x(k)$ の推定値として，つぎの二つの量を定義する[4]．

- **事前推定値**（*a priori* estimate）$\widehat{x}^-(k)$　$(= \widehat{x}(k|k-1))$
  時刻 $k-1$ までに利用可能なデータに基づいた，時刻 k における x の**予測推定値**を意味する．
- **事後推定値**（*a posteriori* estimate）$\widehat{x}(k)$　$(= \widehat{x}(k|k))$
  時刻 k までに利用可能なデータ，すなわち $y(k)$ も用いた x の**フィルタリング推定値**であり，これが時刻 k において求めるべき推定値である．

事前推定値は $\hat{\bm{x}}(k|k-1)$ や $\hat{\bm{x}}_{k|k-1}$ などと書かれることもあるが，本書では $\hat{\bm{x}}^-(k)$ と表記する．

　カルマンフィルタでは，状態推定値は図6.2に示すように時間更新されていく．なお，図では状態推定値（1次モーメント）と後述する共分散行列（2次モーメント）について示している．図において，1時刻前の推定値 $\hat{\bm{x}}(k-1)$ から現時刻での事前推定値 $\hat{\bm{x}}^-(k)$ までの処理を**予測ステップ**と呼び，$\hat{\bm{x}}^-(k)$ から現時刻での事後推定値 $\hat{\bm{x}}(k)$ までの処理を**フィルタリングステップ**と呼ぶ．予測ステップでは時系列モデルを利用し，フィルタリングステップでは時系列モデルと最新の観測値 $y(k)$ を利用する．このように，カルマンフィルタでは1時刻前の状態推定値 $\hat{\bm{x}}(k-1)$ から直接，現時刻における状態推定値 $\hat{\bm{x}}(k)$ が計算されるのではなく，現時刻における事前推定値 $\hat{\bm{x}}^-(k)$ を経由することに注意する．一見遠回りのように思えるが，経由するステップにおいて，対象のダイナミクスを考慮している点がポイントである．逆に，対象にダイナミクスが存在しないスタティックな場合には，$\hat{\bm{x}}^-(k)$ を経由する必要はなくなる．

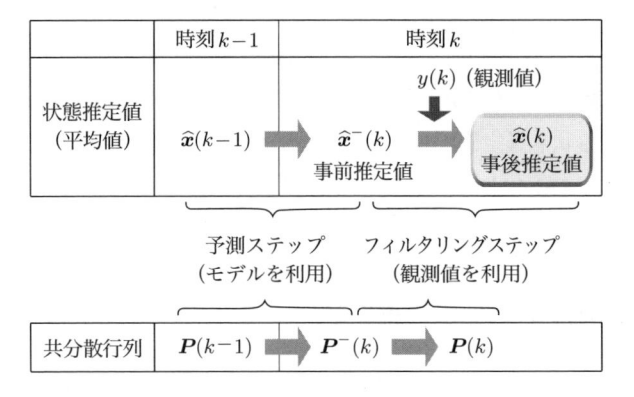

図6.2　カルマンフィルタにおける状態推定値（平均値）と共分散行列の時間更新の様子

6.3.2　線形予測器の構成

　第4章で説明した最小二乗推定法のときと同様に，事前推定値 $\hat{\bm{x}}^-(k)$ と観測値 $y(k)$ に関して線形である**線形予測器**（linear predictor）

$$\hat{\bm{x}}(k) = \bm{G}(k)\hat{\bm{x}}^-(k) + \bm{g}(k)y(k) \tag{6.9}$$

を仮定する[4]. ここで, $G(k)$ は $n \times n$ 行列, $g(k)$ は n 次元ベクトルである.

式 (6.9) は, つぎのような意味をもつ.

$$\text{事後推定値} = G(k) \cdot \text{事前推定値} + g(k) \cdot \text{最新の観測値} \tag{6.10}$$

これはまさしく第5章で説明したベイズ推定であり, 事前推定値を最新の観測値を用いて修正していく形式をとっている. 問題は式 (6.9) に含まれる二つのゲイン $G(k), g(k)$ を決定することであり, そのためにつぎの直交性の原理を利用する.

❖ Point 6.4 ❖　直交性の原理：事後状態推定誤差 (*a posteriori* state estimation error)

観測値 $y(i)$ は, 事後状態推定誤差

$$\widetilde{\boldsymbol{x}}(k) = \boldsymbol{x}(k) - \widehat{\boldsymbol{x}}(k) \tag{6.11}$$

と直交する. すなわち,

$$\mathrm{E}[\widetilde{\boldsymbol{x}}(k) y(i)] = \boldsymbol{0}, \quad i = 1, 2, \ldots, k \tag{6.12}$$

である.

式 (6.12) を以下で計算していこう.

$$\begin{aligned}
\mathrm{E}[\widetilde{\boldsymbol{x}}(k) y(i)] &= \mathrm{E}[\{\boldsymbol{x}(k) - \widehat{\boldsymbol{x}}(k)\} y(i)] \\
&= \mathrm{E}[\{\boldsymbol{x}(k) - \boldsymbol{G}(k) \widehat{\boldsymbol{x}}^-(k) - \boldsymbol{g}(k) y(k)\} y(i)] \\
&= \mathrm{E}[\{\boldsymbol{x}(k) - \boldsymbol{G}(k) \widehat{\boldsymbol{x}}^-(k) - \boldsymbol{g}(k)(\boldsymbol{c}^T \boldsymbol{x}(k) + w(k))\} y(i)] \\
&= \mathrm{E}[\{\boldsymbol{x}(k) - \boldsymbol{G}(k) \widehat{\boldsymbol{x}}^-(k) - \boldsymbol{g}(k) \boldsymbol{c}^T \boldsymbol{x}(k) - \boldsymbol{g}(k) w(k)\} y(i)] = \boldsymbol{0}
\end{aligned} \tag{6.13}$$

現時刻での観測雑音 $w(k)$ は, 過去の観測値 $\{y(i), i = 1, 2, \ldots, k-1\}$ と無相関であり,

$$\mathrm{E}[w(k) y(i)] = 0, \quad i = 1, 2, \ldots, k-1 \tag{6.14}$$

が成り立つので, 式 (6.13) はつぎのようになる.

$$\mathrm{E}[\{\boldsymbol{x}(k) - \boldsymbol{G}(k) \widehat{\boldsymbol{x}}^-(k) - \boldsymbol{g}(k) \boldsymbol{c}^T \boldsymbol{x}(k)\} y(i)] = \boldsymbol{0} \tag{6.15}$$

これを少し変形すると[3],

---

[3] $G(k) \boldsymbol{x}(k) y(i)$ を引いて, 足す (すなわち何も変化はない) という操作を施した. 数学ではときどきこのような式変形を行う.

$$\mathrm{E}[\{\bm{I} - \bm{g}(k)\bm{c}^T - \bm{G}(k)\}\bm{x}(k)y(i) + \bm{G}(k)\{\bm{x}(k) - \widehat{\bm{x}}^-(k)\}y(i)]$$
$$= \mathrm{E}[\{\bm{I} - \bm{g}(k)\bm{c}^T - \bm{G}(k)\}\bm{x}(k)y(i) + \bm{G}(k)\widetilde{\bm{x}}^-(k)y(i)] = \bm{0} \quad (6.16)$$

が得られる.ただし,**事前状態推定誤差**($a\ priori$ state estimation error)を

$$\widetilde{\bm{x}}^-(k) = \bm{x}(k) - \widehat{\bm{x}}^-(k) \tag{6.17}$$

とおいた.

事前状態推定誤差も観測値 $y(i)$ と直交するので,式 (6.16) は,

$$\mathrm{E}[(\bm{I} - \bm{g}(k)\bm{c}^T - \bm{G}(k))\bm{x}(k)y(i)]$$
$$= (\bm{I} - \bm{g}(k)\bm{c}^T - \bm{G}(k))\mathrm{E}[\bm{x}(k)y(i)] = \bm{0}, \quad i = 1, 2, \ldots, k-1 \tag{6.18}$$

となる.いま $\mathrm{E}[\bm{x}(k)y(i)] \neq \bm{0}$ なので,式 (6.18) がつねに成り立つためには,

$$\bm{I} - \bm{g}(k)\bm{c}^T - \bm{G}(k) = \bm{0}$$

が成り立たなくてはならない.これより,

$$\bm{G}(k) = \bm{I} - \bm{g}(k)\bm{c}^T \tag{6.19}$$

が得られる.

式 (6.19) を式 (6.9) に代入すると,

$$\begin{aligned}\widehat{\bm{x}}(k) &= \widehat{\bm{x}}^-(k) + \bm{g}(k)(y(k) - \bm{c}^T\widehat{\bm{x}}^-(k)) \\ &= \widehat{\bm{x}}^-(k) + \bm{g}(k)(y(k) - \widehat{y}^-(k)) \\ &= \widehat{\bm{x}}^-(k) + \bm{g}(k)\widetilde{y}(k)\end{aligned} \tag{6.20}$$

が得られる.ただし,$\widehat{y}^-(k)$ は時刻 $k-1$ までの出力が観測されたときの時刻 k での出力の事前推定値であり,

$$\widehat{y}^-(k) = \bm{c}^T\widehat{\bm{x}}^-(k) \tag{6.21}$$

で与えられ,**一段先予測値**(one-step-ahead prediction)とも呼ばれる.また,$\widetilde{y}(k)$ は

$$\widetilde{y}(k) = y(k) - \widehat{y}^-(k) \tag{6.22}$$

で与えられる出力予測誤差である．出力予測誤差は**イノベーション過程**（innovation process）とも呼ばれ[4]，つぎのように変形できる．

$$\begin{aligned}
\widetilde{y}(k) &= y(k) - \widehat{y}^-(k) \\
&= y(k) - \boldsymbol{c}^T \widehat{\boldsymbol{x}}^-(k) \\
&= \boldsymbol{c}^T \boldsymbol{x}(k) + w(k) - \boldsymbol{c}^T \widehat{\boldsymbol{x}}^-(k) \\
&= \boldsymbol{c}^T \widetilde{\boldsymbol{x}}^-(k) + w(k)
\end{aligned} \tag{6.23}$$

これは，現時刻での観測値 $y(k)$ に含まれている最新の情報を表している．

式 (6.20) 中の $g(k)$ は**カルマンゲイン**（Kalman gain）と呼ばれる．結局，式 (6.20) は，

> （事後推定値）＝（事前推定値）＋（カルマンゲイン）・（出力予測誤差）

という形式をしていることがわかる．

> **ミニ・チュートリアル 5 —— 期待値演算**
>
> カルマンフィルタの導出において期待値の計算は非常に重要である．そこで，一部繰り返しの説明になるが，期待値演算の基本についてまとめておこう．
> (1) 期待値演算は確率変数に対して行われる．いま，システム雑音 $v(k)$ は確率変数である．このとき，$v(k)$ を駆動源雑音とした線形システムの出力である $y(k)$，そして内部状態である $\boldsymbol{x}(k)$ も確率変数になる．さらに，$y(k)$ から構成される状態推定値 $\widehat{\boldsymbol{x}}(k)$ や状態推定誤差 $\widetilde{\boldsymbol{x}}(k)$ なども確率変数になる．
> (2) 期待値は線形演算である．すなわち，X と Y を確率変数，a と b を係数（スカラでもベクトルでも行列でもよい）とすると，
> $$\mathrm{E}[aX + bY] = a\mathrm{E}[X] + b\mathrm{E}[Y] \tag{6.24}$$
> が成り立つ．

---

[4] イノベーション過程はカルマンが命名したものではなく，1960 年代中頃にスタンフォード大学のカエラス（T. Kailath）が名づけた．

6.3.3 カルマンゲインの決定法

つぎの課題は，どのようにしてカルマンゲイン $g(k)$ を決定するかである．
再び式 (6.12) の直交性の原理を用いると，

$$\mathrm{E}[\{\boldsymbol{x}(k) - \widehat{\boldsymbol{x}}(k)\}\widehat{y}^-(k)] = \boldsymbol{0} \tag{6.25}$$

が得られる．この式はつぎのように変形できる．

$$\mathrm{E}[\{\boldsymbol{x}(k) - \widehat{\boldsymbol{x}}(k)\}\{y(k) - \widetilde{y}(k)\}] = \boldsymbol{0}$$
$$\mathrm{E}[\widetilde{\boldsymbol{x}}(k)\widetilde{y}(k)] = \boldsymbol{0} \tag{6.26}$$

事後状態誤差ベクトル $\widetilde{\boldsymbol{x}}(k)$ は，つぎのように計算できる．

$$\begin{aligned}
\widetilde{\boldsymbol{x}}(k) &= \boldsymbol{x}(k) - \widehat{\boldsymbol{x}}(k) \\
&= \boldsymbol{x}(k) - \widehat{\boldsymbol{x}}^-(k) - \boldsymbol{g}(k)\{y(k) - \boldsymbol{c}^T\widehat{\boldsymbol{x}}^-(k)\} \\
&= \widetilde{\boldsymbol{x}}^-(k) - \boldsymbol{g}(k)\{\boldsymbol{c}^T\boldsymbol{x}(k) + w(k) - \boldsymbol{c}^T\widehat{\boldsymbol{x}}^-(k)\} \\
&= \widetilde{\boldsymbol{x}}^-(k) - \boldsymbol{g}(k)(\boldsymbol{c}^T\widetilde{\boldsymbol{x}}^-(k) + w(k)) \\
&= (\boldsymbol{I} - \boldsymbol{g}(k)\boldsymbol{c}^T)\widetilde{\boldsymbol{x}}^-(k) - \boldsymbol{g}(k)w(k)
\end{aligned} \tag{6.27}$$

式 (6.23)，(6.27) を式 (6.26) に代入すると，

$$\mathrm{E}[\{(\boldsymbol{I} - \boldsymbol{g}(k)\boldsymbol{c}^T)\widetilde{\boldsymbol{x}}^-(k) - \boldsymbol{g}(k)w(k)\}\{\boldsymbol{c}^T\widetilde{\boldsymbol{x}}^-(k) + w(k)\}] = \boldsymbol{0} \tag{6.28}$$

が得られる．この式の変形を丁寧に追ってみよう．まず，期待値演算はつぎの四つに分割できる．

$$\mathrm{E}[\{(\boldsymbol{I} - \boldsymbol{g}(k)\boldsymbol{c}^T)\widetilde{\boldsymbol{x}}^-(k)\}\boldsymbol{c}^T\widetilde{\boldsymbol{x}}^-(k)] + \mathrm{E}[\{(\boldsymbol{I} - \boldsymbol{g}(k)\boldsymbol{c}^T)\widetilde{\boldsymbol{x}}^-(k)\}w(k)]$$
$$-\mathrm{E}[\boldsymbol{g}(k)w(k)\boldsymbol{c}^T\widetilde{\boldsymbol{x}}^-(k)] - \mathrm{E}[\boldsymbol{g}(k)w^2(k)] = \boldsymbol{0} \tag{6.29}$$

式 (6.29) の左辺第 2 項と第 3 項は，

$$(\boldsymbol{I} - \boldsymbol{g}(k)\boldsymbol{c}^T)\mathrm{E}[\widetilde{\boldsymbol{x}}^-(k)w(k)] - \boldsymbol{g}(k)\boldsymbol{c}^T\mathrm{E}[w(k)\widetilde{\boldsymbol{x}}^-(k)]$$

となるが，観測雑音 $w(k)$ は状態 $\boldsymbol{x}(k)$ と無相関であり，$\widetilde{\boldsymbol{x}}^-(k)$ とも無相関になるので，これらの項は $\boldsymbol{0}$ になる．したがって，式 (6.29) はつぎのようになる．

$$\mathrm{E}[\{(\boldsymbol{I} - \boldsymbol{g}(k)\boldsymbol{c}^T)\widetilde{\boldsymbol{x}}^-(k)\}\boldsymbol{c}^T\widetilde{\boldsymbol{x}}^-(k)] - \mathrm{E}[\boldsymbol{g}(k)w^2(k)] = \boldsymbol{0} \tag{6.30}$$

$$\mathrm{E}[(\boldsymbol{I} - \boldsymbol{g}(k)\boldsymbol{c}^T)\widetilde{\boldsymbol{x}}^-(k)(\widetilde{\boldsymbol{x}}^-(k))^T\boldsymbol{c}] - \boldsymbol{g}(k)\mathrm{E}[w^2(k)] = \boldsymbol{0} \tag{6.31}$$

$$(\boldsymbol{I} - \boldsymbol{g}(k)\boldsymbol{c}^T)\mathrm{E}[\widetilde{\boldsymbol{x}}^-(k)(\widetilde{\boldsymbol{x}}^-(k))^T]\boldsymbol{c} - \boldsymbol{g}(k)\sigma_w^2 = \boldsymbol{0} \tag{6.32}$$

ただし，σ_w^2 は観測雑音 w の分散である．式 (6.30) から式 (6.31) への変形のとき，

$$\boldsymbol{c}^T\widetilde{\boldsymbol{x}}^-(k) = (\widetilde{\boldsymbol{x}}^-(k))^T\boldsymbol{c}$$

を利用した[5]．

いま，**事前共分散行列**（*a priori* covariance matrix）を

$$\boldsymbol{P}^-(k) = \mathrm{E}[\widetilde{\boldsymbol{x}}^-(k)(\widetilde{\boldsymbol{x}}^-(k))^T] = \mathrm{E}[\{\boldsymbol{x}(k) - \widehat{\boldsymbol{x}}^-(k)\}\{\boldsymbol{x}(k) - \widehat{\boldsymbol{x}}^-(k)\}^T] \tag{6.33}$$

と定義すると，式 (6.32) は

$$(\boldsymbol{I} - \boldsymbol{g}(k)\boldsymbol{c}^T)\boldsymbol{P}^-(k)\boldsymbol{c} = \sigma_w^2\boldsymbol{g}(k) \tag{6.34}$$

となる．式 (6.34) を $\boldsymbol{g}(k)$ について解くと，

$$\boldsymbol{g}(k) = \frac{\boldsymbol{P}^-(k)\boldsymbol{c}}{\boldsymbol{c}^T\boldsymbol{P}^-(k)\boldsymbol{c} + \sigma_w^2} \tag{6.35}$$

が得られる．ここで，$\boldsymbol{c}^T\boldsymbol{P}^-(k)\boldsymbol{c}$ は2次形式なのでスカラ量であることに注意する．

式 (6.35) がカルマンゲイン $\boldsymbol{g}(k)$ を表す式である．これを計算するためには，事前共分散行列 $\boldsymbol{P}^-(k)$ を計算する必要がある．このように，カルマンゲインは共分散行列と密接に関係している．

6.3.4　共分散行列の更新

1時刻前 $k-1$ における事後共分散行列 $\boldsymbol{P}(k-1)$ は得られているとする．図6.2に示したように，この $\boldsymbol{P}(k-1)$ を用いて，時刻 k における事前共分散行列 $\boldsymbol{P}^-(k)$ を計算する予測ステップを Step 1 とし，$\boldsymbol{P}^-(k)$ を用いて，時刻 k における事後共分散行列 $\boldsymbol{P}(k)$ を計算するフィルタリングステップを Step 2 とする．それぞれについて以下で考えていこう．

◻ Step 1：予測ステップ　$\boldsymbol{P}(k-1) \Longrightarrow \boldsymbol{P}^-(k)$

このステップでは，時刻が $k-1$ から現時刻 k になったときを考える．このとき，$\widehat{\boldsymbol{x}}(k-1)$ と $\boldsymbol{P}(k-1)$ が利用可能である．

---

[5] 結果として得られるものがスカラなので，ベクトルの乗算の順番を入れ替えることができる．

まず，式 (6.1) で時刻を一つ前にずらすと，

$$\boldsymbol{x}(k) = \boldsymbol{A}\boldsymbol{x}(k-1) + \boldsymbol{b}v(k-1) \tag{6.36}$$

が得られる．右辺の期待値（平均値）をとると，システム雑音 $v(k-1)$ の項は 0 になるので，事前状態推定値を

$$\widehat{\boldsymbol{x}}^-(k) = \boldsymbol{A}\widehat{\boldsymbol{x}}(k-1) \tag{6.37}$$

とおくことができる．式 (6.37) から明らかなように，「状態方程式は1時刻先の値を計算することができる予測の式である」と理解することが重要である．

つぎに，**事前状態推定誤差**を計算する．

$$\begin{aligned}
\widetilde{\boldsymbol{x}}^-(k) &= \boldsymbol{x}(k) - \widehat{\boldsymbol{x}}^-(k) \\
&= \boldsymbol{A}\boldsymbol{x}(k-1) + \boldsymbol{b}v(k-1) - \boldsymbol{A}\widehat{\boldsymbol{x}}(k-1) \\
&= \boldsymbol{A}(\boldsymbol{x}(k-1) - \widehat{\boldsymbol{x}}(k-1)) + \boldsymbol{b}v(k-1) \\
&= \boldsymbol{A}\widetilde{\boldsymbol{x}}(k-1) + \boldsymbol{b}v(k-1)
\end{aligned} \tag{6.38}$$

式 (6.38) を式 (6.33) に代入して，事前共分散行列を計算すると，

$$\begin{aligned}
\boldsymbol{P}^-(k) &= \mathrm{E}[\{\boldsymbol{A}\widetilde{\boldsymbol{x}}(k-1) + \boldsymbol{b}v(k-1)\}\{\boldsymbol{A}\widetilde{\boldsymbol{x}}(k-1) + \boldsymbol{b}v(k-1)\}^T] \\
&= \boldsymbol{A}\mathrm{E}[\widetilde{\boldsymbol{x}}(k-1)\widetilde{\boldsymbol{x}}^T(k-1)]\boldsymbol{A}^T + \boldsymbol{A}\mathrm{E}[\widetilde{\boldsymbol{x}}(k-1)v(k-1)]\boldsymbol{b}^T \\
&\quad + \boldsymbol{b}\mathrm{E}[v(k-1)\widetilde{\boldsymbol{x}}^T(k-1)]\boldsymbol{A}^T + \boldsymbol{b}\mathrm{E}[v^2(k-1)]\boldsymbol{b}^T
\end{aligned} \tag{6.39}$$

となる．状態推定誤差 $\widetilde{\boldsymbol{x}}(k-1)$ とシステム雑音 $v(k-1)$ が無相関であることを利用すると，

$$\boldsymbol{P}^-(k) = \boldsymbol{A}\boldsymbol{P}(k-1)\boldsymbol{A}^T + \sigma_v^2 \boldsymbol{b}\boldsymbol{b}^T \tag{6.40}$$

が得られる．ただし，σ_v^2 はシステム雑音 v の分散である．また，時刻 $k-1$ における事後誤差共分散行列を

$$\boldsymbol{P}(k-1) = \mathrm{E}[\widetilde{\boldsymbol{x}}(k-1)\widetilde{\boldsymbol{x}}^T(k-1)] \tag{6.41}$$

とおいた．式 (6.40) が $\boldsymbol{P}(k-1)$ から $\boldsymbol{P}^-(k)$ への共分散行列の更新式である．

☐ Step 2：フィルタリングステップ　$\boldsymbol{P}^-(k) \Longrightarrow \boldsymbol{P}(k)$

時刻 k における**事後共分散行列**（*a posteriori* covariance matrix）を

$$\boldsymbol{P}(k) = \mathrm{E}[\widetilde{\boldsymbol{x}}(k)\widetilde{\boldsymbol{x}}^T(k)] \tag{6.42}$$

と定義する．式 (6.27) を式 (6.42) に代入し，これまでと同様に期待値演算を行うと，

$$\begin{aligned}
\boldsymbol{P}(k) &= \mathrm{E}[\{(\boldsymbol{I} - \boldsymbol{g}(k)\boldsymbol{c}^T)\widetilde{\boldsymbol{x}}^-(k) - \boldsymbol{g}(k)w(k)\} \cdot \\
&\qquad \cdot \{(\boldsymbol{I} - \boldsymbol{g}(k)\boldsymbol{c}^T)\widetilde{\boldsymbol{x}}^-(k) - \boldsymbol{g}(k)w(k)\}^T] \\
&= (\boldsymbol{I} - \boldsymbol{g}(k)\boldsymbol{c}^T)\mathrm{E}[\widetilde{\boldsymbol{x}}^-(k)(\widetilde{\boldsymbol{x}}^-(k))^T](\boldsymbol{I} - \boldsymbol{g}(k)\boldsymbol{c}^T)^T \\
&\quad + \boldsymbol{g}(k)\mathrm{E}[w^2(k)]\boldsymbol{g}^T(k) \\
&= (\boldsymbol{I} - \boldsymbol{g}(k)\boldsymbol{c}^T)\boldsymbol{P}^-(k)(\boldsymbol{I} - \boldsymbol{g}(k)\boldsymbol{c}^T)^T + \sigma_w^2 \boldsymbol{g}(k)\boldsymbol{g}^T(k)
\end{aligned} \tag{6.43}$$

が得られる．式 (6.43) を展開して，式 (6.34) を利用すると，次式が得られる．

$$\begin{aligned}
\boldsymbol{P}(k) &= (\boldsymbol{I} - \boldsymbol{g}(k)\boldsymbol{c}^T)\boldsymbol{P}^-(k) - (\boldsymbol{I} - \boldsymbol{g}(k)\boldsymbol{c}^T)\boldsymbol{P}^-(k)\boldsymbol{c}\boldsymbol{g}^T(k) + \sigma_w^2 \boldsymbol{g}(k)\boldsymbol{g}^T(k) \\
&= (\boldsymbol{I} - \boldsymbol{g}(k)\boldsymbol{c}^T)\boldsymbol{P}^-(k) - \sigma_w^2 \boldsymbol{g}(k)\boldsymbol{g}^T(k) + \sigma_w^2 \boldsymbol{g}(k)\boldsymbol{g}^T(k) \\
&= (\boldsymbol{I} - \boldsymbol{g}(k)\boldsymbol{c}^T)\boldsymbol{P}^-(k)
\end{aligned} \tag{6.44}$$

式 (6.44) が $\boldsymbol{P}^-(k)$ から $\boldsymbol{P}(k)$ への共分散行列の更新式である．

6.3.5　カルマンフィルタのアルゴリズム

以上で導出されたカルマンフィルタのアルゴリズムをまとめると，つぎの Point 6.5 のようになる．

❖ Point 6.5 ❖　時系列データに対するカルマンフィルタ

□ 初期値

状態推定値の初期値 $\widehat{\boldsymbol{x}}(0)$ は $N(\boldsymbol{x}_0, \boldsymbol{\Sigma}_0)$ に従う正規性確率ベクトルとする．すなわち，

$$\widehat{\boldsymbol{x}}(0) = \mathrm{E}[\boldsymbol{x}(0)] = \boldsymbol{x}_0 \tag{6.45}$$

$$\boldsymbol{P}(0) = \mathrm{E}[(\boldsymbol{x}(0) - \mathrm{E}[\boldsymbol{x}(0)])(\boldsymbol{x}(0) - \mathrm{E}[\boldsymbol{x}(0)])^T] = \boldsymbol{\Sigma}_0 \tag{6.46}$$

とおく．また，システム雑音の分散 σ_v^2 と観測雑音の分散 σ_w^2 を設定する．これらはカルマンフィルタの調整パラメータである．

□ 時間更新式

$k = 1, 2, \ldots, N$ に対して次式を計算する．

- 予測ステップ

    事前状態推定値： $\hat{\boldsymbol{x}}^-(k) = \boldsymbol{A}\hat{\boldsymbol{x}}(k-1)$ (6.47)

    事前誤差共分散行列： $\boldsymbol{P}^-(k) = \boldsymbol{A}\boldsymbol{P}(k-1)\boldsymbol{A}^T + \sigma_v^2 \boldsymbol{b}\boldsymbol{b}^T$ (6.48)

- フィルタリングステップ

    カルマンゲイン： $\boldsymbol{g}(k) = \dfrac{\boldsymbol{P}^-(k)\boldsymbol{c}}{\boldsymbol{c}^T \boldsymbol{P}^-(k)\boldsymbol{c} + \sigma_w^2}$ (6.49)

    状態推定値： $\hat{\boldsymbol{x}}(k) = \hat{\boldsymbol{x}}^-(k) + \boldsymbol{g}(k)(y(k) - \boldsymbol{c}^T\hat{\boldsymbol{x}}^-(k))$ (6.50)

    事後誤差共分散行列： $\boldsymbol{P}(k) = (\boldsymbol{I} - \boldsymbol{g}(k)\boldsymbol{c}^T)\boldsymbol{P}^-(k)$ (6.51)

下図に時系列に対するカルマンフィルタのブロック線図を示す．ここで，入力は時系列で，出力は状態推定値である．図より，カルマンフィルタは状態方程式と同じように，行列・ベクトルを係数としてもつ1次系，すなわち1階差分方程式で記述されることがわかる．

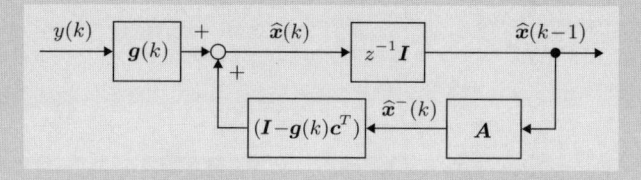

注意1 【状態推定値の初期値】状態推定値の初期値に関する事前情報が利用できる場合には，その値を用いればよい．事前情報がない場合には，$\hat{\boldsymbol{x}}(0) = \boldsymbol{0}$ とおくことが多い．

注意2 【共分散行列の初期値】

$$\boldsymbol{P}(0) = \gamma \boldsymbol{I} \tag{6.52}$$

とおくことが多い．ただし，γ は調整パラメータである定数で，$0 \sim 1000$ の値が用いられることが多い．一般に，観測雑音が大きくSN比が悪い場合には，γ を小さく設定したほうがよい．

時系列データとカルマンフィルタの関係を図6.3に示す．時系列 $y(k)$ とその一段先予測値 $\hat{y}^-(k)$ の差であるイノベーション過程 $\tilde{y}(k)$ にカルマンゲイン $\boldsymbol{g}(k)$ を乗じ

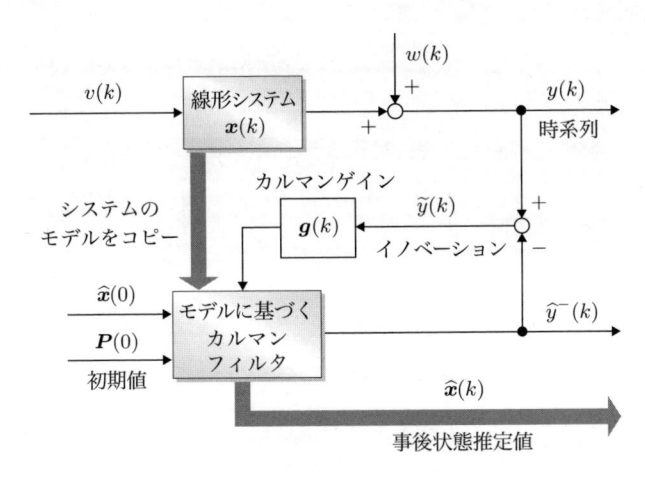

図6.3 対象とする時系列データとカルマンフィルタ

ることによって，カルマンフィルタを修正していることがわかる．

また，共分散行列の重要性をつぎの Point 6.6 にまとめる．

❖ Point 6.6 ❖ 共分散行列の重要性

カルマンフィルタによる状態推定のイメージを下図に示す．図では，簡単のために状態が一つの場合を示している．

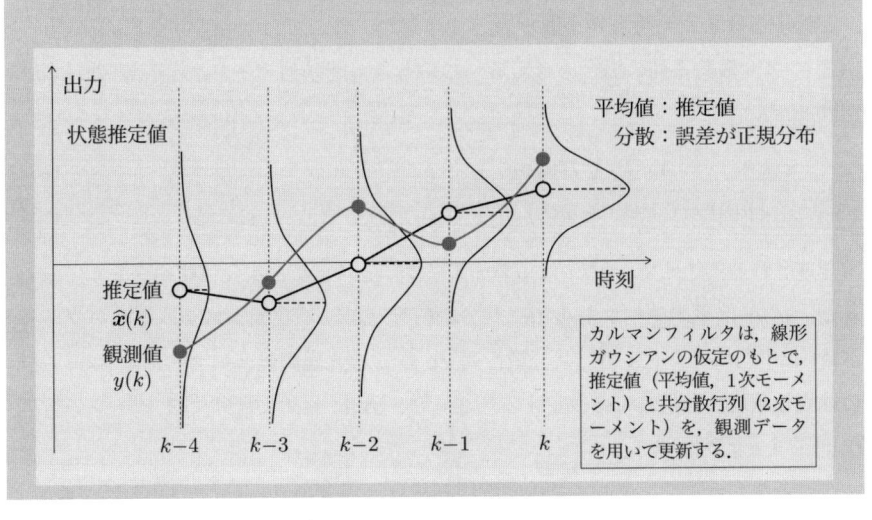

カルマンフィルタは，線形ガウシアンの仮定のもとで，推定値（平均値，1次モーメント）と共分散行列（2次モーメント）を，観測データを用いて更新する．

カルマンフィルタでは，各時刻で状態推定値が正規分布をしていて，その平均値を状態推定値とし，その推定値の確からしさを共分散行列（分散）で記述する．図のように，最初は分散が大きい分布をしているが，データが入ってくるたびに分散は小さくなり（すなわち分布の山が高くなり），状態推定値の確からしさが向上する（しかし，通常，データが無限大になっても共分散行列はゼロにはならない）．

Point 5.3（p.86）で述べたように，正規分布は線形変換では保存される性質をもつため，線形システムの場合には状態推定値が正規分布であり続ける点は，線形カルマンフィルタにおいて重要である．

カルマンフィルタでは，状態推定値を与える平均値に注目しがちである．しかし，共分散行列が逐次計算される点も大きな特徴である．特に，実システムでは状態の真値はわからないが，真値と推定値の共分散行列が計算されることによって，推定値の精度を定量的に知ることができる．このことによって，得られた状態推定値をどの程度信頼できるかを判断することが可能になる．

6.3.6　多変数時系列に対するカルマンフィルタ

これまではスカラ時系列を取り扱ってきたが，ここでは対象とする時系列データ $\boldsymbol{y}(k)$ が多変数時系列の場合を考える．このとき，時系列データは線形離散時間状態空間モデル

$$\boldsymbol{x}(k+1) = \boldsymbol{A}\boldsymbol{x}(k) + \boldsymbol{B}\boldsymbol{v}(k) \tag{6.53}$$

$$\boldsymbol{y}(k) = \boldsymbol{C}\boldsymbol{x}(k) + \boldsymbol{w}(k) \tag{6.54}$$

で記述される．ここで，$\boldsymbol{y}(k)$ は p 次元時系列，$\boldsymbol{x}(k)$ は n 次元状態ベクトルである．また，$\boldsymbol{v}(k)$ は平均値ベクトル $\boldsymbol{0}$，共分散行列 $\boldsymbol{Q}$ の r 次元システム雑音ベクトル，$\boldsymbol{w}(k)$ は平均値ベクトル $\boldsymbol{0}$，共分散行列 $\boldsymbol{R}$ の p 次元観測雑音ベクトルであり，互いに独立な正規性白色雑音と仮定する．さらに，$\boldsymbol{A}$ は $n \times n$ 行列，$\boldsymbol{B}$ は $n \times r$ 行列，$\boldsymbol{C}$ は $p \times n$ 行列である．

このとき，カルマンフィルタの時間更新式は，つぎの Point 6.7 のようになる．

❖ Point 6.7 ❖　多変数時系列データに対するカルマンフィルタ

☐ 時間更新式

$k = 1, 2, \ldots, N$ に対して次式を計算する.

- 予測ステップ

事前状態推定値：　$\widehat{\boldsymbol{x}}^-(k) = \boldsymbol{A}\widehat{\boldsymbol{x}}(k-1)$ 　　　　　　　(6.55)

事前誤差共分散行列：　$\boldsymbol{P}^-(k) = \boldsymbol{A}\boldsymbol{P}(k-1)\boldsymbol{A}^T + \boldsymbol{B}\boldsymbol{Q}\boldsymbol{B}^T$ 　　(6.56)

- フィルタリングステップ

カルマンゲイン行列：　$\boldsymbol{G}(k) = \boldsymbol{P}^-(k)\boldsymbol{C}^T(\boldsymbol{C}\boldsymbol{P}^-(k)\boldsymbol{C}^T + \boldsymbol{R})^{-1}$ 　(6.57)

状態推定値：　$\widehat{\boldsymbol{x}}(k) = \widehat{\boldsymbol{x}}^-(k) + \boldsymbol{G}(k)(\boldsymbol{y}(k) - \boldsymbol{C}\widehat{\boldsymbol{x}}^-(k))$ 　(6.58)

事後誤差共分散行列：　$\boldsymbol{P}(k) = (\boldsymbol{I} - \boldsymbol{G}(k)\boldsymbol{C})\boldsymbol{P}^-(k)$ 　　　(6.59)

ただし，共分散行列 $\boldsymbol{P}^-(k)$, $\boldsymbol{P}(k)$ は $n \times n$ 行列，カルマンゲイン $\boldsymbol{G}(k)$ は $n \times p$ 行列である.

6.4　数値シミュレーション例

数値シミュレーション例を通して，カルマンフィルタのアルゴリズムについての理解を深めよう.

連続時間白色雑音を積分器に入力すると確率過程 $x(t)$ が出力されるブロック線図を図 6.4 に示す．この $x(t)$ は**ウィナー過程**（Wiener process），あるいは**ブラウン運動**（Brownian motion）[6] としてよく知られる確率過程である [5].

このシステムを離散化して，観測雑音を考慮すると，離散時間状態方程式

$$x(k+1) = x(k) + v(k), \quad x(0) = 0 \tag{6.60}$$

```
       v(t)          x(t)
    ─────────→ ┌───┐ ─────────→
    白色雑音   │ ∫ │ ウィナー過程
               └───┘
```

図 6.4　ウィナー過程（連続時間系）

6.　ブラウン運動の数学的に厳密なモデルを「ウィナー過程」と呼ぶ.

$$y(k) = x(k) + w(k) \tag{6.61}$$

が得られる．このシステムは1次系なので，状態が一つだけになる．また，システム雑音 $v(k)$ は平均値 0，分散 σ_v^2 の正規性白色雑音，観測雑音 $w(k)$ は平均値 0，分散 σ_w^2 の正規性白色雑音で，互いに独立であると仮定する．状態方程式の一般形と比較すると，ウィナー過程の離散時間状態方程式は，$A = 1$，$b = c = 1$ に対応する．

式 (6.60) を変形すると，

$$\begin{aligned}
x(k) &= x(k-1) + v(k-1) = x(k-2) + v(k-2) + v(k-1) = \cdots \\
&= x(0) + v(0) + v(1) + \cdots + v(k-1) \\
&= \sum_{i=0}^{k-1} v(i)
\end{aligned}$$

となり，入力される白色雑音を積分（和分）していることがわかる．

例題6.1

Point 6.5 にまとめたカルマンフィルタのアルゴリズムを用いて，式 (6.61) で与えられる観測値 $y(k)$ から式 (6.60) の状態 $x(k)$ を推定する問題を考える．

システム雑音と観測雑音の分散をそれぞれ $\sigma_v^2 = 1$，$\sigma_w^2 = 2$ とし，初期値を $\widehat{x}(0) = 0$，$p(0) = 0$ としたとき，カルマンフィルタのアルゴリズムの流れを時刻 $k = 1$ から $k = 4$ について手計算で確認せよ．なお，この例では，共分散行列，カルマンゲインなど，すべての量はスカラであることに注意する．そのため，共分散行列 $\boldsymbol{P}$ を小文字 p で表記した．

解答

- $k = 1$ のとき

$$\begin{aligned}
&\widehat{x}^-(1) = \widehat{x}(0) = 0 \\
&p^-(1) = p(0) + \sigma_v^2 = 1 \\
&g(1) = \frac{p^-(1)}{p^-(1) + \sigma_w^2} = \frac{1}{3} \approx 0.333 \\
&\widehat{x}(1) = \widehat{x}^-(1) + g(1)(y(1) - \widehat{x}^-(1)) = \frac{1}{3}y(1) \quad \leftarrow \text{時刻 1 での状態推定値}\\
&\qquad\qquad\qquad\qquad\qquad\qquad\qquad\qquad\qquad\quad \text{観測値を使って状態推定が}\\
&\qquad\qquad\qquad\qquad\qquad\qquad\qquad\qquad\qquad\quad \text{動き始めた}
\end{aligned}$$

$$p(1) = (1 - g(1))p^-(1) = \frac{2}{3} \approx 0.667$$

- $k = 2$ のとき

$$\widehat{x}^-(2) = \widehat{x}(1) = \frac{1}{3}y(1)$$

$$p^-(2) = p(1) + \sigma_v^2 = \frac{5}{3} \approx 1.67$$

$$g(2) = \frac{p^-(2)}{p^-(2) + \sigma_w^2} = \frac{5}{11} \approx 0.455$$

$$\widehat{x}(2) = \widehat{x}^-(2) + g(2)(y(2) - \widehat{x}^-(2))$$
$$= \frac{1}{11}(2y(1) + 5y(2)) \quad \leftarrow 時刻\ 2\ での状態推定値$$
$$\qquad\qquad\qquad\qquad 観測値に重み付けして状態推定値を更新$$

$$p(2) = (1 - g(2))p^-(2) = \frac{10}{11} \approx 0.909$$

- $k = 3$ のとき

$$\widehat{x}^-(3) = \widehat{x}(2) = \frac{1}{11}(2y(1) + 5y(2))$$

$$p^-(3) = p(2) + \sigma_v^2 = \frac{21}{11} \approx 1.91$$

$$g(3) = \frac{p^-(3)}{p^-(3) + \sigma_w^2} = \frac{21}{43} \approx 0.488$$

$$\widehat{x}(3) = \widehat{x}^-(3) + g(3)(y(3) - \widehat{x}^-(3))$$
$$= \frac{1}{43}(4y(1) + 10y(2) + 21y(3)) \quad \leftarrow 時刻\ 3\ での状態推定値$$
$$\qquad\qquad\qquad\qquad 最新の観測値のほうが重みが大きい$$

$$p(3) = (1 - g(3))p^-(3) = \frac{42}{43} \approx 0.977$$

- $k = 4$ のとき

$$\widehat{x}^-(4) = \widehat{x}(3) = \frac{1}{43}(4y(1) + 10y(2) + 21y(3))$$

$$p^-(4) = p(3) + \sigma_v^2 = \frac{85}{43} \approx 1.98$$

$$g(4) = \frac{p^-(4)}{p^-(4) + \sigma_w^2} = \frac{85}{171} \approx 0.497$$

$$\widehat{x}(4) = \widehat{x}^-(4) + g(4)(y(4) - \widehat{x}^-(4))$$
$$= \frac{1}{171}(8y(1) + 20y(2) + 42y(3) + 85y(4)) \quad \leftarrow 時刻\ 4\ での状態推定値$$

$$p(4) = (1-g(4))p^-(4) = \frac{170}{171} \approx 0.994$$

以下同様の手順が繰り返される．

以上の手順より，状態推定値 $\hat{x}(k)$ は観測値の重み付け和で構成されていることがわかる．また，推定精度の指標である事後共分散 $p(k)$ の値を見ると，0.667, 0.909, 0.977, 0.994, ... のように時間変化しており，k が大きくなるにつれて 1 に向かうことが予想できる．それに対応してカルマンゲイン $g(k)$ も一定値 0.5 に向かっている．カルマンゲインが一定値をとっている場合を**定常カルマンフィルタ**といい，これについては 6.6 節で詳しく述べる．　　　　　　　　　　　　　　　　　■

MATLAB を用いてこの数値例をプログラミングした一例を以下に示す．

MATLAB カルマンフィルタの数値例（例題6.1）

```matlab
%% 問題設定
 A=1; b=1; c=1;                 % システム
 Q=1; R=2;                      % 雑音
 N=300;                         % データ数
%% 観測データの生成
% 雑音信号の生成
 v = randn(N,1)*sqrtm(Q);       % システム雑音
 w = randn(N,1)*sqrtm(R);       % 観測雑音
% 状態空間モデルを用いた時系列データの生成
 x=zeros(N,1); y=zeros(N,1);    % 記憶領域の確保
 y(1) = c'*x(1,:)'+w(1);
 for k=2:N                      % 時間更新
    x(k,:)=A*x(k-1,:)'+b*v(k-1);
    y(k)=c'*x(k,:)'+w(k);
 end
%% カルマンフィルタによる状態推定
% 推定値記憶領域の確保
 xhat=zeros(N,1);
% 初期推定値
 P=0; xhat(1,:)=0;
% 推定値の時間更新
 for k=2:N
    [xhat(k,:),P,G] = kf(A,b,0,c,Q,R,0,y(k),xhat(k-1,:),P);
 end
```

```
%% 結果の表示
 figure(1),clf
 plot(1:N,y,'k:',1:N,x,'r--',1:N,xhat,'b-')
 xlabel('No. of samples')
 legend('measured','true','estimate')
```
****
線形カルマンフィルタのfunction文
```
function [xhat_new,P_new, G] = kf(A,B,Bu,C,Q,R,u,y,xhat,P)
% KF 線形カルマンフィルタの更新式
% [xhat_new,P_new, G] = kf(A,B,B1,C,Q,R,u,y,xhat,P)
% 線形カルマンフィルタの推定値更新を行う
% 引数:
%     A,B,h,C: 対象システム
%                x(k+1) = Ax(k) + Bv(k) + Bu u(k)
%                 y(k)  = C'x(k) + w(k)
%              のシステム行列
%     Q,R: 雑音v,wの共分散行列. v,w は正規性白色雑音で
%              E[v(k)] = E[w(k)] = 0
%            E[v(k)'v(k)] = Q, E[w(k)'w(k)] = R
%          であることを想定
%     u: 状態更新前時点での制御入力 u(k-1)
%     y: 状態更新後時点での観測出力 y(k)
%     xhat,P: 更新前の状態推定値 xhat(k-1)・誤差共分散行列 P(k-1)
% 戻り値:
%     xhat_new: 更新後の状態推定値 xhat(k)
%     P_new:    更新後の誤差共分散行列 P(k)
%     G:        カルマンゲイン G(k)
% 参考:
%     非線形システムへの拡張: EKF, UKF
% 列ベクトルに整形
 xhat=xhat(:); u=u(:); y=y(:);
% 事前推定値
 xhatm = A*xhat + Bu*u;              % 状態
 Pm    = A*P*A' + B*Q*B';            % 誤差共分散
% カルマンゲイン行列
 G     = Pm*C/(C'*Pm*C+R);
% 事後推定値
 xhat_new = xhatm+G*(y-C'*xhatm);    % 状態
 P_new    = (eye(size(A))-G*C')*Pm;  % 誤差共分散
end
```

例題6.1と同様に，$\sigma_w^2 = 2$ とした場合の MATLAB によるシミュレーション結果の一例を図6.5に示す[7]．観測雑音が小さいので，状態推定値は元の信号とよく一致していることが図よりわかる．このシミュレーションでは $k = 300$ までのデータを

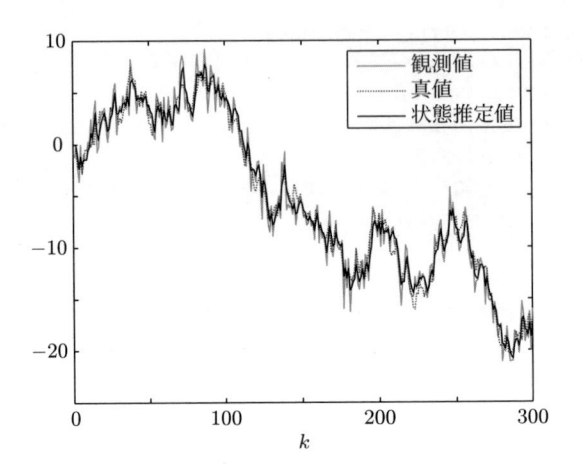

図6.5 例題6.1のシミュレーション結果（$\sigma_w^2 = 2$ のとき）．グレー線：観測値 $y(k)$，点線：信号（状態の真値）$x(k)$，実線：状態推定値 $\hat{x}(k)$

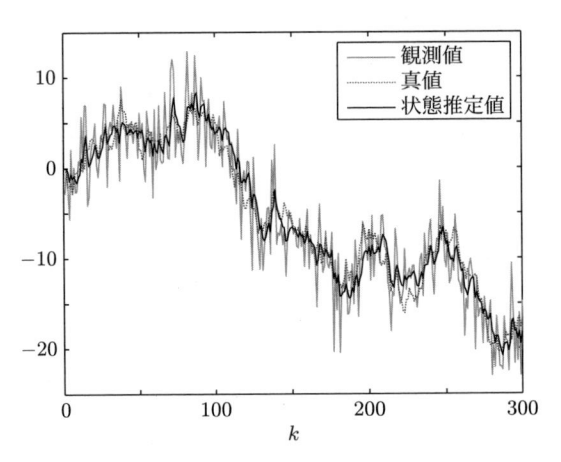

図6.6 例題6.1のシミュレーション結果（$\sigma_w^2 = 10$ のとき）．グレー線：観測値 $y(k)$，点線：信号（状態の真値）$x(k)$，実線：状態推定値 $\hat{x}(k)$

---

[7] 本書に掲載した図は，MATLABのカラーの出力に手を加え，白黒の紙面で線の違いを判別しやすくしている．また，視認性のために，フォントの変更や凡例の移動・削除といった加工も施している．

用いたが，最終的なカルマンゲインの値は，前述の手計算の結果から類推された値 $g(300) = 0.5$（定常値）になった．このカルマンゲインの定常値は6.6節の例題6.5で利用する．

図6.5ではカルマンフィルタの有効性を確認しづらかったので，観測雑音の分散をシステム雑音の分散の10倍，すなわち $\sigma_w^2 = 10$ としたときのシミュレーション結果を図6.6に示す．このように観測雑音の大きさが増しても，カルマンフィルタは信号の値をよく推定していることがわかる．

例題6.2

状態方程式

$$x(k+1) = x(k), \quad x(0) = 1 \tag{6.62}$$
$$y(k) = x(k) + w(k) \tag{6.63}$$

で記述される時系列 $y(k)$ について考える．ただし，$w(k)$ は平均値0，分散 $r = \sigma_w^2$ の正規性白色雑音とする．式(6.62)より状態 $x(k)$ は一定値（1）をとるので，ダイナミクスをもたない時系列になる．したがって，ここで考える問題は，雑音に汚された時系列 $y(k)$ から一定値をとる状態 $x(k)$ を推定することである．この例題は4.1.1項の最小二乗推定値で取り扱った問題と類似したものである．

このとき，$k = 1$ から $k = 3$ に対するカルマンフィルタの時間更新式を導き，それから状態推定値の漸化式を導出せよ．ただし，$\widehat{x}(0) = 0$，$p(0) = 1$ とする．

解答 一般的な状態方程式と比較すると，この例題は $A = 1$，$b = 0$，$c = 1$，$\sigma_v^2 = 0$，$\sigma_w^2 = r$ に対応する．$A = 1$ なので，この時系列にダイナミクスはなく，

$$\widehat{x}^-(k) = \widehat{x}(k-1), \quad p^-(k) = p(k-1)$$

となる．したがって，カルマンフィルタの時間更新式は，

$$g(k) = \frac{p(k-1)}{p(k-1) + r} \tag{6.64}$$

$$\widehat{x}(k) = \widehat{x}(k-1) + g(k)\{y(k) - \widehat{x}(k-1)\}$$
$$= \{1 - g(k)\}\widehat{x}(k-1) + g(k)y(k) \tag{6.65}$$

$$p(k) = \{1 - g(k)\}p(k-1) = \frac{r}{p(k-1) + r}p(k-1) \tag{6.66}$$

のように簡略化される．これらの式に基づいて実際に計算を行うと，つぎのようになる．

- $k=1$ のとき

$$g(1) = \frac{p(0)}{p(0)+r} = \frac{1}{1+r}$$

$$\widehat{x}(1) = (1-g(1))\widehat{x}(0) + g(1)y(1) = \frac{1}{1+r}y(1)$$

$$p(1) = \frac{r}{p(0)+r}p(0) = \frac{r}{1+r}$$

- $k=2$ のとき

$$g(2) = \frac{p(1)}{p(1)+r} = \frac{1}{2+r}$$

$$\widehat{x}(2) = (1-g(2))\widehat{x}(1) + g(2)y(2) = \frac{1}{2+r}(y(1)+y(2))$$

$$p(2) = \frac{r}{p(1)+r}p(1) = \frac{r}{2+r}$$

- $k=3$ のとき

$$g(3) = \frac{p(2)}{p(2)+r} = \frac{1}{3+r}$$

$$\widehat{x}(3) = (1-g(3))\widehat{x}(2) + g(3)y(3) = \frac{1}{3+r}(y(1)+y(2)+y(3))$$

$$p(3) = \frac{r}{p(2)+r}p(2) = \frac{r}{3+r}$$

以上より，時刻 k における状態推定値は，

$$\widehat{x}(k) = \frac{1}{k+r}\sum_{i=1}^{k} y(i) \tag{6.67}$$

となることが導かれる． ∎

例題6.2の結果について考察してみよう．まず，式 (6.67) において，観測雑音の分散 r の影響は，データの増加とともに小さくなるので，結局，この場合のカルマンフィルタは，時系列データの平均値を計算していることにほかならない．これは，われわれがもっているデータ処理の常識，すなわち，データの平均をとるということ

は直流成分を取り出す低域通過フィルタを作用させることと同じであるという考え方に一致する．

一方，カルマンフィルタの漸化式は，

$$\widehat{x}(k) = \widehat{x}(k-1) + \frac{1}{k+r}(y(k) - \widehat{x}(k-1)) \tag{6.68}$$

と書くことができる．この場合のカルマンゲインは，

$$g(k) = \frac{1}{k+r}$$

と時変になり，一定値ではないことに注意する．これはカルマンゲインが一定値になった例題6.1とは異なる結果である．特に，この場合，

$$\lim_{k \to \infty} g(k) = 0 \tag{6.69}$$

が成り立つ．カルマンゲインがゼロになるということは，状態推定値が一定値に収束することを意味することに注意する．

さらに式 (6.68) を変形すると，

$$\widehat{x}(k) = \frac{k+r-1}{k+r}\widehat{x}(k-1) + \frac{1}{k+r}y(k) \tag{6.70}$$

となる．これは6.2節で与えた式 (6.8) の漸化式と同様の形式であり，時系列の平均値を計算していることがわかる．

例題6.3

下図に示すブロック線図によって時系列データ $y(k)$ が生成されるとき，この伝達関数モデルを可観測正準形の形式の状態空間モデルに変換せよ．そして，MATLAB を用いてその状態をカルマンフィルタによって推定せよ．ただし，システム雑音は $N(0,1)$ に従う正規性白色雑音，観測雑音は $N(0,0.1)$ に従うシステム雑音と独立な正規性白色雑音とする．また，$\widehat{\bm{x}}(0) = \bm{0}$，$\bm{P}(0) = \bm{I}$ とする．

```
              w(k)
               ↓+
v(k)  ┌─────────────────┐    +  ⊕   y(k)
─────→│  z⁻¹ + 0.5z⁻²   │──────→───────→
      │─────────────────│
      │ 1 + 1.5z⁻¹ + 0.7z⁻² │
      └─────────────────┘
```

解答 図より，対象とする時系列は，

$$y(k) = G(z^{-1})v(k) + w(k)$$

で記述される．ただし，

$$G(z^{-1}) = \frac{z^{-1} + 0.5z^{-2}}{1 + 1.5z^{-1} + 0.7z^{-2}}$$

である．2.7.1項で説明した方法を用いて，この伝達関数表現を可観測正準形に変換すると，

$$\begin{bmatrix} x_1(k+1) \\ x_2(k+1) \end{bmatrix} = \begin{bmatrix} 0 & -0.7 \\ 1 & -1.5 \end{bmatrix} \begin{bmatrix} x_1(k) \\ x_2(k) \end{bmatrix} + \begin{bmatrix} 0.5 \\ 1 \end{bmatrix} v(k) \tag{6.71}$$

$$y(k) = \begin{bmatrix} 0 & 1 \end{bmatrix} \begin{bmatrix} x_1(k) \\ x_2(k) \end{bmatrix} + w(k) \tag{6.72}$$

が得られる．

この状態を推定する MATLAB プログラムの一例を以下に示す．

MATLAB カルマンフィルタの数値例（例題6.3）

```
%% 問題設定
% システム
 A=[0,-0.7;1,-1.5]; b=[0.5;1]; c=[0;1];
% データ数・雑音の設定
 N=100; Q=1; R=0.1;
%% 観測データの生成
% 雑音信号の生成
 v=randn(N,1)*sqrtm(Q);           % システム雑音
 w=randn(N,1)*sqrtm(R);           % 観測雑音
% 状態空間モデルを用いた時系列データの生成
 x=zeros(N,2); y=zeros(N,1);
 y(1)=c'*x(1,:)'+w(1);
 for k=2:N
    x(k,:)=A*x(k-1,:)'+b*v(k-1);
    y(k)=c'*x(k,:)'+w(k);
 end
%% カルマンフィルタによる推定
% 推定値記憶領域の確保
 xhat=zeros(N,2);
```

```
% 初期推定値
  gamma=1;
  P=gamma*eye(2);
  xhat(1,:)=[0,0];
% 推定値の時間更新
  for k=2:N
      [xhat(k,:),P] = kf(A,b,0,c,Q,R,0,y(k),xhat(k-1,:),P);
  end
%% 結果の出力
  figure(1),clf
  subplot(2,1,1)
    plot(1:N,x(:,1),'r--',1:N,xhat(:,1),'b-')
    xlabel('k'),ylabel('x1'),legend('true','estimate')
  subplot(2,1,2)
    plot(1:N,y,'k:',1:N,x(:,2),'r--',1:N,xhat(:,2),'b-')
    xlabel('k'),ylabel('x2'),legend('measured','true','estimate')
```

このプログラムを実行して得られた推定結果の一例を図6.7に示す．図より，二つの状態がよく推定されていることがわかる． ∎

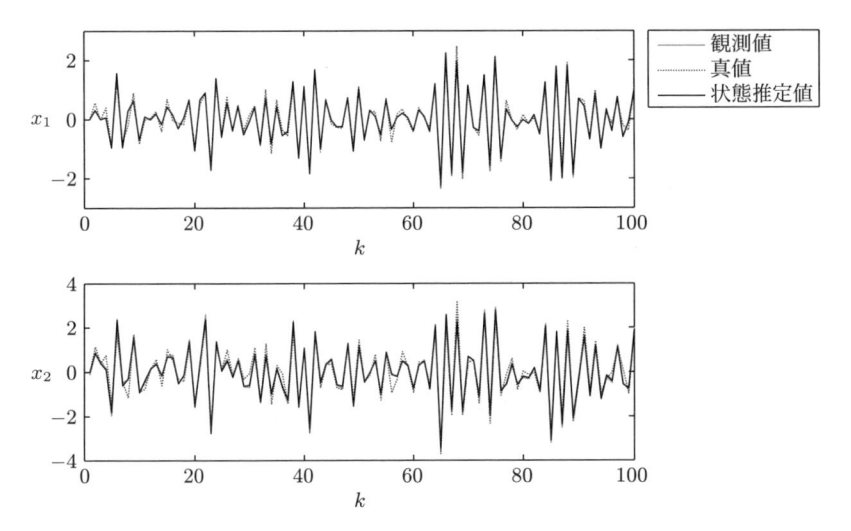

図6.7 例題6.3のカルマンフィルタによる推定結果．上：状態1（点線：状態の真値 $x_1(k)$，実線：状態推定値 $\hat{x}_1(k)$），下：状態2（グレー線：観測値 $y(k)$，点線：状態の真値 $x_2(k)$，実線：状態推定値 $\hat{x}_2(k)$）

6.5 システム制御のためのカルマンフィルタ

これまでは時系列データ（確率過程）のフィルタリング（状態推定）問題を取り扱ってきたが，制御工学では制御入力 $u(k)$ が存在する，いわゆるシステム（あるいはプラント）の状態推定が必要になる．そこで，制御入力（$u(k)$ とする）を考慮した離散時間状態方程式

$$x(k+1) = Ax(k) + b_u u(k) + bv(k) \tag{6.73}$$
$$y(k) = c^T x(k) + w(k) \tag{6.74}$$

で記述される線形システムを考える．

フィルタリング問題では，図 6.8 に示すように，制御入力は確定的な値をもつ既知

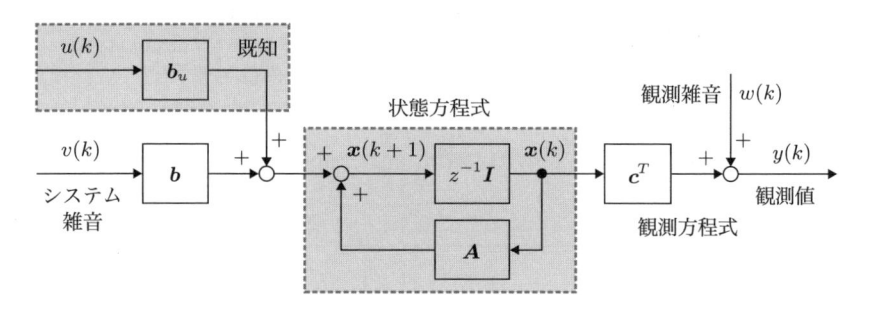

図 6.8　制御入力がある場合のブロック線図

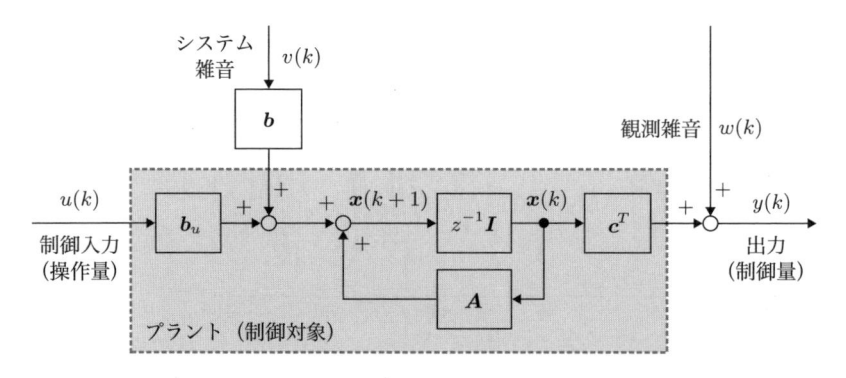

図 6.9　システム制御の観点から書き直したブロック線図

の外生入力とみなすことができる．推定誤差共分散行列には，確定的な $u(k)$ はまったく影響しないので，カルマンフィルタのアルゴリズムの中で制御入力が存在する場合に変更される点は，事前状態推定値の計算の部分だけである．そこで，制御入力がある場合のカルマンフィルタのアルゴリズムを，つぎの Point 6.8 にまとめる．なお，初期値については Point 6.5 と同様なので，時間更新式のみをまとめた．参考のために，システム制御の観点から図6.8を書き直したものを，図6.9に示す．これは，システム制御の研究者や技術者にとって，馴染み深いブロック線図であろう．

❖ **Point 6.8** ❖　制御入力がある場合のカルマンフィルタ

□ 時間更新式

$k = 1, 2, \ldots, N$ に対して次式を計算する．

- 予測ステップ

$$\text{事前状態推定値：} \quad \widehat{\boldsymbol{x}}^-(k) = \boldsymbol{A}\widehat{\boldsymbol{x}}(k-1) + \boldsymbol{b}_u u(k-1) \tag{6.75}$$

$$\text{事前誤差共分散行列：} \quad \boldsymbol{P}^-(k) = \boldsymbol{A}\boldsymbol{P}(k-1)\boldsymbol{A}^T + \sigma_v^2 \boldsymbol{b}\boldsymbol{b}^T \tag{6.76}$$

- フィルタリングステップ

$$\text{カルマンゲイン：} \quad \boldsymbol{g}(k) = \frac{\boldsymbol{P}^-(k)\boldsymbol{c}}{\boldsymbol{c}^T \boldsymbol{P}^-(k)\boldsymbol{c} + \sigma_w^2} \tag{6.77}$$

$$\text{状態推定値：} \quad \widehat{\boldsymbol{x}}(k) = \widehat{\boldsymbol{x}}^-(k) + \boldsymbol{g}(k)(y(k) - \boldsymbol{c}^T \widehat{\boldsymbol{x}}^-(k)) \tag{6.78}$$

$$\text{事後誤差共分散行列：} \quad \boldsymbol{P}(k) = (\boldsymbol{I} - \boldsymbol{g}(k)\boldsymbol{c}^T)\boldsymbol{P}^-(k) \tag{6.79}$$

制御入力がある場合のカルマンフィルタのブロック線図を下図に示す．

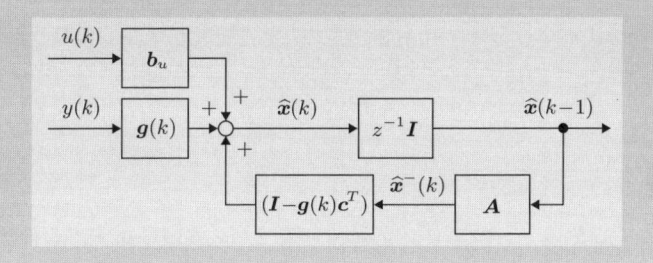

❖ Point 6.9 ❖　システム制御のためのカルマンフィルタ

制御対象であるプラントの状態をカルマンフィルタを用いて推定する手順を以下にまとめる．

Step 1 プラントモデリング：

- 第3章で述べた第一原理モデリング，あるいはシステム同定法を用いて，制御対象となるプラントをモデリングする．また必要があれば，得られたモデルを状態空間モデルに変換する．1.3節で述べた力学システム（バネ・マス・ダンパシステム）がプラントの状態空間モデルの典型的な例である．
- 状態方程式

$$x(k+1) = Ax(k) + b_u u(k) + b v(k)$$

のシステム雑音 $v(k)$ の分散を設定する．システム制御の枠組みでは，プラントを駆動するものは制御入力 $u(k)$ であり，システム雑音 $v(k)$ ではない．したがって，入力端に加わるシステム雑音が小さい場合には，システム雑音の分散 σ_v^2 の設定値を小さくとればよい．また，システム雑音が入力に直接加わる場合には，$b_u = b$ とおけばよい．

　一方，観測雑音 $w(k)$ の分散は，出力信号の実際に測定に用いるセンサの特性などを参考にして設定する．

Step 2 カルマンフィルタによる状態推定： Point 6.8にまとめた制御入力がある場合のカルマンフィルタのアルゴリズムをプラントモデルに適用して，状態推定を行う．

Step 3 コントローラの構成： たとえば，現代制御を用いて状態フィードバックにより制御則を決定する場合，Step 2 で求めた状態推定値を用いてコントローラを構成する．

例題6.4

対象とするシステムのブロック線図を次ページの図に示す．この伝達関数モデルを可観測正準形の形式の状態空間モデルに変換せよ．そして，MATLAB を用い，その状態をカルマンフィルタによって推定せよ．ただし，システム雑音は $N(0, 0.01)$ に従う正規性白色雑音，観測雑音は $N(0, 0.1)$ に従う，システム雑音と

独立な正規性白色雑音とする．制御入力 $u(k)$ は ± 1 の値を不規則にとる M 系列信号とする．また，$\hat{x}(0) = \mathbf{0}$, $\mathbf{P}(0) = \mathbf{I}$ とする．

$u(k)$ 制御入力　$w(k)$ 観測雑音

$v(k) \longrightarrow + \longrightarrow \boxed{\dfrac{z^{-1}+0.5z^{-2}}{1+1.5z^{-1}+0.7z^{-2}}} \longrightarrow + \longrightarrow y(k)$

システム雑音　　　　　　　　　　　　出力
（入力雑音）

解答 図より，対象とする線形システムは，

$$y(k) = G(z^{-1})v(k) + G(z^{-1})u(k) + w(k)$$

で記述される．ただし，

$$G(z^{-1}) = \frac{z^{-1}+0.5z^{-2}}{1+1.5z^{-1}+0.7z^{-2}}$$

である．この伝達関数表現を 2.7.1 項で説明した方法を用いて可観測正準形に変換すると，

$$\begin{bmatrix} x_1(k+1) \\ x_2(k+1) \end{bmatrix} = \begin{bmatrix} 0 & -0.7 \\ 1 & -1.5 \end{bmatrix} \begin{bmatrix} x_1(k) \\ x_2(k) \end{bmatrix} + \begin{bmatrix} 0.5 \\ 1 \end{bmatrix} u(k) + \begin{bmatrix} 0.5 \\ 1 \end{bmatrix} v(k) \tag{6.80}$$

$$y(k) = \begin{bmatrix} 0 & 1 \end{bmatrix} \begin{bmatrix} x_1(k) \\ x_2(k) \end{bmatrix} + w(k) \tag{6.81}$$

のようになる．　■

この状態を推定する MATLAB プログラムの一例を以下に示す．なお，制御入力 $u(k)$ として M 系列信号を用い，その生成には MATLAB の System Identification TOOLBOX のコマンド idinput を利用した．

MATLAB カルマンフィルタの数値例（例題6.4）

```
%% 問題設定
% 制御入力（周期 127 の M 系列）の生成
 u = idinput(127,'prbs',[0,1],[-1,1]);
% システム
```

```
  A=[0,-0.7;1,-1.5]; b=[0.5;1]; c=[0;1]; h=[0.5;1];
% データ数・雑音の設定
  N=length(u); Q=0.01; R=0.1;
%% 観測データの生成
% 雑音信号の生成
  v = randn(N,1)*sqrtm(Q);            % システム雑音
  w = randn(N,1)*sqrtm(R);            % 観測雑音
% 状態空間モデルを用いたシミュレーション
  x=zeros(N,2); y=zeros(N,1);         % 記憶領域の確保
  y(1) = c'*x(1,:)'+w(1);
  for k=2:N                           % 時間更新
    x(k,:)=A*x(k-1,:)'+h*u(k-1)+b*v(k-1);
    y(k)=c'*x(k,:)'+w(k);
  end
%% カルマンフィルタによる推定
% 推定値記憶領域の確保
  xhat = zeros(N,2);
% 初期推定値
  gamma = 1;
  P = gamma*eye(2);
  xhat(1,:) = [0,0];
% カルマンフィルタの時間更新
  for k=2:N
    [xhat(k,:),P] = kf(A,b,h,c,Q,R,u(k-1),y(k),xhat(k-1,:),P);
  end
%% 結果の出力
  figure(1),clf
% u
  subplot(3,1,1)
   stairs(1:N,u,'r')
   xlabel('k'),ylabel('u')
   xlim([1,N]),ylim(1.2*[min(u),max(u)])
% x1
  subplot(3,1,2)
   plot(1:N,x(:,1),'r',1:N,xhat(:,1),'b')
   xlabel('k'),ylabel('x1'), xlim([1,N])
% x2
  subplot(3,1,3)
   plot(1:N,y,'k:',1:N,x(:,2),'r--',1:N,xhat(:,2),'b-')
   xlabel('k'),ylabel('x2'),xlim([1,N])
```

この線形システムへの M 系列入力信号 $u(k)$ と推定結果の一例を図 6.10 に示す．図より，二つの状態がよく推定されていることがわかる．

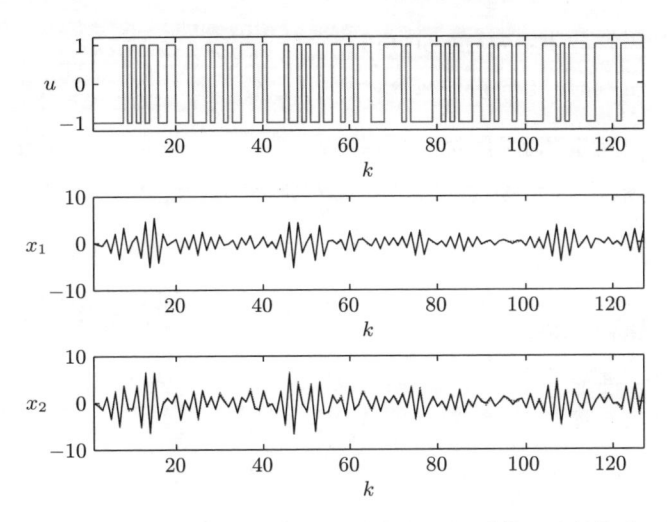

図 6.10 例題 6.4 の M 系列入力信号と推定結果．上：制御入力信号（M 系列信号），中：状態 1（点線：状態の真値 $x_1(k)$，実線：状態推定値 $\hat{x}_1(k)$），下：状態 2（グレー線：観測値 $y(k)$，点線：状態の真値 $x_2(k)$，実線：状態推定値 $\hat{x}_2(k)$）

6.6　定常カルマンフィルタ

これまで，対象とするスカラ時系列データ $y(k)$ は離散時間状態方程式

$$\boldsymbol{x}(k+1) = \boldsymbol{A}\boldsymbol{x}(k) + \boldsymbol{b}v(k) \tag{6.82}$$

$$y(k) = \boldsymbol{c}^T\boldsymbol{x}(k) + w(k) \tag{6.83}$$

で記述される線形時不変システムによって生成されるとしていた．前述したように，そのとき得られる時系列 $y(k)$ は定常確率過程であった．しかし，カルマンフィルタは非定常時系列に対しても適用することができる．これについて，つぎの Point 6.10 にまとめる．

✣ Point 6.10 ✣　非定常時系列に対するカルマンフィルタ

時変係数 $\{A(k), b(k), c(k)\}$ をもつ離散時間状態方程式

$$x(k+1) = A(k)x(k) + b(k)v(k) \tag{6.84}$$
$$y(k) = c^T(k)x(k) + w(k) \tag{6.85}$$

で記述される非定常時系列 $y(k)$ に対するカルマンフィルタは，Point 6.5 にまとめた定常時系列に対するカルマンフィルタの時間更新式をつぎのように変えるだけで得られる．

- 予測ステップ

事前状態推定値：　$\widehat{x}^-(k) = A(k-1)\widehat{x}(k-1)$ (6.86)

事前誤差共分散行列：　$P^-(k) = A(k-1)P(k-1)A^T(k-1)$
$$\qquad\qquad + \sigma_v^2(k-1)b(k-1)b^T(k-1) \tag{6.87}$$

- フィルタリングステップ

カルマンゲイン：　$g(k) = \dfrac{P^-(k)c(k)}{c^T(k)P^-(k)c(k) + \sigma_w^2(k)}$ (6.88)

状態推定値：　$\widehat{x}(k) = \widehat{x}^-(k) + g(k)(y(k) - c^T(k)\widehat{x}^-(k))$ (6.89)

事後誤差共分散行列：　$P(k) = (I - g(k)c^T(k))P^-(k)$ (6.90)

ただし，$\sigma_v^2(k)$ と $\sigma_w^2(k)$ は，それぞれ時刻 k におけるシステム雑音と観測雑音の分散である．非定常時系列であるため，これらの分散も時変であるかもしれないことに注意する．

定常過程のみを対象としたウィナーフィルタと違い，非定常過程に対しても容易に適用できる点が，カルマンフィルタの特徴の一つである．これは，カルマンフィルタのアルゴリズムが逐次処理形式であることによる．しかしながら，非定常過程に対するカルマンフィルタについてはこれ以上述べることはせず，以下ではこれまでと同様に，定常過程に対するカルマンフィルタについて考えていく．

さて，例題 6.1 において，時間の経過とともにカルマンゲイン $g(k)$ は一定値に向かうことが観察された．カルマンゲインがゼロに収束するのではなく，一定値に収束するということは，時間が十分経過してもカルマンフィルタが**適応能力** (adaptation ability) を有していることを意味する．カルマンゲインがどのような値に収束するのかが事前に計算できれば，その値を用いたカルマンフィルタを構成すればよいので，計算の見通しが良くなる．その鍵となるものが，つぎに与えるリッカチ方程式である[6]．

❖ Point 6.11 ❖　リッカチ方程式

式 (6.48) の事前誤差共分散行列の時間更新式に式 (6.51) を代入し，式 (6.49) を用いると，

$$P^-(k) = A\left[P^-(k-1) - \frac{P^-(k-1)cc^T P^-(k-1)}{c^T P^-(k-1)c + \sigma_w^2}\right]A^T + \sigma_v^2 bb^T \tag{6.91}$$

が得られる．この方程式は**リッカチ方程式**（Riccati equation）と呼ばれる．ここで，事前誤差共分散行列 $P^-(k)$ は正定値対称行列であることに注意する．

定常状態では，事前誤差共分散行列は一定値になるので，

$$P = P^-(k) = P^-(k-1) \tag{6.92}$$

とおき，これを式 (6.91) に代入すると，

$$P = A\left[P - \frac{Pcc^T P}{c^T Pc + \sigma_w^2}\right]A^T + \sigma_v^2 bb^T \tag{6.93}$$

が得られる．これは**代数リッカチ方程式**（ARE：Algebraic Riccati Equation）と呼ばれる．なお，リッカチ方程式は，イタリア人数学者ヤコポ・リッカチ（Jacopo F. Riccati）が 1720 年頃に研究した非線形常微分方程式である．

式 (6.93) の正定値解を P^* とすると，定常カルマンゲインは式 (6.49) より，

$$g^* = \frac{P^* c}{c^T P^* c + \sigma_w^2} \tag{6.94}$$

で与えられる．

つぎの問題は，どのようなときに代数リッカチ方程式の正定値解が存在するかである．これについては（かなり理論的であるが）つぎの結果が知られている．なお，証明は省略する．

❖ **Point 6.12** ❖　カルマンフィルタの漸近安定性

時系列を記述する状態方程式において，(A, b) が**可制御**（controllable）で，(c, A) が**可観測**（observable）であれば，$k \to \infty$ のとき，$P^-(k)$ は $P^* > 0$ に収束し，定常カルマンフィルタは漸近安定になる．

厳密には，(A, b) が可制御という条件は**可安定**（stabilizable）という条件でよく，(c, A) が可観測という条件は**可検出**（detectable）という条件でよいことが知られている．

例題 6.5

例題 6.1 で用いた式 (6.60)，(6.61) の状態方程式に対する代数リッカチ方程式を求めよ．また，$\sigma_v^2 = 1$ としたとき，定常カルマンゲインが $g = 0.5$ になるような観測雑音の分散 $r = \sigma_w^2$ を求めよ．

解答　この例では，$A = b = c = 1$ であり，$\sigma_v^2 = 1$ なので，代数リッカチ方程式は，

$$p = p - \frac{p^2}{p+r} + 1 \tag{6.95}$$

$$p^2 - p - r = 0 \tag{6.96}$$

となる．この例はスカラシステムなので，p はスカラである．

式 (6.95) より，

$$\frac{p^2}{p+r} = p \times \frac{p}{p+r} = 1 \tag{6.97}$$

が得られる．また，式 (6.94) より定常カルマンゲインは，

$$g = \frac{p}{p+r}$$

となり，式 (6.97) を使ってこれを変形すると，次式が得られる．

$$g = \frac{1}{p}$$

ミニ・チュートリアル6 ── 可観測性と可制御性

離散時間状態方程式

$$\boldsymbol{x}(k+1) = \boldsymbol{A}\boldsymbol{x}(k) + \boldsymbol{b}u(k) \tag{6.98}$$

$$y(k) = \boldsymbol{c}^T \boldsymbol{x}(k) + du(k) \tag{6.99}$$

で記述される1入力1出力線形動的システムを考える．ただし，$u(k)$ は入力，$y(k)$ は出力，$\boldsymbol{x}(k)$ は n 次元状態ベクトルである．

可観測性（observability）とは，式 (6.98)，(6.99) のモデルが既知である線形動的システムの状態が，システムの出力から唯一に決定できることを表す概念である．可観測性は，$\boldsymbol{c}$ と $\boldsymbol{A}$ のみに依存し，システムの入力に関する $\boldsymbol{b}$ には関係しない．可観測行列を

$$\boldsymbol{M} = [\boldsymbol{c} \ \boldsymbol{A}^T \boldsymbol{c} \ (\boldsymbol{A}^T)^2 \boldsymbol{c} \ \cdots \ (\boldsymbol{A}^T)^{n-1} \boldsymbol{c}] \tag{6.100}$$

のように定義し，このランクが n（これはシステムの状態ベクトルの次元）のとき，可観測であると呼ばれる．

可制御性（controllability）とは，任意の状態に制御できる入力が存在することを表す概念である．可制御性は，$\boldsymbol{A}$ と $\boldsymbol{b}$ のみに依存し，システムの出力に関する $\boldsymbol{c}$ には関係しない．可制御行列を

$$\boldsymbol{N} = [\boldsymbol{b} \ \boldsymbol{A}\boldsymbol{b} \ \boldsymbol{A}^2\boldsymbol{b} \ \cdots \ \boldsymbol{A}^{n-1}\boldsymbol{b}] \tag{6.101}$$

のように定義し，このランクが n のとき，可制御であると呼ばれる．

可観測行列と可制御行列の定義からも明らかなように，推定問題における可観測性の概念と制御問題における可制御性の概念とは，密接に関係している．カルマンはこれを，推定問題と制御問題の**双対性**（duality）と**分離性**（separability）と呼んだ．

数値例を通して可観測性と可制御性について調べよう．たとえば，

$$\boldsymbol{A} = \begin{bmatrix} 1 & -1 \\ 1 & 1 \end{bmatrix}, \quad \boldsymbol{b} = \begin{bmatrix} 1 \\ 1 \end{bmatrix}, \quad \boldsymbol{c} = \begin{bmatrix} 1 \\ 0 \end{bmatrix}$$

とするとき，可制御行列と可観測行列を求めると，

$$\boldsymbol{N} = \begin{bmatrix} 1 & 0 \\ 1 & 2 \end{bmatrix}, \quad \boldsymbol{M} = \begin{bmatrix} 1 & 1 \\ 0 & -1 \end{bmatrix}$$

となる．どちらもランクは 2 なので，このシステムは可観測かつ可制御である．

これが 0.5 に等しくなるようにすると，

$$p = 2 \tag{6.102}$$

が得られる．これがリッカチ方程式の定常解[8]である．さらに，式 (6.96) を用いると，求めるべき観測雑音の分散は

$$r = p^2 - p = 2 \tag{6.103}$$

となる． ∎

例題 6.6

例題 6.5 で得られた定常カルマンフィルタの性質を調べよ．ただし，$\hat{x}(0) = 0$ とする．

解答 この例では，$A = 1$ なので，状態はダイナミクスをもたず，

$$\hat{x}^-(k) = \hat{x}(k-1)$$

となる．このとき，状態推定値の時間更新式は

$$\hat{x}(k) = \hat{x}(k-1) + g(k)(y(k) - \hat{x}(k-1)) \tag{6.104}$$

となる．例題 6.5 より，定常カルマンゲイン $g = 0.5$ を代入すると，

$$\hat{x}(k) = \hat{x}(k-1) + 0.5(y(k) - \hat{x}(k-1)) \tag{6.105}$$

となる．さらに，この式はつぎのように変形できる．

$$\hat{x}(k) = 0.5 y(k) + 0.5 \hat{x}(k-1) \tag{6.106}$$
$$= 0.5 y(k) + 0.5(0.5 y(k-1) + 0.5 \hat{x}(k-2))$$
$$= 0.5 y(k) + 0.5^2 y(k-1) + \cdots + 0.5^k y(1) + 0.5^k \hat{x}(0)$$
$$= \sum_{i=0}^{k-1} 0.5^{i+1} y(k-i) \tag{6.107}$$

---

[8] 繰り返しになるが，ここで求まったものは，事前誤差共分散行列 $p^-(k)$ の定常解であることに注意する．

この式は，時系列データ $y(k)$ を**指数平滑**することによって状態推定値を計算していることを意味している．

これはつぎのように確かめることもできる．式 (6.106) を z 変換すると，

$$(1 - 0.5z^{-1})\hat{x}(z) = 0.5y(z)$$

$$\hat{x}(z) = \frac{0.5}{1 - 0.5z^{-1}} y(z)$$

$$G(z) = \frac{\hat{x}(z)}{y(z)} = \frac{0.5}{1 - 0.5z^{-1}} = \frac{0.5z}{z - 0.5} \tag{6.108}$$

が得られる．ただし，

$$\hat{x}(z) = \mathcal{Z}[\hat{x}(k)], \quad y(z) = \mathcal{Z}[y(k)]$$

とおいた．すなわち，$\hat{x}(k)$ は $y(k)$ を1次低域通過フィルタ $G(z)$ に通したものである．設計されたカルマンフィルタの周波数特性を図 6.11 に示す．図のゲイン特性より，カルマンフィルタは低域通過特性をもつことがわかる． ∎

例題 6.6 で設計されたカルマンフィルタは，雑音を除去するための低域通過フィルタ (LPF) にほかならない．これは，われわれが雑音を除去するために，試行錯誤的に LPF を設計する事実と一致している．重要な点は，カルマンフィルタでは LPF

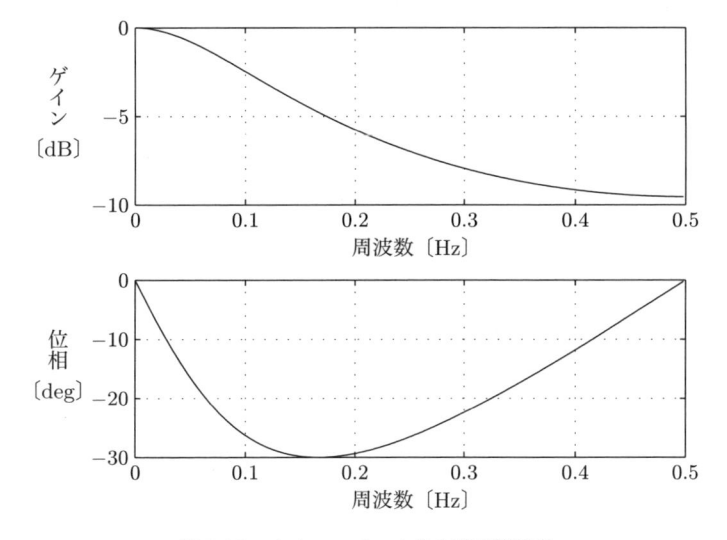

図 6.11　カルマンフィルタの周波数特性

の構造(次数など)と係数を試行錯誤なしに数理的に決定しており,それが最適フィルタであることが保証されていることである.

6.7 MATLAB 例題

本節では MATLAB の Control System TOOLBOX に用意されているコマンド kalman を用いた数値例を紹介しよう.

6.7.1 カルマンフィルタの状態空間表現

以下では,6.5節で説明した制御入力がある場合の定常カルマンフィルタを対象とする.

コマンド kalman を使用するための準備として,カルマンフィルタの状態空間モデルを導出する.式 (6.75) より,時刻 $(k+1)$ における事前状態推定値は,

$$\widehat{\boldsymbol{x}}^-(k+1) = \boldsymbol{A}\widehat{\boldsymbol{x}}(k) + \boldsymbol{b}u(k) \tag{6.109}$$

を満たす.ここでは $\boldsymbol{b}_u = \boldsymbol{b}$,すなわち,システム雑音は入力に直接加わるものと仮定する.式 (6.109) に式 (6.78) の状態推定値を代入すると,

$$\begin{aligned}\widehat{\boldsymbol{x}}^-(k+1) &= \boldsymbol{A}[\widehat{\boldsymbol{x}}^-(k) + \boldsymbol{g}(y(k) - \boldsymbol{c}^T\widehat{\boldsymbol{x}}^-(k))] + \boldsymbol{b}u(k) \\ &= \boldsymbol{A}(\boldsymbol{I} - \boldsymbol{g}\boldsymbol{c}^T)\widehat{\boldsymbol{x}}^-(k) + \begin{bmatrix} \boldsymbol{b} & \boldsymbol{A}\boldsymbol{g} \end{bmatrix} \begin{bmatrix} u(k) \\ y(k) \end{bmatrix}\end{aligned} \tag{6.110}$$

となる.ここでは定常カルマンフィルタを考えているので,カルマンゲインを一定値 $\boldsymbol{g}$ とした.

つぎに,出力推定値を

$$\widehat{y}(k) = \boldsymbol{c}^T\widehat{\boldsymbol{x}}(k) \tag{6.111}$$

と定義すると,これはつぎのように変形できる.

$$\begin{aligned}\widehat{y}(k) &= \boldsymbol{c}^T[\widehat{\boldsymbol{x}}^-(k) + \boldsymbol{g}(y(k) - \boldsymbol{c}^T\widehat{\boldsymbol{x}}^-(k))] \\ &= \boldsymbol{c}^T(\boldsymbol{I} - \boldsymbol{g}\boldsymbol{c}^T)\widehat{\boldsymbol{x}}^-(k) + \boldsymbol{c}^T\boldsymbol{g}y(k) \\ &= \boldsymbol{c}^T(\boldsymbol{I} - \boldsymbol{g}\boldsymbol{c}^T)\widehat{\boldsymbol{x}}^-(k) + \begin{bmatrix} 0 & \boldsymbol{c}^T\boldsymbol{g} \end{bmatrix} \begin{bmatrix} u(k) \\ y(k) \end{bmatrix}\end{aligned} \tag{6.112}$$

このとき，つぎの Point 6.13 が得られる．

❖ **Point 6.13** ❖　カルマンフィルタの状態空間表現

式 (6.110)，(6.112) をまとめると，連立差分方程式

$$\widehat{x}^-(k+1) = A(I - gc^T)\widehat{x}^-(k) + \begin{bmatrix} b & Ag \end{bmatrix} \begin{bmatrix} u(k) \\ y(k) \end{bmatrix} \quad (6.113)$$

$$\widehat{y}(k) = c^T(I - gc^T)\widehat{x}^-(k) + \begin{bmatrix} 0 & c^T g \end{bmatrix} \begin{bmatrix} u(k) \\ y(k) \end{bmatrix} \quad (6.114)$$

が得られる．これは，事前状態推定値 $\widehat{x}^-(k)$ を状態変数，出力推定値 $\widehat{y}(k)$ を出力，入出力信号 $[u(k)\ y(k)]^T$ を入力とするカルマンフィルタの状態空間表現とみなすことができる．

この状態方程式より事前状態推定値 $\widehat{x}^-(k)$ が得られると，式 (6.78) を用いてその時刻での状態推定値が計算できる．カルマンフィルタの状態空間表現を下図に示す．

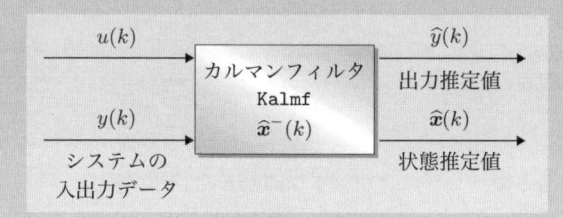

6.7.2　数値例

つぎの状態方程式で記述される，制御入力 $u(k)$ が存在する場合のシステムの状態推定問題を考える．

$$\begin{bmatrix} x_1(k+1) \\ x_2(k+1) \\ x_3(k+1) \end{bmatrix} = \begin{bmatrix} 1.1269 & -0.4940 & 0.1129 \\ 1 & 0 & 0 \\ 0 & 1 & 0 \end{bmatrix} \begin{bmatrix} x_1(k) \\ x_2(k) \\ x_3(k) \end{bmatrix}$$

$$+ \begin{bmatrix} -0.3832 \\ 0.5919 \\ 0.5191 \end{bmatrix} (u(k) + v(k)) \quad (6.115)$$

$$y(k) = \begin{bmatrix} 1 & 0 & 0 \end{bmatrix} \begin{bmatrix} x_1(k) \\ x_2(k) \\ x_3(k) \end{bmatrix} + w(k) \tag{6.116}$$

この線形システムは1入力1出力システムであり，状態は三つ，すなわち3次系である．また，例題6.4と同じように，システム雑音 $v(k)$ は入力に直接加わるものとする．また，システム雑音 $v(k)$ の分散を $Q = 1$，観測雑音 $w(k)$ の分散を $R = 1$ とする．

これを MATLAB でプログラムすると，つぎのようになる．

```
A = [1.1269   -0.4940    0.1129
     1         0         0
     0         1         0];
B = [-0.3832
      0.5919
      0.5191];
C = [1 0 0];
Plant = ss(A,[B B],C,0,-1,'inputname',{'u' 'v'},'outputname','yf');
  % サンプル時間を-1と設定すると，離散時間モデルになる
  % u : 制御入力, v : システム雑音
  % yf : システムの出力（観測雑音なし）
Q = 1; R = 1;
```

以上の準備のもとで，つぎのコマンド kalman を利用する．

MATLAB 定常カルマンフィルタのカルマンゲインを求めるコマンド kalman

[kalmf,L,p,g,z] = kalman(Plant,Q,R);

【入力】 Plant： カルマンフィルタを適用するプラント（システム）
　　　　　Q： システム雑音の分散
　　　　　R： 観測雑音の分散

【出力】 kalmf： カルマンフィルタの状態空間モデル
　　　　　L： 推定ゲイン
　　　　　p： 代数リッカチ方程式の解（事前共分散行列）
　　　　　g： カルマンゲイン
　　　　　z： 事後共分散行列

ここで，推定ゲイン L は，
$$\widehat{\boldsymbol{x}}^-(k+1) = \boldsymbol{A}\widehat{\boldsymbol{x}}^-(k) + \boldsymbol{b}u(k) + \boldsymbol{\ell}(y(k) - \boldsymbol{c}^T\widehat{\boldsymbol{x}}^-(k)) \tag{6.117}$$
に含まれる $\boldsymbol{\ell}$ のことである．簡単な計算により，推定ゲインとカルマンゲインは次式を満たす．
$$\boldsymbol{\ell} = \boldsymbol{A}\boldsymbol{g} \tag{6.118}$$

このプログラムにより，つぎの定常カルマンゲインが得られた．

```
g =
   0.3798
   0.0817
  -0.2570
```

また，得られたカルマンフィルタの状態空間モデルはつぎのようになった．

```
kalmf=kalmf(1,:)
a =
            x1_e      x2_e      x3_e
   x1_e    0.7683    -0.494    0.1129
   x2_e    0.6202     0         0
   x3_e   -0.08173    1         0

b =
             u         yf
   x1_e   -0.3832    0.3586
   x2_e    0.5919    0.3798
   x3_e    0.5191    0.08173

c =
            x1_e      x2_e      x3_e
   yf_e    0.6202     0         0

d =
             u         yf
   yf_e     0        0.3798
```

ここで，a は式 (6.113) 中の $\boldsymbol{A}(\boldsymbol{I} - \boldsymbol{g}\boldsymbol{c}^T)$ に，b は式 (6.113) 中の $[\boldsymbol{b} \ \ \boldsymbol{A}\boldsymbol{g}]$ に，c は式 (6.114) 中の $\boldsymbol{c}^T(\boldsymbol{I} - \boldsymbol{g}\boldsymbol{c}^T)$ に，d は式 (6.114) 中の $[0 \ \ \boldsymbol{c}^T\boldsymbol{g}]$ に対応する．

つぎに，設計されたカルマンフィルタの動作確認を行おう．まず，カルマンフィルタの構成を図6.12に示す．図において，u, v, w を入力とし，y（プラント出力）と y_f（観測雑音なしの出力）を出力とするプラント P の状態空間モデルを，つぎのように作成する．

```
a = A;
b = [B B 0*B];
c = [C;C];
d = [0 0 0;0 0 1];
P = ss(a,b,c,d,-1, ...
      'inputname',{'u' 'v' 'w'}, ...
      'outputname',{'yf' 'y'});
```

つぎに，図6.13のシミュレーションモデルを構成する．

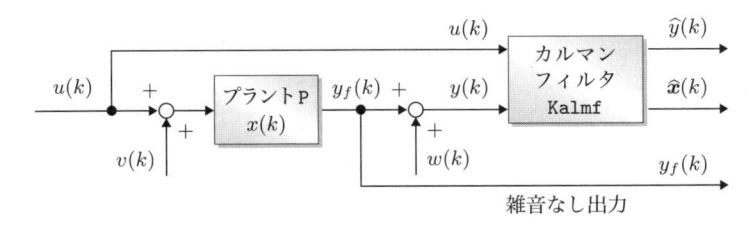

図6.12　カルマンフィルタの構成

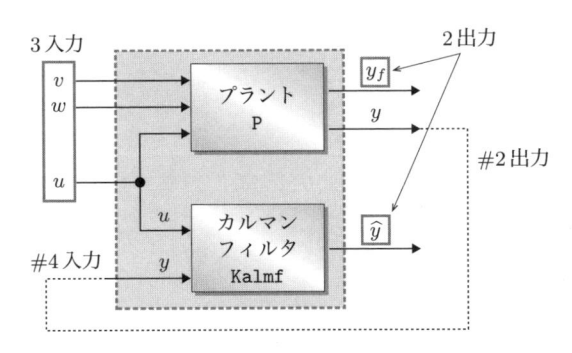

図6.13　シミュレーションモデルの構成

```
sys = parallel(P,kalmf,1,1,[],[])
   % プラントとカルマンフィルタのブロック線図の並列結合
SimModel = feedback(sys,1,4,2,1)
   % #2 出力（y）を #4 入力にフィードバック
SimModel = SimModel([1 3],[1 2 3])
   % I/O リストから y を削除
SimModel.inputname    % -> v, w, u （入力名）
SimModel.outputname  % -> yf, ye （出力名）
```

以上で，シミュレーションの準備ができた．制御入力として正弦波を印加する．

```
t = [0:100]';              % データ数 100
u = sin(t/5);              % 正弦波入力信号の生成
n = length(t);
randn('seed',0);
v = sqrt(Q)*randn(n,1);  % システム雑音（正規性白色雑音）
w = sqrt(R)*randn(n,1);  % 観測雑音（正規性白色雑音）
% 数値シミュレーション
[out,x] = lsim(SimModel,[v,w,u]);
yf = out(:,1);            % 真の出力（雑音なし）
ye = out(:,2);            % カルマンフィルタ出力
y  = yf + w;              % 出力観測値
% 推定結果のグラフ表示
subplot(2,1,1), plot(t,yf,'--',t,ye,'-'),
 xlabel('No. of samples'), ylabel('Output')
 title('Kalman filter response')
subplot(2,1,2), plot(t,yf-y,'-.',t,yf-ye,'-'),
 xlabel('No. of samples'), ylabel('Error')
% 推定誤差の計算
MeasErr = yf-y;           % 出力誤差
MeasErrCov = sum(MeasErr.*MeasErr)/length(MeasErr)
    1.1138
EstErr = yf-ye;           % 推定誤差
EstErrCov = sum(EstErr.*EstErr)/length(EstErr)
    0.2722
```

この数値シミュレーションにより得られた推定結果を図6.14に示す．カルマンフィルタにより得られた出力推定値は，真の出力に近い値であることがわかる．

以上では，定常カルマンフィルタを設計するコマンドkalman を紹介した．各時刻でカルマンゲイン $g(k)$ を計算するアルゴリズム（Point 6.5）は Control System

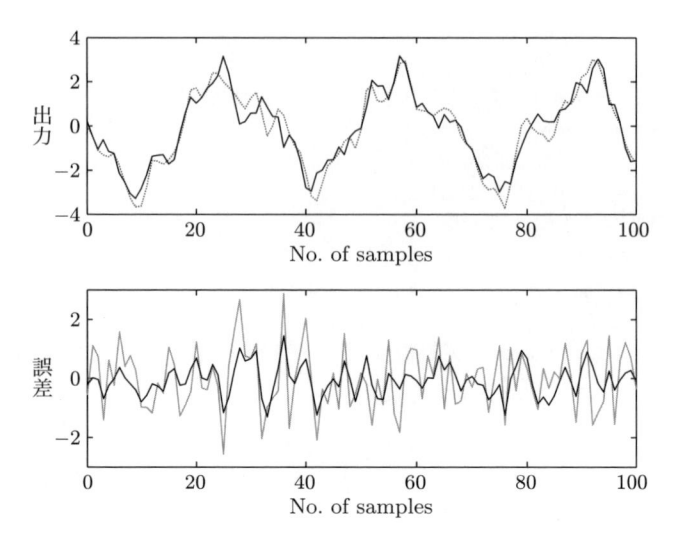

図6.14 推定結果．上：出力推定値（実線）と真の出力（点線），下：出力誤差（グレー線）と推定誤差（実線）

TOOLBOX には用意されていないので，これは読者の演習問題にしよう．

次節で述べるが，時変カルマンフィルタの特殊な場合として位置づけることができる逐次最小二乗推定法（RLS 法）については，System Identification TOOLBOX の中に rarx コマンドが準備されている．

MATLAB では数値的に高精度な計算を行っていることに注意しなければならない．そのため，MATLAB 上でカルマンフィルタのプログラムがうまく動作し，状態推定が行えても，実装する際には MATLAB よりも数値的に精度が落ちる計算が行われる場合が多いので，得られた推定値の精度に注意する必要がある．

6.8 カルマンフィルタのパラメータ推定問題への適用

システム同定[7][8][9]や適応ディジタルフィルタ（adaptive digital filter）[2]で利用される逐次最小二乗推定法（Recursive Least-Squares (RLS) estimation method）は，カルマンフィルタの特殊な場合とみなせる．本節では，典型的なシステム同定法である ARX モデルを用いた最小二乗問題を例にとって，このことについて説明する．

6.8 カルマンフィルタのパラメータ推定問題への適用

対象とする離散時間線形システムを差分方程式

$$y(k) + a_1 y(k-1) + \cdots + a_n y(k-n)$$
$$= b_1 u(k-1) + \cdots + b_n u(k-n) + w(k) \tag{6.119}$$

を用いてモデリングする．ここで，$u(k)$ は時刻 k におけるシステムへの入力，$y(k)$ は出力である．また，$\{a_1, a_2, \ldots, a_n\}$，$\{b_1, b_2, \ldots, b_n\}$ は推定すべき未知パラメータである．$w(k)$ は差分方程式に加わる式誤差で，$N(0, \sigma_w^2)$ に従う正規性白色雑音と仮定する．このモデルは線形システム同定において最もよく用いられるもので，**ARX モデル**（Auto-Regressive with eXogenous input model）と呼ばれる[7]．

ARX モデルのブロック線図を図 6.15 に示す．図において，

$$A(z^{-1}) = 1 + a_1 z^{-1} + \cdots + a_n z^{-n} \tag{6.120}$$
$$B(z^{-1}) = b_1 z^{-1} + \cdots + b_n z^{-n} \tag{6.121}$$

とおいた．白色雑音 $w(k)$ から出力 $y(k)$ への経路が AR モデルであり，それに制御入力 $u(k)$ がシステム $B(z^{-1})/A(z^{-1})$ を通って出てきた外生入力（eXogenous input）が加わったので ARX モデルと名づけられた．

図 6.15 より，ARX モデルの場合，システムの伝達関数は，

$$G(z^{-1}) = \frac{B(z^{-1})}{A(z^{-1})} \tag{6.122}$$

であり，雑音モデルは，

$$H(z^{-1}) = \frac{1}{A(z^{-1})} \tag{6.123}$$

である．

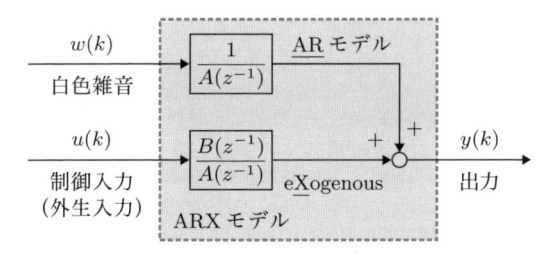

図 6.15　ARX モデル

さて，式 (6.119) は，

$$\begin{aligned} y(k) &= -a_1 y(k-1) - \cdots - a_n y(k-n) + b_1 u(k-1) + \cdots + b_n u(k-n) \\ &\quad + w(k) \\ &= \boldsymbol{\varphi}^T(k)\boldsymbol{\theta} + w(k) \end{aligned} \tag{6.124}$$

のように，線形回帰モデルで記述できる．ただし，

$$\boldsymbol{\varphi}(k) = [\, -y(k-1) \; \cdots \; -y(k-n) \; u(k-1) \; \cdots \; u(k-n) \,]^T \tag{6.125}$$

$$\boldsymbol{\theta} = [\, a_1 \; \cdots \; a_n \; b_1 \; \cdots \; b_n \,]^T \tag{6.126}$$

とおいた．$\boldsymbol{\varphi}(k)$ は**回帰ベクトル**（regression vector）と呼ばれ，現時刻 k において利用可能なデータから構成されている．一方，$\boldsymbol{\theta}$ は推定すべき未知パラメータベクトルであり，ここでは一定値であると仮定する．

以上の準備のもとで，つぎの Point 6.14 を与えよう．

❖ Point 6.14 ❖　パラメータ推定問題の状態空間表現

線形回帰モデルで記述されるパラメータ推定問題において，パラメータベクトル $\boldsymbol{\theta}$ を状態変数とみなすと，

$$\boldsymbol{\theta}(k+1) = \boldsymbol{\theta}(k) \tag{6.127}$$

$$y(k) = \boldsymbol{\varphi}^T(k)\boldsymbol{\theta}(k) + w(k) \tag{6.128}$$

のように記述することができる．これを 6.6 節で与えた時変状態空間モデル

$$\boldsymbol{x}(k+1) = \boldsymbol{A}(k)\boldsymbol{x}(k) + \boldsymbol{b}(k)v(k)$$

$$y(k) = \boldsymbol{c}^T(k)\boldsymbol{x}(k) + w(k)$$

と比較すると，

$$\boldsymbol{A}(k) = \boldsymbol{I}, \quad \boldsymbol{b}(k) = \boldsymbol{0}, \quad \boldsymbol{c}(k) = \boldsymbol{\varphi}(k) \tag{6.129}$$

に対応していることがわかる．このように，パラメータ推定問題（あるいは，適応フィルタリング問題）は状態空間モデルを用いて記述することができる．

式 (6.127)，(6.128) の状態空間モデルに対して，Point 6.10 にまとめた非定常時系列に対するカルマンフィルタアルゴリズムを適用する．$\boldsymbol{A}(k) = \boldsymbol{I}$（すなわち，ダイ

ナミクスは存在しない), そして $\sigma_v^2 = 0$ なので,

$$\widehat{\boldsymbol{\theta}}^-(k) = \widehat{\boldsymbol{\theta}}(k-1), \quad \boldsymbol{P}^-(k) = \boldsymbol{P}(k-1) \tag{6.130}$$

であることに注意すると, つぎのパラメータ推定アルゴリズムが得られる.

> ❖ **Point 6.15** ❖　カルマンフィルタによるパラメータ推定アルゴリズム
>
> ☐ 初期値
>
> パラメータ推定値と共分散行列の初期値をつぎのようにおく.
>
> $$\widehat{\boldsymbol{x}}(0) = \boldsymbol{x}_0 \tag{6.131}$$
> $$\boldsymbol{P}(0) = \gamma \boldsymbol{I}, \quad \gamma > 0 \tag{6.132}$$
>
> パラメータに関する事前情報が利用できない場合には, $\widehat{\boldsymbol{x}}_0 = \boldsymbol{0}$ とおく. また, 正定数 γ には通常 10^3 程度の値が用いられるが, 観測雑音が大きな場合 (すなわち, SN 比が悪い場合) には γ を小さく設定したほうがよい.
>
> ☐ 時間更新式
>
> $k = 1, 2, \ldots, N$ に対して次式を計算する.
>
> $$\boldsymbol{g}(k) = \frac{\boldsymbol{P}(k-1)\boldsymbol{\varphi}(k)}{\boldsymbol{\varphi}^T(k)\boldsymbol{P}(k-1)\boldsymbol{\varphi}(k) + \sigma_w^2} \tag{6.133}$$
>
> $$\widehat{\boldsymbol{\theta}}(k) = \widehat{\boldsymbol{\theta}}(k-1) + \boldsymbol{g}(k)\{y(k) - \boldsymbol{\varphi}^T(k)\widehat{\boldsymbol{\theta}}(k-1)\} \tag{6.134}$$
>
> $$\boldsymbol{P}(k) = (\boldsymbol{I} - \boldsymbol{g}(k)\boldsymbol{\varphi}^T(k))\boldsymbol{P}(k-1)$$
> $$= \boldsymbol{P}(k-1) - \frac{\boldsymbol{P}(k-1)\boldsymbol{\varphi}(k)\boldsymbol{\varphi}^T(k)\boldsymbol{P}(k-1)}{\boldsymbol{\varphi}^T(k)\boldsymbol{P}(k-1)\boldsymbol{\varphi}(k) + \sigma_w^2} \tag{6.135}$$
>
> たとえば $\sigma_w^2 = 1$ とおくと, このアルゴリズムは RLS 法のそれと一致する[7].

Point 6.15 にまとめたアルゴリズムでは, $k \to \infty$ のとき, $\boldsymbol{P}(k)$ は $\boldsymbol{0}$ に向かうので, カルマンゲイン $\boldsymbol{g}(k)$ も $\boldsymbol{0}$ に向かい, そのためパラメータ推定値 $\widehat{\boldsymbol{\theta}}(k)$ は一定値に収束する. もともと未知パラメータの真値は一定であると仮定したので, このようなパラメータ推定則は妥当である.

一方, 時変パラメータの場合には, 状態方程式

$$\boldsymbol{\theta}(k+1) = \boldsymbol{\theta}(k)$$

を修正することによって対応できる．たとえば，未知パラメータが**ランダムウォーク**（random walk）するウィナーモデルの場合には，

$$\boldsymbol{\theta}(k+1) = \boldsymbol{\theta}(k) + \boldsymbol{b}v(k) \tag{6.136}$$

のようにおけばよい．ただし，$v(k)$ は $N(0, \sigma_v^2)$ に従う正規性白色雑音とする．このときのパラメータ推定アルゴリズムはつぎのようになる．

$$\boldsymbol{P}^-(k) = \boldsymbol{P}(k-1) + \sigma_v^2 \boldsymbol{b}\boldsymbol{b}^T \tag{6.137}$$

$$\boldsymbol{g}(k) = \frac{\boldsymbol{P}^-(k)\boldsymbol{\varphi}(k)}{\boldsymbol{\varphi}^T(k)\boldsymbol{P}^-(k)\boldsymbol{\varphi}(k) + \sigma_w^2} \tag{6.138}$$

$$\widehat{\boldsymbol{\theta}}(k) = \widehat{\boldsymbol{\theta}}(k-1) + \boldsymbol{g}(k)\{y(k) - \boldsymbol{\varphi}^T(k)\widehat{\boldsymbol{\theta}}(k-1)\} \tag{6.139}$$

$$\boldsymbol{P}(k) = (\boldsymbol{I} - \boldsymbol{g}(k)\boldsymbol{\varphi}^T(k))\boldsymbol{P}^-(k) \tag{6.140}$$

この場合，式 (6.137) の右辺第2項の存在により，$\boldsymbol{P}^-(k)$ は $\boldsymbol{0}$ には収束しない．そのためカルマンゲインも $\boldsymbol{0}$ には収束せずに，$k \to \infty$ のときでも適応能力を有することになる．

以上の準備のもとで，つぎのコマンド rarx を利用する．

MATLAB カルマンフィルタによるRLS法 rarx

ARX モデル，AR モデルのパラメータを逐次推定する System Identification TOOLBOX のコマンドである．

```
thm = rarx(z,nn,adm,adg)
```

入出力データ z から1出力，次数 nn の ARX モデルのパラメータ thm を，dm と adg によって特徴づけられたアルゴリズムによって推定する．z が時系列 y の場合（すなわち，nn = na）には，rarx は1出力 AR モデルのパラメータを推定する．

```
[thm,yhat,P,phi] = rarx(z,nn,adm,adg,th0,P0,phi0)
```

入出力データ z から1出力，次数 nn の ARX モデルのパラメータ thm，予測出力 yhat，パラメータ P のスケーリングされた共分散行列の最終値，1出力 ARX モデルの回帰ベクトル phi の最終値を，dm と adg によって特徴づけられたアルゴリズムによって推定する．z が時系列 y の場合（すなわち，nn = na）には，rarx は1出力 AR モデルのパラメータを推定する．

【入力】

- `z` : 入出力データ z=[y u]（yとuは列ベクトル）
- `nn` : ARX モデルの構造（次数） nn=[na nb nk]
  （na：A 多項式の次数，nb：B 多項式の次数，nk：むだ時間）
- `adm/adg` : 適応機構と適応ゲインを指定するパラメータ
  - `adm='ff'/adg=lam` : 忘却要素を lam とした RLS 法
  - `adm='ug'/adg=gam` : 非正規化勾配法（LMS：Least Mean Squares）
  - `adm='ng'/adg=gam` : 正規化勾配法（NLMS：Normalized LMS）
  - `adm='kf'/adg=R1` : カルマンフィルタ（パラメータは共分散行列 R1 のランダムウォークをする）
- `th0` : パラメータ推定値の初期値（デフォルト：すべてゼロ）
- `P0` : スケーリングされた共分散行列の初期値（デフォルト：対角要素が 10^4 の対角行列）
- `phi0` : 回帰ベクトルの初期値（デフォルト：すべてゼロ）

【出力】

- `thm` : モデルのパラメータ推定値
- `yhat` : 出力の予測値
- `P` : パラメータのスケーリングされた共分散行列の最終値
- `phi` : 回帰ベクトルの最終値

例題 6.7

差分方程式

$$y(k) - 1.5y(k-1) + 0.7y(k-2) = u(k-1) + 0.5u(k-2) + w(k)$$

で記述される離散時間線形時不変システムについて考える[7][8]．このとき，

(1) 未知パラメータベクトル θ と回帰ベクトル $\varphi(k)$ を求めよ．

(2) このシステムの伝達関数を求めよ．

(3) 未知パラメータベクトル θ を MATLAB のコマンド `rarx` を用いて推定せよ．

解答

(1) $\boldsymbol{\theta}$ と $\varphi(k)$ はそれぞれつぎのようになる．

$$\boldsymbol{\theta} = [\, -1.5 \ \ 0.7 \ \ 1 \ \ 0.5\,]^T$$

$$\varphi(k) = [\, -y(k-1) \ \ -y(k-2) \ \ u(k-1) \ \ u(k-2)\,]^T$$

(2) まず，多項式 $A(z^{-1})$ と $B(z^{-1})$ は，

$$A(z^{-1}) = 1 - 1.5z^{-1} + 0.7z^{-2}$$

$$B(z^{-1}) = z^{-1} + 0.5z^{-2}$$

なので，伝達関数は次式で与えられる．

$$G(z^{-1}) = \frac{B(z^{-1})}{A(z^{-1})} = \frac{z^{-1} + 0.5z^{-2}}{1 - 1.5z^{-1} + 0.7z^{-2}}$$

(3) MATLAB を用いてこの数値例をプログラミングした一例を以下に示す．このプログラムは，System Identification TOOLBOX の `iddemo5` を参考に作成した．シミュレーションでは，入力信号は正規性乱数を用い，シミュレーション時間は $N=50$ とした．また，パラメータ推定にはカルマンフィルタを用いた．この例ではシステム雑音は存在しないため，その共分散行列の初期値はゼロとおいた．

パラメータ推定した結果の一例を図6.16 に示す．時間の経過とともに，破線で示したパラメータの真値に推定値が近づいていることがわかる．この場合には，カルマンゲインは $\boldsymbol{0}$ に近づいていくため，パラメータ推定値 $\hat{\boldsymbol{\theta}}(k)$ は一定値に収束する．　　■

MATLAB 逐次パラメータ推定の数値例（例題6.7）

```
u = sign(randn(50,1)); % 入力信号（正規性乱数）
w = 0.2*randn(50,1);   % 雑音（正規性乱数）
th0 = idpoly([1 -1.5 0.7],[0 1 0.5]);
                       % 未知パラメータの定義
y = sim(th0,[u w]);    % 出力信号の作成
z = iddata(y,u);       % 入出力信号の統合
plot(z)                % 入出力データのプロット
% カルマンフィルタを用いたパラメータ推定
thm1 = rarx(z,[2 2 1],'kf',0*eye(4));
```

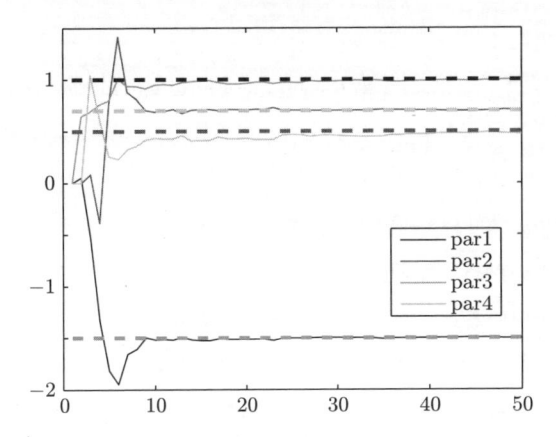

図6.16 カルマンフィルタによるパラメータ推定の例．推定値：実線，真値：破線

```
                    % システム雑音の分散は 0 とおいた
% 推定されたパラメータのプロット
 plot(thm1), title('Estimated parameters')
 legend('par1','par2','par3','par4','location','southwest')
% パラメータの真値を破線で表示
 hold on, plot(ones(50,1)*[1 0.5 -1.5 0.7],'--','linewidth',2),
 title('Estimated parameters (solid) and true values (dashed)'),
    hold off
```

6.9　カルマンフィルタの特徴と注意点

本章のまとめとして，カルマンフィルタの特徴と注意点を列挙する．

特徴

- カルマンフィルタは逐次式（漸化式）の形式をしているので，過去のデータをすべて記憶しておく必要はない．そのため，計算機を用いたオンライン処理に適している．
- 非定常時系列（時変システム）に対しても適用できる．
- プロセス雑音の分散と観測雑音の分散が既知である必要があるが，厳密な値でなくてもカルマンフィルタは動作する．これらはカルマンフィルタの調整パ

ラメータである．

- 6.8節のパラメータ推定問題のように，推定問題を状態空間表現することによって，さまざまな問題をカルマンフィルタの枠組みで解くことが可能になる．

注意点

- 状態推定値の精度は，利用する時系列やシステム数学モデルの精度に大きく依存する．そのため，高精度な動的モデルが必要である．逆に言うと，精度が低いモデルを用いると，カルマンフィルタの推定精度はあまり期待できない．
- 線形・正規性という仮定のもとでは高精度な状態推定が行えるカルマンフィルタだが，非線形・非ガウシアンの場合には，状態推定が難しい．この問題に対処する方法として，EKF（Extended Kalman Filter），UKF（Unscented Kalman Filter），PF（Particle Filter）などの非線形フィルタが提案されている．次章では，この中の EKF と UKF について説明する．
- MATLAB を用いてカルマンフィルタを設計し事前検討する場合が多いが，MATLABの計算精度が非常に高いことに注意する．実装化の際に使用するプロセッサの精度は一般に低いので，数値計算の安定性などを十分検討する必要がある．

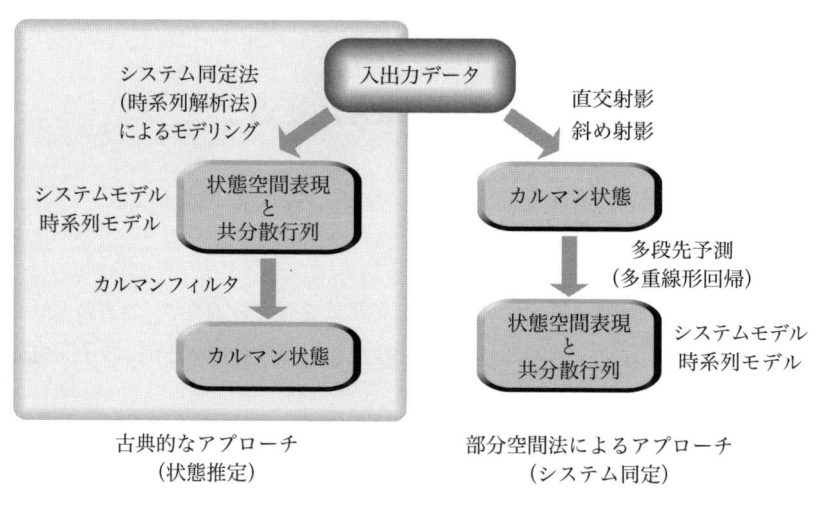

図6.17 入出力データを用いたシステム同定と状態推定[10]

カルマンフィルタによる状態推定と，部分空間法[8]によるシステム同定の比較を図6.17に示す．本書では，時系列データや入出力データからモデリングを行って状態空間モデルを構築し，そのモデルに基づきカルマンフィルタによって状態推定を行う方法（図では左側に書いた「古典的なアプローチ（状態推定）」）について解説をしている．一方，本書では説明していない部分空間法と呼ばれるシステム同定法では，まず，入出力データから何らかの状態変数を決定し，その状態変数からシステムのモデルを構築するというアプローチをとっている．

演習問題

6-1 離散時間状態方程式

$$x(k+1) = 0.6x(k) + v(k), \quad x(0) = 0 \tag{6.141}$$

$$y(k) = x(k) + w(k) \tag{6.142}$$

で記述される時系列データ $y(k)$ に対して，以下の問いに答えよ．ただし，$v(k)$ は $N(0,1)$ に従う正規性白色雑音，$w(k)$ は $N(0,1)$ に従う正規性白色雑音で，互いに独立とする．また，$\hat{x}(0) = 0$，$p(0) = 1$ とする．

(1) カルマンフィルタの時間更新式を導け．
(2) $\{y(1), y(2)\}$ が観測されたとき，$\hat{x}(2)$ を与える式を導け．また，そのときのカルマンゲイン $g(2)$ の値を求めよ．
(3) $k \to \infty$ のときの定常カルマンフィルタの時間更新式を導け．
(4) カルマンフィルタの MATLAB プログラムを作成せよ．
(5) $w(k)$ の分散は 1 のままとして，システム雑音 $v(k)$ の分散を増減させたときの状態推定値の精度について，シミュレーション例を通して考察せよ．

6-2 例題6.1と同様に，離散時間ウィナー過程

$$x(k+1) = x(k) + v(k), \quad x(0) = 0$$

$$y(k) = x(k) + w(k)$$

を考える．ただし，$v(k)$ は $N(0,2)$ に従う正規性白色雑音，$w(k)$ は

$N(0, 1)$ に従う正規性白色雑音で，互いに独立とする．このとき，事前共分散行列の定常値とカルマンゲインの定常値を求めよ．

6-3 状態方程式

$$x(k+1) = Ax(k) + bv(k), \quad x(0) = 0$$
$$y(k) = c^T x(k) + w(k)$$

で記述される時系列 $y(k)$ について考える．ただし，

$$A = \begin{bmatrix} 1 & 1 \\ 0 & 1 \end{bmatrix}, \quad b = \begin{bmatrix} 0 \\ 1 \end{bmatrix}, \quad c^T = \begin{bmatrix} 1 & 0 \end{bmatrix}$$

とする．また，$v(k)$ は $N(0, 10)$ に従う正規性白色雑音，$w(k)$ は $N(0, 20)$ に従う正規性白色雑音で，互いに独立とする．

いま，$\hat{x}(0) = 0$ とし，共分散行列の初期値を，

$$P(0) = \begin{bmatrix} \alpha & 0 \\ 0 & \alpha \end{bmatrix}, \quad \alpha > 0$$

とするとき，α の与え方によって状態推定値がどのように変化するかを調べよ．

6-4 6.7.2項で用いた数値例に対して，Point 6.5 にまとめたカルマンフィルタのアルゴリズムを適用して，各時刻で逐次的に状態推定値を求めよ．なお，例題6.1で用いた線形カルマンフィルタの function 文 kf を用いてよい．

参考文献

[1] 有本 卓：カルマンフィルター，産業図書，1977.
[2] Simon Haykin : Adaptive Filter Theory (4th Ed.), Prentice Hall, 2001.
[3] M. S. Grewal and A. P. Andrews : Kalman Filtering: Theory and Practice Using MATLAB (3rd Edition), Wiley-IEEE Press, 2008.
[4] Simon Haykin : Kalman Filtering and Neural Networks (4th Edition), Wiley-Interscience, 2001.

- [5] R. G. Brown and P. Y. C. Hwang : Introduction to Random Signals and Applied Kalman Filtering (3rd Ed.), John Wiley & Sons, 1997.
- [6] 片山 徹：新版 応用カルマンフィルタ，朝倉書店，2000.
- [7] 足立修一：システム同定の基礎，東京電機大学出版局，2009.
- [8] 足立修一：MATLAB による制御のためのシステム同定，東京電機大学出版局，1996.
- [9] 足立修一：MATLAB による制御のための上級システム同定，東京電機大学出版局，2004.
- [10] P. Van Overschee and B. De Moor : Subspace Identification for Linear Systems — Theory, Implementation, Applications —, Springer, 1996.

第7章 非線形カルマンフィルタ

　これまでは主に，正規性白色雑音を駆動源雑音とした線形システムの出力によって対象とする時系列を状態空間表現して，その時系列をカルマンフィルタによってフィルタリング（状態推定）する問題について考えてきた．正規性確率変数の線形変換も正規性確率変数になるので，その性質に基づいて，線形カルマンフィルタでは確率変数の1次モーメントと2次モーメントのみによって，推定値と推定誤差分散を記述することができた．

　一方，非線形システムの出力として時系列が記述される場合，非線形変換では確率変数の正規性が保存されないため，たとえシステム雑音が正規性であっても，厳密な状態推定値を得ることは困難である．そのため，フィルタリングを行うには何らかの近似を行うことになる．そこで，本章では代表的な非線形カルマンフィルタリング法である，EKF (Extended Kalman Filter, 拡張カルマンフィルタ) と UKF (Unscented Kalman Filter) について解説する．

7.1　問題の説明

　本章では，離散時間非線形状態空間表現

$$\boldsymbol{x}(k+1) = \boldsymbol{f}(\boldsymbol{x}(k)) + \boldsymbol{b}v(k) \tag{7.1}$$

$$y(k) = h(\boldsymbol{x}(k)) + w(k) \tag{7.2}$$

によってスカラ時系列 $\{y(k)\}$ がモデリングされる場合について考える．ここで，$\boldsymbol{f}(\cdot)$ はベクトル値をとる $\boldsymbol{x}(k)$ の非線形関数であり，$h(\cdot)$ はスカラ値をとる $\boldsymbol{x}(k)$ の非線形関数である．また，$v(k)$ と $w(k)$ はこれまでと同様にシステム雑音と観測雑音であり，それぞれ平均値 0，分散 $\sigma_v^2(k)$，平均値 0，分散 $\sigma_w^2(k)$ の互いに独立な正規性白色雑音とする．

式 (7.1)，(7.2) において，システム雑音と観測雑音の項も非線形関数に含めて，

$$x(k+1) = f(x(k), v(k)) \tag{7.3}$$
$$y(k) = h(x(k), w(k)) \tag{7.4}$$

のように記述するのがより一般的であるが，ここでは簡単のために雑音の項は線形とする．

$f(\cdot)$ と $h(\cdot)$ が状態ベクトル $x(k)$ に関して線形のとき，式 (7.1)，(7.2) は，

$$x(k+1) = Ax(k) + bv(k) \tag{7.5}$$
$$y(k) = c^T x(k) + w(k) \tag{7.6}$$

となり，これまで扱ってきた線形システムに一致する．非線形システムと線形システムは対立する概念ではなく，非線形システムの特殊な場合が線形システムであるととらえることが肝要である．

線形カルマンフィルタにおいて重要な点は，システム雑音（と観測雑音）が正規性の場合には，状態分布が正規性になり，その分布の 1 次モーメント（平均値）と 2 次モーメント（共分散行列）により，その分布を特徴づけることができることであった．正規分布が線形変換で保存されるため，このような性質を得ることができた．

正規分布に従う確率変数が，線形システム（直線）によって変換される様子を図 7.1 に示す．図では，正規分布に従う $x(k)$ が線形変換によって正規分布 $x(k+1)$ に変換されることを示している．

しかし，確率分布を非線形変換すると，その分布の 3 次以上の高次モーメントが最初の二つのモーメントを変化させてしまう．そのために，非線形フィルタリングで

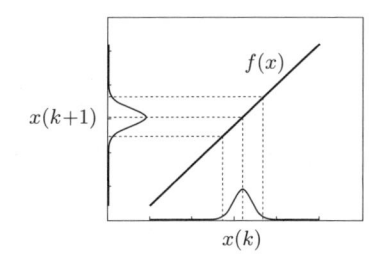

図 7.1　線形システムによる分布の変換（スカラシステム）

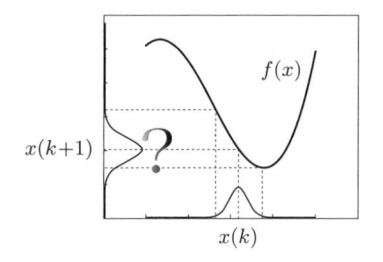

図 7.2　非線形システムによる分布の変換（スカラシステム）

は，平均値と共分散行列という二つのモーメントだけを用いて正確な状態推定を行うことができなくなる．たとえば図7.2に示すように，正規分布に従う確率変数 $x(k)$ が，曲線である非線形システム $f(x)$ によってどのような分布に変換されるか，そしてその分布からどのようにして状態推定値を計算するかが，**非線形カルマンフィルタ**（nonlinear Kalman filter）[1]~[4] における中心的な課題である．

しかし，この問題を厳密に解くことは難しいので，何らかの近似を用いて対処することになる．代表的な近似法は，つぎの二つである．

- **線形化**——非線形関数のテイラー級数展開を偏微分を用いて計算し（これは**ヤコビアン**（Jacobian）を求める計算である），級数を1次で打ち切ることにより線形化する方法である．この方法を用いた最も有名な方法が**拡張カルマンフィルタ**（Extended Kalman Filter，EKFと略記されることが多い）である．
  図7.3にEKFの基本的な考え方を示す．図のように，EKFでは各時刻ステップにおいて曲線 $f(x)$ を接線により線形化（直線化）して，図7.1に示した線形システムによる分布の変換の考えを適用している．

- **統計的サンプリング法**——非線形関数を線形化するのではなく，確率分布をうまく近似しようとする考え方である．平均値 $\hat{x}$ と共分散行列 P の非線形変換 $g(\cdot)$ を近似するために，**統計的サンプリング理論**を用いる．元の空間でサンプル Ξ_i を選び，それらを g で非線形変換して，$g(\Xi_i)$ が得られる．そして，変換先での平均値と共分散行列を $g(\Xi_i)$ から推定する．この方法を用いると，通常，計算量はEKFに比べて増加する．しかし，EKFと同程度の計算量で実行できる**UKF**（Unscented Kalman Filter）[5][6] という方法が提案さ

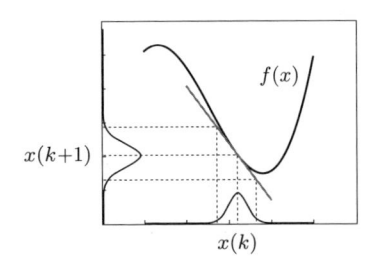

図7.3　EKFの考え方：接線による曲線の直線化

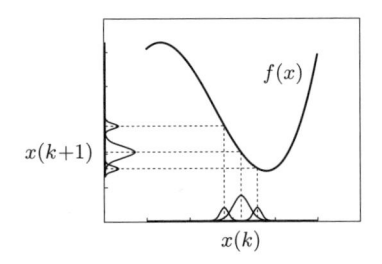

図7.4　UKFの考え方：少数個のサンプル点を用いて分布を近似

れており，本書ではこの方法を紹介する．

図7.4にUKFの基本的な考え方を示す．図ではスカラシステムを取り扱っているので，UKFではわずか3点のシグマポイントと呼ばれるサンプル点における重み付き和で確率分布を近似している．

状態方程式の線形性・非線形性と確率分布の正規性・非正規性によって場合分けが行え，それらに対処するカルマンフィルタを表7.1にまとめる．表において，**パーティクルフィルタ**（particle filter）[7][8] は確率的サンプリングアプローチ，すなわちモンテカルロサンプリング法に基づく方法である．本書では，モンテカルロ法の模式図を図7.5に示すのみに留め，パーティクルフィルタに関する詳しい説明は省略する．なお，**データ同化**（data assimilation）の分野では，**アンサンブルカルマンフィルタ**（EnKF：Ensemble Kalman Filter）[9] と呼ばれる方法も提案されている．

表7.1　さまざまなカルマンフィルタ

方法	状態方程式	確率分布
線形カルマンフィルタ（第6章）	線形	正規性
EKF（拡張カルマンフィルタ）	非線形	正規性
UKF（シグマポイントカルマンフィルタ）	非線形	正規性
パーティクルフィルタ	非線形	非正規性

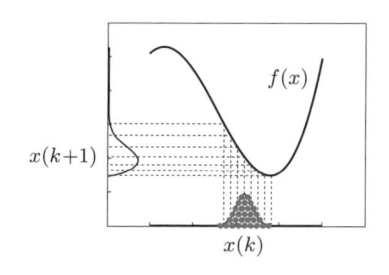

図7.5　モンテカルロ法の考え方：多数のサンプル点を用いて分布を近似

7.2 拡張カルマンフィルタ

拡張カルマンフィルタ（EKF：Extended Kalman Filter）は，式 (7.1)，(7.2) で記述される非線形システムを各時刻において線形化し，それぞれの時刻において時変カルマンフィルタを適用するという考えに基づいている．本書で紹介する離散時間に対する EKF の基本的な考え方は，1960 年にカルマンが離散時間カルマンフィルタを発表した直後に，NASA（米国航空宇宙局）のシュミットが提案しており，当時，カルマン＝シュミットフィルタと呼ばれていた[3]．カルマンフィルタを人工衛星の航法（navigation）などの宇宙開発に利用するためには，実用的な非線形カルマンフィルタが早急に必要だったのである．

時刻 $k, k+1$ において，それぞれ事前状態推定値 $\widehat{\boldsymbol{x}}^-(k)$ と事後推定値 $\widehat{\boldsymbol{x}}(k)$ が利用可能であるという仮定のもとで，式 (7.1)，(7.2) の非線形関数をテイラー級数展開を用いて線形近似すると，

$$\boldsymbol{f}(\boldsymbol{x}(k)) = \boldsymbol{f}(\widehat{\boldsymbol{x}}(k)) + \boldsymbol{A}(k)(\boldsymbol{x}(k) - \widehat{\boldsymbol{x}}(k)) \tag{7.7}$$

$$h(\boldsymbol{x}(k)) = h(\widehat{\boldsymbol{x}}^-(k)) + \boldsymbol{c}^T(k)(\boldsymbol{x}(k) - \widehat{\boldsymbol{x}}^-(k)) \tag{7.8}$$

が得られる．ただし，

$$\boldsymbol{A}(k) = \left.\frac{\partial \boldsymbol{f}(\boldsymbol{x})}{\partial \boldsymbol{x}}\right|_{\boldsymbol{x}=\widehat{\boldsymbol{x}}(k)} \tag{7.9}$$

$$\boldsymbol{c}^T(k) = \left.\frac{\partial h(\boldsymbol{x})}{\partial \boldsymbol{x}}\right|_{\boldsymbol{x}=\widehat{\boldsymbol{x}}^-(k)} \tag{7.10}$$

とおいた．

式 (7.7) を式 (7.1) に，式 (7.8) を式 (7.2) に代入すると，それぞれ，

$$\boldsymbol{x}(k+1) = \boldsymbol{A}(k)\boldsymbol{x}(k) + \boldsymbol{b}v(k) + \boldsymbol{f}(\widehat{\boldsymbol{x}}(k)) - \boldsymbol{A}(k)\widehat{\boldsymbol{x}}(k) \tag{7.11}$$

$$y(k) = \boldsymbol{c}^T(k)\boldsymbol{x}(k) + w(k) + h(\widehat{\boldsymbol{x}}^-(k)) - \boldsymbol{c}^T(k)\widehat{\boldsymbol{x}}^-(k) \tag{7.12}$$

が得られる．いま，

$$\boldsymbol{u}(k) = \boldsymbol{f}(\widehat{\boldsymbol{x}}(k)) - \boldsymbol{A}(k)\widehat{\boldsymbol{x}}(k) \tag{7.13}$$

$$z(k) = y(k) - h(\widehat{\boldsymbol{x}}^-(k)) + \boldsymbol{c}^T(k)\widehat{\boldsymbol{x}}^-(k) \tag{7.14}$$

とおくと，式 (7.11)，(7.12) は，つぎのようになる．

$$\boldsymbol{x}(k+1) = \boldsymbol{A}(k)\boldsymbol{x}(k) + \boldsymbol{b}v(k) + \boldsymbol{u}(k) \tag{7.15}$$

$$z(k) = \boldsymbol{c}^T(k)\boldsymbol{x}(k) + w(k) \tag{7.16}$$

このように，非線形システムを線形化したものは，6.5 節で説明した制御入力 $\boldsymbol{u}(k)$ を含んだ線形システムと同じ形式であることがわかる．ただし，係数行列 $\boldsymbol{A}$ と係数ベクトル $\boldsymbol{c}$ はともに時変であることに注意する．

したがって，式 (7.15)，(7.16) で得られた線形システム（瞬時線形化モデルとも呼ばれる）に対して，Point 6.8（p.123）で与えた制御入力がある場合のカルマンフィルタのアルゴリズムを適用すればよく，EKF のアルゴリズムはつぎの Point 7.1 のようになる．なお，初期値などの記述は省略した．

❖ Point 7.1 ❖ 拡張カルマンフィルタ（EKF）

◻ 時間更新式

$k = 1, 2, \ldots, N$ に対して次式を計算する．

● 予測ステップ

事前状態推定値： $\widehat{\boldsymbol{x}}^-(k) = \boldsymbol{f}(\widehat{\boldsymbol{x}}(k-1))$ (7.17)

線形近似： $\boldsymbol{A}(k-1) = \left.\dfrac{\partial \boldsymbol{f}(\boldsymbol{x})}{\partial \boldsymbol{x}}\right|_{\boldsymbol{x} = \widehat{\boldsymbol{x}}(k-1)}$, $\boldsymbol{c}^T(k) = \left.\dfrac{\partial h(\boldsymbol{x})}{\partial \boldsymbol{x}}\right|_{\boldsymbol{x} = \widehat{\boldsymbol{x}}^-(k)}$ (7.18)

事前誤差共分散行列： $\boldsymbol{P}^-(k) = \boldsymbol{A}(k-1)\boldsymbol{P}(k-1)\boldsymbol{A}^T(k-1) + \sigma_v^2(k-1)\boldsymbol{b}\boldsymbol{b}^T$ (7.19)

● フィルタリングステップ

カルマンゲイン： $\boldsymbol{g}(k) = \dfrac{\boldsymbol{P}^-(k)\boldsymbol{c}(k)}{\boldsymbol{c}^T(k)\boldsymbol{P}^-(k)\boldsymbol{c}(k) + \sigma_w^2}$ (7.20)

状態推定値： $\widehat{\boldsymbol{x}}(k) = \widehat{\boldsymbol{x}}^-(k) + \boldsymbol{g}(k)\{y(k) - h(\widehat{\boldsymbol{x}}^-(k))\}$ (7.21)

事後誤差共分散行列： $\boldsymbol{P}(k) = \{\boldsymbol{I} - \boldsymbol{g}(k)\boldsymbol{c}^T(k)\}\boldsymbol{P}^-(k)$ (7.22)

注意1 式 (7.18) の偏微分は事前にオフラインで計算しておき，各時刻においては事前に計算された数式に $\boldsymbol{x} = \widehat{\boldsymbol{x}}(k-1), \boldsymbol{x} = \widehat{\boldsymbol{x}}^-(k)$ を代入すればよい．

注意2 式 (7.19)，(7.20)，(7.22) は線形カルマンフィルタの場合と形式は同じであるが，各時刻において計算された時変のシステム行列 $\boldsymbol{A}(k), \boldsymbol{c}(k)$ を用いる点が異なる．それに対して，式 (7.17)，(7.21) では，非線形関

数 f, h を直接利用している．そのため，式 (7.15) の $u(k)$ や式 (7.16) の $z(k)$ を利用する必要はない．

注意3 式 (7.18) のようにヤコビアンを求めるために偏微分計算を行わなければならない点が，EKF の問題点である．そのため，微分可能な滑らかな非線形性の場合には EKF を適用できるが，不連続な非線形性をもつ場合には適用できない．

注意4 制御入力のような外生入力がある場合には，6.5 節のシステム制御のためのカルマンフィルタのところで述べたように，事前状態推定値の式に制御入力の項を加えればよい．

式 (7.18) の偏微分の計算について少し見ていこう．たとえば，

$$f(x) = x^2 \tag{7.23}$$

のように状態ベクトルが一つのスカラ系の場合には，その偏微分は単なる微分なので，

$$\frac{\partial f(x)}{\partial x} = 2x \tag{7.24}$$

のように容易に計算できる．

つぎに，状態変数が二つの場合，すなわち

$$\boldsymbol{x} = \left[\begin{array}{c} x_1 \\ x_2 \end{array} \right]$$

のとき，これに対応する非線形関数は，

$$\boldsymbol{f}(\boldsymbol{x}) = \left[\begin{array}{c} f_1(\boldsymbol{x}) \\ f_2(\boldsymbol{x}) \end{array} \right] \tag{7.25}$$

となる．これを $\boldsymbol{x}$ に関して偏微分すると，つぎのようになる．

$$\frac{\partial \boldsymbol{f}(\boldsymbol{x})}{\partial \boldsymbol{x}} = \left[\begin{array}{cc} \frac{\partial f_1}{\partial x_1} & \frac{\partial f_1}{\partial x_2} \\ \frac{\partial f_2}{\partial x_1} & \frac{\partial f_2}{\partial x_2} \end{array} \right] \tag{7.26}$$

たとえば，

$$\boldsymbol{f}(\boldsymbol{x}) = \left[\begin{array}{c} \cos x_1 + \sin x_2 \\ x_1^2 + x_2^3 \end{array} \right]$$

の場合には，

$$f_1(\boldsymbol{x}) = \cos x_1 + \sin x_2, \quad f_2(\boldsymbol{x}) = x_1^2 + x_2^3$$

となるので，偏微分を計算すると，ヤコビアン

$$\frac{\partial \boldsymbol{f}(\boldsymbol{x})}{\partial \boldsymbol{x}} = \left[\begin{array}{cc} \frac{\partial f_1}{\partial x_1} & \frac{\partial f_1}{\partial x_2} \\ \frac{\partial f_2}{\partial x_1} & \frac{\partial f_2}{\partial x_2} \end{array}\right] = \left[\begin{array}{cc} -\sin x_1 & \cos x_2 \\ 2x_1 & 3x_2^2 \end{array}\right]$$

が得られる．

この例のように，微分しやすい数式で非線形関数が記述されていれば，EKF を適用する前にそれらの偏微分を計算しておき，各時刻において $x(k) = \widehat{\boldsymbol{x}}^-(k)$ の代入計算を行えば，$A(k)$ を求めることができる．また，同様にして $c(k)$ を求めることもできる．

例題 7.1

スカラの非線形状態方程式
$$x(k+1) = x(k) + 3\cos\frac{x(k)}{10} + v(k), \quad x(0) = 10$$
$$y(k) = x^3(k) + w(k)$$

で記述される非線形時系列 $y(k)$ をフィルタリングする問題を考える．ここで，$v(k)$ は平均値 0，分散 1 の正規性白色雑音，$w(k)$ は平均値 0，分散 100 の正規性白色雑音とし，互いに独立であるとする．

このとき，EKF の時間更新アルゴリズムを具体的に記述せよ．また，そのプログラムを作成して，数値シミュレーションを実行せよ．ただし，$\widehat{x}(0) = 11$, $p(0) = 1$ とし，システム雑音と観測雑音の分散はそれぞれ 1, 100 のように真値が利用できるものとする．

解答 いま

$$f(x) = x + 3\cos\frac{x}{10}, \quad h(x) = x^3$$

なので，これらを $x(k)$ について偏微分すると，

$$\frac{\partial f(x)}{\partial x} = 1 - \frac{3}{10}\sin\frac{x}{10}, \quad \frac{\partial h(x)}{\partial x} = 3x^2 \tag{7.27}$$

が得られる．これらを Point 7.1 にまとめたアルゴリズムに代入すると，つぎの時間更新式が得られる．

$$\widehat{x}^-(k) = \widehat{x}(k-1) + 3\cos\frac{\widehat{x}(k-1)}{10}$$

$$a(k-1) = 1 - \frac{3}{10}\sin\frac{\widehat{x}(k-1)}{10}, \quad c(k) = 3\{\widehat{x}^-(k)\}^2$$

$$p^-(k) = a^2(k-1)p(k-1) + 1$$

$$g(k) = \frac{p^-(k)c(k)}{c^2(k)p^-(k) + 100}$$

$$\widehat{x}(k) = \widehat{x}^-(k) + g(k)[y(k) - \{\widehat{x}^-(k)\}^3]$$

$$p(k) = [1 - g(k)c(k)]p^-(k)$$

EKF による状態推定の一例を図 7.6 に示す．図より，EKF により精度良い状態推定が行われていることがわかる．

この例題を MATLAB でプログラミングした一例を以下にまとめる．

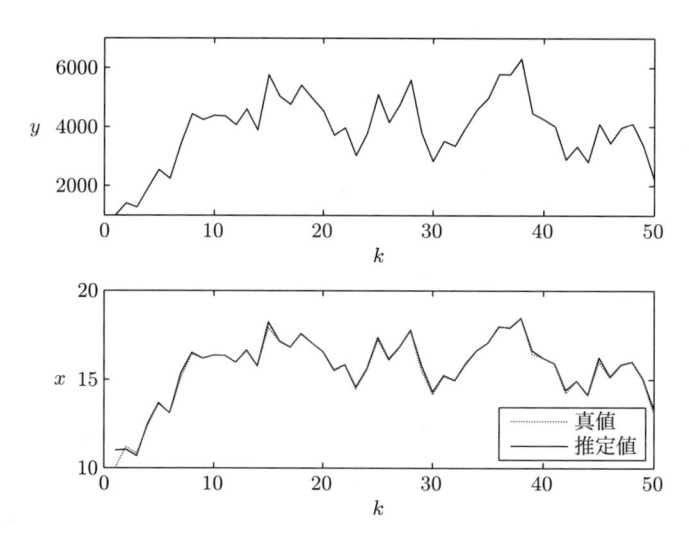

図 7.6 例題 7.1 の EKF による状態推定．上：観測値 $y(k)$，下：状態の真値 $x(k)$（点線）と推定値 $\widehat{x}(k)$（実線）

MATLAB 例題 7.1

```matlab
%% 問題設定
% システム
 f = @(x) x + 3*cos(x/10);
 h = @(x) x^3;
 a = @(x) 1 - 3/10*sin(x/10);    % f のヤコビアン
 b = 1;
 c = @(x) 3*x^2;                 % h のヤコビアン
% データ数・雑音の設定
 N=50; Q=1; R=100;
%% 非線形時系列の生成
% 雑音信号の生成
 v = randn(N,1)*sqrtm(Q);        % システム雑音
 w = randn(N,1)*sqrtm(R);        % 観測雑音
% 記憶領域の確保
 x = zeros(N,1); y = zeros(N,1);
% 初期値
 x(1) = 10;
 y(1) = h(x(1));
% 時間更新
 for k=2:N
    x(k) = f(x(k-1)) + b*v(k-1);
    y(k) = h(x(k)) + w(k);
 end
%% EKFアルゴリズムによる推定
% 記憶領域の確保
 xhat = zeros(N,1);
% 初期推定値
 P = 1;
 xhat(1) = x(1)+1;
% 推定値の更新
 for k=2:N
    [xhat(k,:),P] = ekf(f,h,a,b,c,Q,R,y(k),xhat(k-1,:),P);
 end
%% 結果の図示
 figure(1),clf
 % y
 subplot(2,1,1)
  plot(1:N,y,'k')
```

```
  xlabel('k'),ylabel('y')
 % x
 subplot(2,1,2)
  plot(1:N,x,'r:',1:N,xhat,'b-')
  xlabel('k'),ylabel('x')
  legend('true','estimate','Location','SouthEast')
**********************************************************
```
EKF の function 文
```
function [xhat_new,P_new, G] = ekf(f,h,A,B,C,Q,R,y,xhat,P)
% EKF 拡張カルマンフィルタの更新式
% [xhat_new,P_new, G] = ekf(f,h,A,B,C,Q,R,y,xhat,P)
% 線形カルマンフィルタの推定値更新を行う
% 引数:
%    f,h,B: 対象システム
%                 x(k+1) = f(x(k)) + Bv(k)
%                 y(k) = h(x(k)) + w(k)
%             を記述する関数への関数ハンドル f, h および行列 B
%      注意：対象システムが既知の制御入力 u をもつ関数 fu(x(k),u(k))
%             で記述される場合
%             f=@(x) fu(x,u(k))
%             を与えればよい.
%    A,C: f,h のヤコビアンを計算する関数への関数ハンドル
%    Q,R: 雑音 v,w の共分散行列. v,w は正規性白色雑音で
%             E[v(k)] = E[w(k)] = 0
%             E[v(k)'v(k)] = Q, E[w(k)'w(k)] = R
%             であることを想定
%    y: 状態更新後時点での観測出力 y(k)
%    xhat,P: 更新前の状態推定値 xhat(k-1)・誤差共分散行列 P(k-1)
% 戻り値:
%    xhat_new: 更新後の状態推定値 xhat(k)
%    P_new:    更新後の誤差共分散行列 P(k)
%    G:        カルマンゲイン G(k)
% 参考:
%    線形カルマンフィルタ: KF
%    Unscented カルマンフィルタ: UKF

% 列ベクトルに整形
 xhat=xhat(:); y=y(:);
% 事前推定値
```

```
  xhatm=f(xhat);                                    % 状態
  Pm = A(xhat)*P*A(xhat)' + B*Q*B';                 % 誤差共分散
% カルマンゲイン
  G = Pm*C(xhatm)/(C(xhatm)'*Pm*C(xhatm)+R);
% 事後推定値
  xhat_new=xhatm+G*(y-h(xhatm));                    % 状態
  P_new = (eye(size(A(xhat)))-G*C(xhatm)')*Pm;      % 誤差共分散
end
```

7.3 UKF

7.3.1 はじめに

UKF (Unscented Kalman Filter) [5][6] は，1990 年代半ばにオックスフォード大学の S. J. Julier（ジュライア）と J. K. Uhlmann（ウールマン）によって提案された非線形カルマンフィルタの一種である．提案当時，"a new filter" と彼らは呼んでいたが，彼らの研究グループでこのフィルタに名前をつけようということになり，候補を募って民主的な投票を行った結果，Unscented Kalman Filter になったと言われている．unscented を日本語に訳すと「無香料」であり，香りがないという意味である[1]．前述したように，非線形カルマンフィルタを構成するときには何らかの近似を行わなければならないが，UKF ではできるだけ「混じりっ気なし」の操作でフィルタを構成している，という意味ではないかと思われる．EKF では，7.2 節で述べたように非線形システムを線形化する必要があったため，たとえば，微分ができない不連続な非線形性には対応することができなかった．しかし，UKF では線形化を行わないため，EKF の問題点の一つを解決することができる．

UKF の基本的な考え方は，非線形システムの各時刻における線形近似ではなく，確率密度関数（確率分布）を正規分布で近似するという統計量の近似に基づいている．特に，標準偏差に対応するシグマポイント（σ 点）と呼ばれる少数個のサンプ

---

[1]. 著者は以前，UKF を「無香料カルマンフィルタ」と訳したが，残念ながらこの訳語は定着しなかった．

ル点を選び，集合平均的に確率分布を近似する統計的サンプリング法の一種である．そのため，UKF は**シグマポイントカルマンフィルタ**（SPKF：Sigma Point Kalman Filter）と呼ばれることもある．

7.3.2 U変換

n 次元確率変数ベクトル x を，ある非線形関数 $f:\Re^n \to \Re^n$ によって，n 次元確率変数ベクトル y に変換する問題，すなわち，

$$y = f(x) \tag{7.28}$$

を考える．ただし，x の平均値を $\overline{x}$，共分散行列を P_x とする．このとき，y の2次モーメントまでの統計量を精度良く求めることが，ここで考える問題である．

n 次元確率密度関数の形状を少数個のサンプル点で近似することを考える．ここでは，平均値（1個）と標準偏差に対応する $2n$ 個の点の合計 $2n+1$ 個のサンプルを用い，これらを**シグマポイント**（sigma point）と呼ぶ．いくつかのサンプリング法が提案されているが，以下では最も基本的な方法である，平均値 $\overline{x}$ に関して対称にサンプリングを行う方法を紹介する．

まず，シグマポイント $\{\mathcal{X}_i,\ i=0,1,2,\ldots,2n\}$ の選び方を以下に与えよう．

$$\mathcal{X}_0 = \overline{x} \tag{7.29}$$

$$\mathcal{X}_i = \overline{x} + \sqrt{n+\kappa}(\sqrt{P_x})_i, \quad i=1,2,\ldots,n \tag{7.30}$$

$$\mathcal{X}_{n+i} = \overline{x} - \sqrt{n+\kappa}(\sqrt{P_x})_i, \quad i=1,2,\ldots,n \tag{7.31}$$

ここで，κ はスケーリングパラメータであり，その選定法については後述する．また，$(\sqrt{P_x})_i$ は共分散行列 P_x の平方根行列の i 番目の列を表す．P_x は定義から正定値対称行列であるが，その平方根行列は，たとえばコレスキー分解（ミニ・チュートリアル 7 参照）や特異値分解を用いて計算することができる．

つぎに，シグマポイントに対する重みを以下に与える．

$$w_0 = \frac{\kappa}{n+\kappa} \tag{7.32}$$

$$w_i = \frac{1}{2(n+\kappa)}, \quad i=1,2,\ldots,2n \tag{7.33}$$

ここで，重みは，

$$\sum_{i=0}^{2n} w_i = 1 \tag{7.34}$$

のように正規化されていることに注意する．

ミニ・チュートリアル7 ―― コレスキー分解

$n \times n$ 正定値対称行列 $\boldsymbol{A}$ は，

$$\boldsymbol{A} = \boldsymbol{S}\boldsymbol{S}^T \tag{7.35}$$

のように分解することができ，これを**コレスキー分解**（Cholesky factorization）という．ここで，$n \times n$ 行列 $\boldsymbol{S}$ は下三角行列で，行列 $\boldsymbol{A}$ の**平方根行列**（matrix square root）と呼ばれる．

行列 $\boldsymbol{A}$ が与えられたとき，つぎのアルゴリズムを用いることによって，平方根行列 $\boldsymbol{S}$ を求めることができる．

for $i = 1, \ldots, n$

$$S_{ii} = \sqrt{A_{ii} - \sum_{j=1}^{i-1} S_{ij}^2}$$

for $j = 1, \ldots, n$

$$S_{ji} = 0, \quad j < i$$

$$S_{ji} = \frac{1}{S_{ii}} \left(A_{ji} - \sum_{k=1}^{i-1} S_{jk} S_{ik} \right), \quad j > i$$

next j

next i

また，MATLAB ではコレスキー分解のためのコマンド chol が用意されている．

コレスキー分解のほかに，行列の分解としては **UD 分解**（UD factorization）や**特異値分解**（SVD：Singular Value Decomposition）などがよく知られている．

本書では詳細について述べないが，これらの行列分解を共分散行列 $\boldsymbol{P}$ に適用することによって，カルマンフィルタの数値的安定性を向上させることができる．このような数値精度向上に関する研究は，カルマンフィルタの提案直後から精力的に行われてきた[2]．

例題 7.2

行列

$$A = \begin{bmatrix} 1 & 2 & 4 \\ 2 & 13 & 23 \\ 4 & 23 & 77 \end{bmatrix}$$

をコレスキー分解して，平方根行列 S を求めよ．

解答 ミニ・チュートリアル 7 のアルゴリズムを用いると，

$$S_{11} = \sqrt{A_{11}} = 1, \quad S_{21} = \frac{1}{S_{11}} A_{21} = 2, \quad S_{31} = \frac{1}{S_{11}} A_{31} = 4$$

$$S_{22} = \sqrt{A_{22} - \sum_{j=1}^{1} S_{2j}^2} = \sqrt{13 - 4} = 3$$

$$S_{32} = \frac{1}{S_{22}} \left(A_{32} - \sum_{k=1}^{1} S_{3k} S_{2k} \right) = \frac{1}{3}(23 - 8) = 5$$

$$S_{33} = \sqrt{A_{33} - \sum_{j=1}^{2} S_{3j}^2} = \sqrt{77 - (16 + 25)} = 6$$

となるので，平方根行列

$$S = \begin{bmatrix} 1 & 0 & 0 \\ 2 & 3 & 0 \\ 4 & 5 & 6 \end{bmatrix}$$

が得られる． ∎

図 7.7 に 2 次元正規分布の確率密度関数 $p(x_1, x_2)$ とシグマポイントを示す．この場合，$n=2$ なので，シグマポイントの個数は $2n+1=5$ 個になる[2]．中心にあるのが平均値を規定するシグマポイントで，他の四つが共分散行列を規定するシグマポイントである．

このようにして決定した少数個のシグマポイントを非線形関数 f によって非線形変換して，確率変数 y に対応するシグマポイント $\mathcal{Y}_i$ を計算する．すなわち，

$$\mathcal{Y}_i = f(\mathcal{X}_i), \quad i = 0, 1, \ldots, 2n \tag{7.36}$$

---

[2] 図 7.4 はスカラ系，すなわち $n=1$ の場合を示したので，$2n+1=3$ 個のサンプル点を考えた．

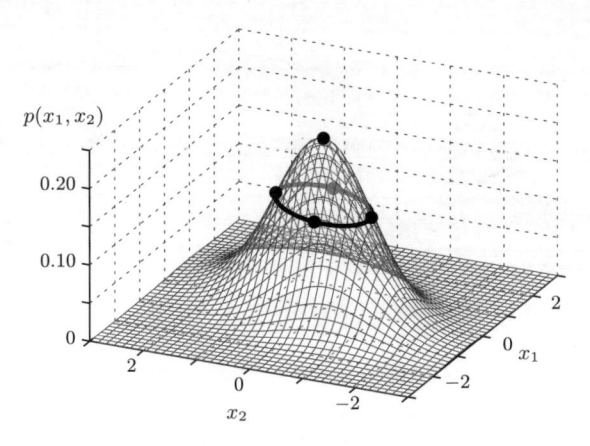

図7.7　2次元正規分布の確率密度関数とシグマポイント

を計算する．$\mathcal{Y}_i$ を用いると，変換された y の平均値 $\overline{y}$ と共分散行列 $\boldsymbol{P}_y$ は，つぎのように近似できる．

$$\overline{y} = \sum_{i=0}^{2n} w_i \mathcal{Y}_i \tag{7.37}$$

$$\boldsymbol{P}_y = \sum_{i=0}^{2n} w_i \left(\mathcal{Y}_i - \overline{y}\right)\left(\mathcal{Y}_i - \overline{y}\right)^T \tag{7.38}$$

以上のように，シグマポイントを選んで確率密度関数を変換する方法を，**U 変換** (UT：Unscented Transform) という．

式 (7.37)，(7.38) により計算された1次，2次モーメントの推定値は，任意の非線形関数に対して，$\boldsymbol{f}(\boldsymbol{x})$ のテイラー級数展開の2次の項までの精度を有する．特に，$\boldsymbol{x}$ が正規性の場合には，3次の項までの精度をもつ．3次以上のモーメントには誤差が入ってくるが，スケーリングパラメータ κ の選定によって，それらの影響を調整することができる．$\kappa \geq 0$ と選ぶと共分散行列の半正定値性が保証されるので，このように選ばれることが多く，$\kappa = 0$ がデフォルト値である．なお，$\kappa = 0$ のときには，式 (7.32) から明らかなように $w_0 = 0$ となるため，平均値に対応するシグマポイントは使われない．図7.7 に示した2次元正規分布をある非線形関数 $\boldsymbol{f}$ によって y_1-y_2 平面に変換した一例を，図7.8 に示す．

さて，非線形変換によって正規分布の形がどのように変化するかを，例を用いて見

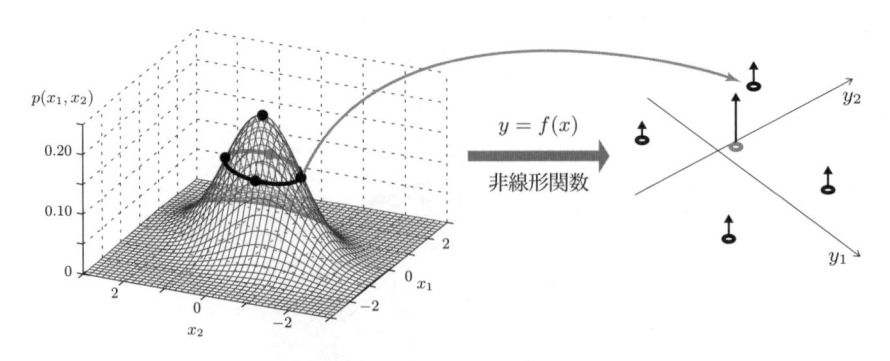

図7.8 シグマポイントと U 変換

てみよう．ここでは，2次元平面の極座標表現 (x_1, x_2)（ただし，x_1 は大きさで，x_2 は偏角）を，直交座標表現 (y_1, y_2)（ただし，y_1 は x 座標で，y_2 は y 座標）に変換する，つぎの非線形関数 f について考える．

$$\boldsymbol{y} = \left[\begin{array}{c} y_1 \\ y_2 \end{array}\right] = \boldsymbol{f}(\boldsymbol{x}) = \left[\begin{array}{c} f_1(\boldsymbol{x}) \\ f_2(\boldsymbol{x}) \end{array}\right] = \left[\begin{array}{c} x_1 \cos x_2 \\ x_1 \sin x_2 \end{array}\right] \tag{7.39}$$

いま，入力変数である2次元ベクトル

$$\boldsymbol{x} = \left[\begin{array}{c} x_1 \\ x_2 \end{array}\right]$$

の平均値ベクトル $\boldsymbol{\mu}_x$ と共分散行列 $\boldsymbol{P}_x$ を，それぞれつぎのようにおく．

$$\boldsymbol{\mu}_x = \left[\begin{array}{c} \mu_1 \\ \mu_2 \end{array}\right] = \left[\begin{array}{c} 10 \\ \frac{\pi}{2} \end{array}\right] \tag{7.40}$$

$$\boldsymbol{P}_x = \left[\begin{array}{cc} 50 & 1 \\ 1 & 0.025 \end{array}\right] \tag{7.41}$$

このような条件のもとで，正規乱数を 500 個発生させた結果を，図7.9（左）に＋印でプロットした．図において楕円は 2σ の範囲を，○印はシグマポイント（中央は平均値）を表している．図より，発生した乱数はほぼ2次元正規分布であることがわかる．

つぎに，式 (7.39) の非線形変換を用いて，極座標系 (x_1, x_2) から直交座標系 (y_1, y_2) に変換した結果を図7.9（右）に＋印でプロットした．図において楕円は 2σ の範囲

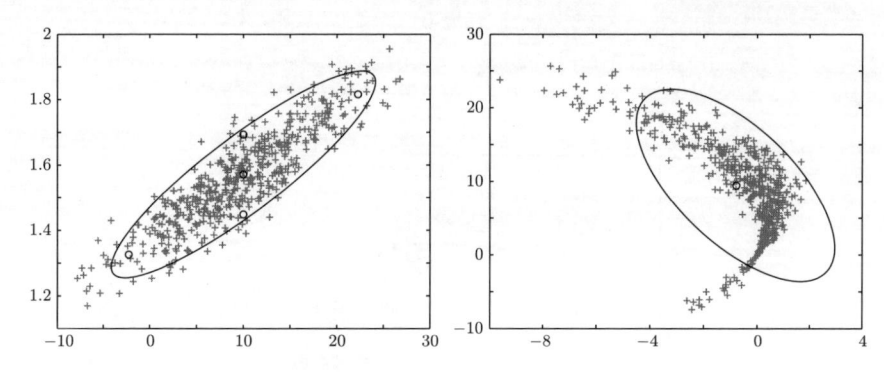

図7.9 極座標表現 $\boldsymbol{x}$ の分布（左）と非線形変換後の直交座標表現 $\boldsymbol{y}$ の分布（右）

を，○印は平均値を表している．図より，変換された乱数のプロットは，もはや正規分布ではなくなっていることがわかる．

まず，非線形変換後の平均値ベクトルと共分散行列を，EKF の基本である線形近似によって求めてみよう．式 (7.39) を平均値ベクトル $\boldsymbol{\mu}_x$ のまわりでテイラー級数展開を用いて1次近似すると，

$$\boldsymbol{f}(\boldsymbol{x}) \simeq \boldsymbol{f}(\boldsymbol{\mu}_x) + \boldsymbol{F}(\boldsymbol{x} - \boldsymbol{\mu}_x) \tag{7.42}$$

が得られる．ただし，$\boldsymbol{F}$ は $\boldsymbol{f}$ の $\boldsymbol{x} = \boldsymbol{\mu}_x$ におけるヤコビアンであり，

$$\boldsymbol{F} = \left.\frac{\partial \boldsymbol{f}}{\partial \boldsymbol{x}}\right|_{\boldsymbol{x}=\boldsymbol{\mu}_x} = \begin{bmatrix} \cos \mu_2 & -\mu_1 \sin \mu_2 \\ \sin \mu_2 & \mu_1 \cos \mu_2 \end{bmatrix} = \begin{bmatrix} 0 & -10 \\ 1 & 0 \end{bmatrix} \tag{7.43}$$

で与えられる．図7.10は，式(7.43)を用いて計算した値（◇印），および，それらのサンプルから計算される平均値（∗印）と共分散行列（2σ 範囲）（実線）を示している．図より，真値（平均値は○印，共分散行列は点線の楕円で表示）とかなり異なっていることがわかる．

一方，U 変換を用いた結果を図7.11に示す．平均値と共分散行列の 2σ 範囲を表す楕円が真値とほぼ一致していることがわかる．以上より，この例では U 変換のほうが平均値と共分散行列を精度良くとらえていることがわかった．

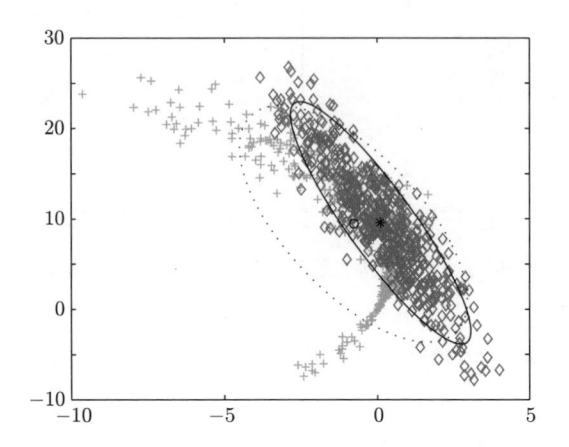

図7.10 非線形変換による分布の変化（点線の楕円）と線形化（実線の楕円）の比較（○は真の平均値，∗は線形化による平均値）

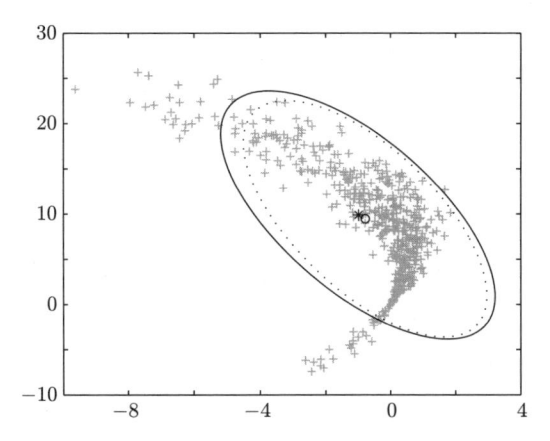

図7.11 非線形変換による分布の変化（点線の楕円）とU変換（実線の楕円）の比較（○は真の平均値，∗はU変換の平均値）

この例題を MATLAB でプログラミングした一例を以下にまとめる．

MATLAB 極座標系から直交座標系への非線形変換の数値例

```matlab
%% f: 極座標系の座標 x から直交座標系の座標 y への変換
 f = @(x) [x(:,1).*cos(x(:,2)), x(:,1).*sin(x(:,2))];
% f のヤコビアン
F = @(x) [cos(x(2)), -x(1)*sin(x(2));
          sin(x(2)),  x(1)*cos(x(2))];
%% 入力 x の分布
 n = 2;                             % 状態変数の次数
 mu = [10, pi/2];                   % 平均値
 sigma = [50 1;1 0.025];            % 共分散行列
% x のサンプル値
 N = 500;                           % データ数
 x = mvnrnd(mu,sigma,N);
%% x のサンプル値に対応する出力 y を真の f から計算
 y=f(x);
%% x のサンプル値に対応する y を f の mu における線形近似から計算
 ylin=ones(N,1)*f(mu) + (F(mu)*(x-ones(N,1)*mu)')';
%% U変換によって y の分布を計算
% シグマポイントの計算
 kappa = 3-n;                       % スケーリングパラメータ
 L = chol(sigma);                   % コレスキー分解
 X = [mu;
      ones(n,1)*mu+sqrt(n+kappa)*L;
      ones(n,1)*mu-sqrt(n+kappa)*L];
% シグマポイントに対応する出力を計算
 Ym = f(X);
% U変換によるyの平均値
 w0 = kappa/(n+kappa);              % 重み
 wi = 1/(2*(n+kappa));
 mean_yUT = sum([w0*Ym(1,:);
                 wi*Ym(2:end,:)]);
% U変換によるyの共分散行列
 Ymc = bsxfun(@minus,Ym,mean_yUT);  % 平均値の除去
 Ymc = [sqrt(w0)*Ymc(1,:);
        sqrt(wi)*Ymc(2:end,:)];
 cov_yUT = Ymc'*Ymc;
%% 結果の図示
% 分布の平均/2σ範囲を点/楕円で図示する関数を定義
 uni = [cos(linspace(0,2*pi,100)'), sin(linspace(0,2*pi,100)')];
```

```
 plot_dist = @(m,c,style_m,style_c) ...
    plot(m(1),m(2),style_m, ...
         m(1)+uni*sqrtm(c)*[2;0],m(2)+uni*sqrtm(c)*[0;2],style_c);
% 入力 x の分布 + σポイント
 figure(1), clf
  plot(x(:,1),x(:,2),'+',X(:,1),X(:,2),'ro'), hold on;
  plot_dist(mu,sigma,'rO','r-');
% 出力 y の分布
 figure(2), clf
  plot(y(:,1),y(:,2),'+'), hold on;
  plot_dist(mean(y),cov(y),'rO','r-');
% 出力 y の分布 (線形近似)
 figure(3), clf
  plot(y(:,1),y(:,2),'+', ylin(:,1),ylin(:,2),'d'), hold on;
  plot_dist(mean(y),cov(y),'kO','k:');
  plot_dist(mean(ylin),cov(ylin),'r*','r-');
% 出力 y の分布 (U変換)
 figure(4),clf
  plot(y(:,1),y(:,2),'+'), hold on;
  plot_dist(mean(y),cov(y),'kO','k:');
  plot_dist(mean_yUT, cov_yUT,'r*','r-');
```

7.3.3 UKFのアルゴリズム

式 (7.1), (7.2) の非線形状態方程式によって記述される時系列 $y(k)$ をフィルタリングの対象とする．このとき，U 変換を用いたカルマンフィルタである UKF のアルゴリズムをまとめると，つぎの Point 7.2 のようになる．

❖ Point 7.2 ❖ UKF（対称サンプリング法）

☐ 初期値

状態推定値の初期値 $\widehat{\boldsymbol{x}}(0)$ は，$N(\boldsymbol{x}_0, \boldsymbol{\Sigma}_0)$ に従う正規性確率ベクトルとする．すなわち，

$$\widehat{\boldsymbol{x}}(0) = \mathrm{E}[\boldsymbol{x}(0)] = \boldsymbol{x}_0 \tag{7.44}$$

$$\boldsymbol{P}(0) = \mathrm{E}[(\boldsymbol{x}(0) - \mathrm{E}[\boldsymbol{x}(0)])(\boldsymbol{x}(0) - \mathrm{E}[\boldsymbol{x}(0)])^T] = \boldsymbol{\Sigma}_0 \tag{7.45}$$

とおく．また，システム雑音の分散 σ_v^2 と観測雑音の分散 σ_w^2 を設定する．

□ 時間更新式

$k = 1, 2, \ldots, N$ に対して次式を計算する.

● シグマポイントの計算

1時刻前に得られた状態推定値 $\hat{x}(k-1)$ と共分散行列 $P(k-1)$ を用いて，$2n+1$ 個のシグマポイントを計算する.

$$\mathcal{X}_0(k-1) = \hat{x}(k-1) \tag{7.46}$$

$$\mathcal{X}_i(k-1) = \hat{x}(k-1) + \sqrt{n+\kappa}\left(\sqrt{P(k-1)}\right)_i, \quad i = 1, 2, \ldots, n \tag{7.47}$$

$$\mathcal{X}_{n+i}(k-1) = \hat{x}(k-1) - \sqrt{n+\kappa}\left(\sqrt{P(k-1)}\right)_i, \quad i = 1, 2, \ldots, n \tag{7.48}$$

また，重みをつぎのようにおく．

$$w_0 = \frac{\kappa}{n+\kappa}, \quad w_i = \frac{1}{2(n+\kappa)}, \quad i = 1, 2, \ldots, 2n \tag{7.49}$$

● 予測ステップ

シグマポイントの更新：

$$\mathcal{X}_i^-(k) = f(\mathcal{X}_i(k-1)), \quad i = 0, 1, \ldots, 2n \tag{7.50}$$

事前状態推定値：

$$\hat{x}^-(k) = \sum_{i=0}^{2n} w_i \mathcal{X}_i^-(k) \tag{7.51}$$

事前誤差共分散行列：

$$P^-(k) = \sum_{i=0}^{2n} w_i \{\mathcal{X}_i^-(k) - \hat{x}^-(k)\}\{\mathcal{X}_i^-(k) - \hat{x}^-(k)\}^T + \sigma_v^2 bb^T \tag{7.52}$$

シグマポイントの再計算：

$$\mathcal{X}_0^-(k) = \hat{x}^-(k) \tag{7.53}$$

$$\mathcal{X}_i^-(k) = \hat{x}^-(k) + \sqrt{n+\kappa}\left(\sqrt{P^-(k)}\right)_i, \quad i = 1, 2, \ldots, n \tag{7.54}$$

$$\mathcal{X}_{n+i}^-(k) = \hat{x}^-(k) - \sqrt{n+\kappa}\left(\sqrt{P^-(k)}\right)_i, \quad i = 1, 2, \ldots, n \tag{7.55}$$

ここで，$\mathcal{X}_i^-(k)$ の下添字 i は i 番目の要素であることを表す.

出力のシグマポイントの更新：

$$\mathcal{Y}_i^-(k) = h(\mathcal{X}_i^-(k)), \quad i = 0, 1, \ldots, 2n \tag{7.56}$$

事前出力推定値：
$$\widehat{y}^-(k) = \sum_{i=0}^{2n} w_i \mathcal{Y}_i^-(k) \tag{7.57}$$

事前出力誤差共分散行列：
$$P_{yy}^-(k) = \sum_{i=0}^{2n} w_i \{\mathcal{Y}_i^-(k) - \widehat{y}^-(k)\}^2 \tag{7.58}$$

事前状態・出力誤差共分散行列：
$$\boldsymbol{P}_{xy}^-(k) = \sum_{i=0}^{2n} w_i \{\boldsymbol{\mathcal{X}}_i^-(k) - \widehat{\boldsymbol{x}}^-(k)\}\{\mathcal{Y}_i^-(k) - \widehat{y}^-(k)\} \tag{7.59}$$

カルマンゲイン：
$$\boldsymbol{g}(k) = \frac{\boldsymbol{P}_{xy}^-(k)}{P_{yy}^-(k) + \sigma_w^2} \tag{7.60}$$

- フィルタリングステップ

状態推定値：
$$\widehat{\boldsymbol{x}}(k) = \widehat{\boldsymbol{x}}^-(k) + \boldsymbol{g}(k)\{y(k) - \widehat{y}^-(k)\} \tag{7.61}$$

事後誤差共分散行列：
$$\boldsymbol{P}(k) = \boldsymbol{P}^-(k) - \boldsymbol{g}(k)(\boldsymbol{P}_{xy}^-(k))^T \tag{7.62}$$

7.4 数値シミュレーション例

本節では，二つの数値シミュレーション例を用いて，EKF と UKF の性能比較を行う．

まず，非線形カルマンフィルタの例題としてしばしば用いられる，物体の落下運動を記述する力学システムを考える．

例題7.3

ある物体が地球に向かって垂直に落下運動し，その高度と速度による抗力を受ける力学システムについて考える．このとき，三つの状態変数，すなわち高度 $x_1(t)$，速度 $x_2(t)$，大気圏外から大気圏に物体が突入するときの物体の弾道係数 $x_3(t)$ を用いると，連続時間非線形状態方程式

$$\frac{\mathrm{d}}{\mathrm{d}t}\begin{bmatrix} x_1(t) \\ x_2(t) \\ x_3(t) \end{bmatrix} = \begin{bmatrix} x_2(t) \\ 0.5\rho_0 \exp\left(-\frac{x_1(t)}{\eta}\right) x_2^2(t) x_3(t) - g \\ 0 \end{bmatrix} \tag{7.63}$$

が得られる．ただし，ρ_0 は海抜高度における空気密度，η は空気密度と高度の関係を定義する定数，g は重力加速度である．また，システム雑音は存在しないものとする．

なお，カルマンフィルタを構成するときには，この連続時間状態方程式をサンプリング周期 $T = 0.5$ s で離散化するものとする．

また，観測はサンプリング周期間隔の離散時刻 k で行われ，観測方程式は，

$$y(k) = \sqrt{M^2 + (x_1(k) - a)^2} + w(k) \tag{7.64}$$

で与えられる．ここで，M はレーダと物体の間の水平距離，a はレーダの高度であり，三平方の定理から距離を計算している．このように本質的に，距離計測は関数形が既知の非線形演算であることに注意する．また，$w(k)$ は平均値 0，分散 4×10^3 m^2 の正規性白色雑音とする．数値シミュレーション条件を下表にまとめる．

パラメータ	数値〔単位〕
ρ_0	1.23 kg/m^3
η	6×10^3 m
g	9.81 m/s^2
M	3×10^4 m
a	3×10^4 m

さらに，初期状態を

$$\boldsymbol{x}_0 = [9 \times 10^4 \quad -6 \times 10^3 \quad 3 \times 10^{-3}]^T$$

として，シミュレーション時間は 30 秒とする．

以上の準備のもとで，この状態推定問題に対して EKF と UKF を設計し，両者の性能比較せよ．

解答 離散時間で数値シミュレーションを行うために，式 (7.63) をオイラー法（後退差分）によって周期 T で離散化すると，離散時間状態方程式

$$\begin{bmatrix} x_1(k+1) \\ x_2(k+1) \\ x_3(k+1) \end{bmatrix} = \begin{bmatrix} x_1(k) + Tx_2(k) \\ x_2(k) + T\left\{0.5\rho_0 \exp\left(-\frac{x_1(k)}{\eta}\right) x_2^2(k) x_3(k) - g\right\} \\ x_3(k) \end{bmatrix} \tag{7.65}$$

が得られる．$T = 0.5$ として，式 (7.65) を用いて数値シミュレーションを 30 秒間行って得られた三つの状態変数の時間変化を図 7.12 に示す．図より，10 秒くらいまでの高度が高い位置では，抗力が非常に小さいため物体は線形に落下しているが，その後，抗力の影響が大きくなって非線形な運動になっていることがわかる．また，状態方程式からも明らかであるが，弾道係数 $x_3(k)$ は一定値をとっている．

状態推定値の初期値は真値を用い，観測雑音の分散は真値 4×10^3 を用いた．また，共分散行列の初期値は，試行錯誤の結果，

$$\boldsymbol{P}(0) = \begin{bmatrix} 9 \times 10^3 & 0 & 0 \\ 0 & 4 \times 10^5 & 0 \\ 0 & 0 & 0.4 \end{bmatrix}$$

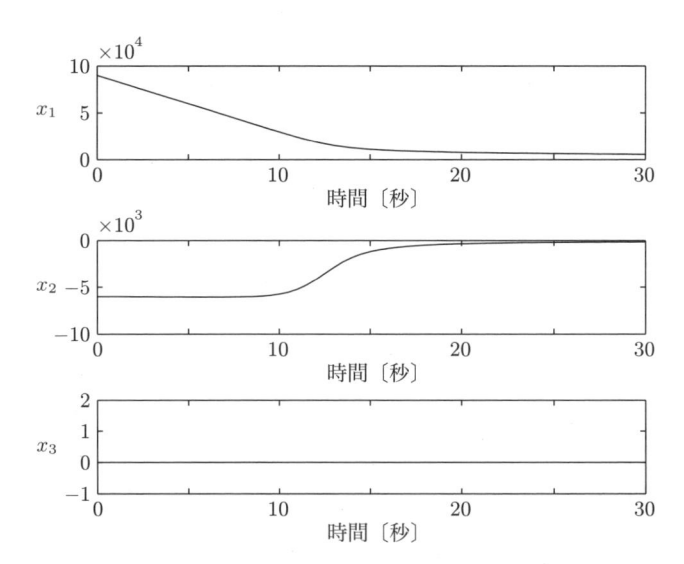

図 7.12 例題 7.3 の三つの状態変数の時間変化．上段：$x_1(k)$，中段：$x_2(k)$，下段：$x_3(k)$

とした．さらに，UKF の設定パラメータである κ は 0 とした．

以上の条件のもとで状態推定を行い，得られた状態推定値の一例を図 7.13 に示した（比較的，両者の結果の差が大きい結果を図示した）．図より，x_1 の値が大きく非線形項が 0 に近い領域，すなわち，ほぼ線形領域である 10 秒までは，EKF と UKF の性能はあまり変わらないが，それ以降，特に x_2 に対して，UKF のほうが EKF よりも精度良い状態推定が行われている．また，三つの状態の推定誤差の平方根平均二乗誤差（RMSE：Root Mean Square Error）を計算した結果を表 7.2 にまとめた．雑音の初期値を変えて 10 回試行を行い，それらの結果の平均を示している．以上の図表より，この例題では UKF のほうが EKF よりも推定精度が高いことがわかった．■

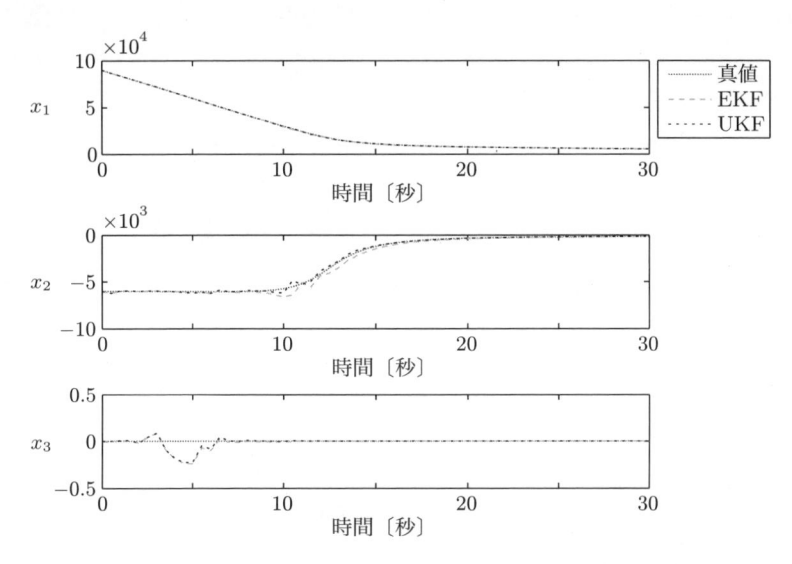

図 7.13　EKF と UKF の状態推定値の比較の一例（例題 7.3）

表 7.2　EKF と UKF の RMSE の比較（10 回の試行の平均値）

	$\widetilde{x}_1$	$\widetilde{x}_2$	$\widetilde{x}_3$
EKF	3.750×10^3	1.313×10^3	6.123×10^{-2}
UKF	1.466×10^2	2.399×10^2	5.991×10^{-2}

この例題を MATLAB でプログラミングした一例を以下にまとめる.

MATLAB 例題7.3

```
%% 問題設定
% 物理パラメータ値の設定
 rho = 1.23; g = 9.81; eta = 6e3;
 M = 3e4;   a = 3e4;
% 観測条件
 T = 0.5;                % オイラー法離散化周期
 EndTime = 30;           % シミュレーション終了時刻
 time = 0:T:EndTime;
 N = EndTime/T+1;        % データ数
 n = 3;                  % 状態変数の数
 R = 4e3;                % 観測雑音の分散
 Q = 0;                  % システム雑音はないものとする
 B = [0;0;0];
% システム
 f = @(x) [x(1)+T*x(2);
    x(2)+T*(0.5*rho*exp(-x(1)/eta)*x(2)^2*x(3)-g);
    x(3)];
 h = @(x) sqrt(M^2+(x(1)-a).^2);
% f のヤコビアン (EKFで必要)
 A = @(x) [1 T 0;
    -0.5*T*rho/eta*exp(-x(1)/eta)*x(2)^2*x(3) ...
    1+T*rho*exp(-x(1)/eta)*x(2)*x(3) ...
    0.5*T*rho*exp(-x(1)/eta)*x(2)^2;
    0 0 1];
% h のヤコビアン (EKFで必要)
 C = @(x) [(x(1)-a)/sqrt(M^2+(x(1)-a)^2); 0; 0];
%% 観測データの生成
 w = randn(N,1)*sqrtm(R);        % 観測雑音
% 記憶領域の確保
 x=zeros(N,n); y=zeros(n,1);
% 初期状態
 x(1,:) = [90000;-6000;0.003]';
 y(1) = h(x(1,:))+w(1);
% 時間更新
 for k=2:N
    x(k,:) = f(x(k-1,:));
    y(k) = h(x(k,:))+w(k);
```

```matlab
end
%% EKF アルゴリズム
% 推定値記憶領域の確保
xhat_ekf=zeros(N,3);
% 初期値の設定
xhat_ekf(1,:) = x(1,:);                % 状態推定値
P_ekf = [9e3 0 0;0 4e5 0;0 0 0.4];     % 誤差共分散
% 推定値を反復更新
 for k=2:N
    [xhat_ekf(k,:),P_ekf] = ...
       ekf(f,h,A,B,C,Q,R,y(k),xhat_ekf(k-1,:),P_ekf);
 end
%% UKF アルゴリズム
% 推定値記憶領域の確保
xhat_ukf=zeros(N,3);
%   初期値
xhat_ukf(1,:) = x(1,:);                % 状態推定値
P_ukf = [9e3 0 0;0 4e5 0;0 0 0.4];     % 誤差共分散
% 推定値を反復更新
 for k = 2:N
    [xhat_ukf(k,:),P_ukf] = ...
       ukf(f,h,B,Q,R,y(k),xhat_ukf(k-1,:),P_ukf);
 end
%% 結果の表示
% 状態の真値の図示
 figure(1),clf
 for p=1:3
    subplot(3,1,p)
    plot(time,x(:,p));
    xlabel('Time [s]'),ylabel(sprintf('x%d',p))
 end
% 推定値の図示
 figure(2),clf
 for p=1:3
    subplot(3,1,p)
    plot(time,x(:,p),'k', ...
         time,xhat_ekf(:,p),'b-.', ...
         time,xhat_ukf(:,p),'r:');
    xlabel('Time [s]'),ylabel(sprintf('x%d',p))
    legend('true','ekf','ukf')
```

```
  end
% RMSE の表示
  RMSE = @(x) sqrt(mean(x.^2));
  fprintf('%10s %10s %10s\n','variable','RMSE(ekf)','RMSE(ukf)');
  for p=1:3
      vname = sprintf('x%d',p);
      fprintf('%10s % 10.5f % 10.5f\n', ...
          vname, RMSE(xhat_ekf(:,p)-x(:,p)), ...
          RMSE(xhat_ukf(:,p)-x(:,p)));
  end
*********************************************************
UKF の function 文
function [xhat_new,P_new, G] = ukf(f,h,B,Q,R,y,xhat,P)
% UKF の更新式
%
% [xhat_new,P_new, G] = ukf(f,h,B,Q,R,y,xhat,P)
% UKF の推定値更新を行う
% 引数:
%    f,h,B: 対象システム
%             x(k+1) = f(x(k)) + Bv(k)
%             y(k)   = h(x(k)) + w(k)
%           を記述する関数への関数ハンドル f, h および行列 B
%    注意: 対象システムが既知の制御入力 u をもつ関数 fu(x(k),u(k))
%          で記述される場合
%              f=@(x) fu(x,u(k))
%          を与えればよい．
%    Q,R: 雑音 v,w の共分散行列．v,w は正規性白色雑音で
%          E[v(k)] = E[w(k)] = 0
%          E[v(k)'v(k)] = Q, E[w(k)'w(k)] = R
%          であることを想定
%    y: 状態更新後時点での観測出力 y(k)
%    xhat,P: 更新前の状態推定値 xhat(k-1)・誤差共分散行列 P(k-1)
% 戻り値:
%    xhat_new: 更新後の状態推定値 xhat(k)
%    P_new:    更新後の誤差共分散行列 P(k)
%    G:        カルマンゲイン G(k)
% 参考:
%    線形カルマンフィルタ: KF
%    拡張カルマンフィルタ: EKF
```

```
% 列ベクトルに整形
  xhat=xhat(:); y=y(:);
% 事前推定値
  [xhatm,Pm] = ut(f,xhat,P);        % U変換による遷移後状態の近似
  Pm         = Pm + B*Q*B';         % システム雑音を考慮
  [yhatm,Pyy,Pxy] = ut(h,xhatm,Pm); % U変換による出力値の近似
% カルマンゲイン行列
  G = Pxy/(Pyy+R);
% 事後推定値
  xhat_new = xhatm + G*(y-yhatm);   % 状態
  P_new    = Pm - G*Pxy';           % 誤差共分散
end
*******************************************************
UTのfunction文
function [ym, Pyy, Pxy ] = ut( f,xm,Pxx )
% UT (U変換)
% [ym, Pyy, Pxy ] = ut( f,xm,Pxx )
%   確率変数 x に関して
%     xm  : E[x]
%     Pxx : E[(x-xm)(x-xm)']
%   が与えられているとき，
%   非線形写像 y=f(x) で与えられる確率変数 y について
%     ym  : E[y]
%     Pyy : E[(y-ym)(y-ym)']
%     Pxy : E[(x-xm)(y-ym)']
%   をU変換に基づいて計算する．
%   f は関数ハンドルで与えられるものとする．

%% 準備
% 列ベクトルに整形
  xm = xm(:);
% mapcols(f,x): xの各列をfで写像する関数
  mapcols = @(f,x) ...
     cell2mat( ...
        cellfun(f, ...
           mat2cell(x,size(x,1),ones(1,size(x,2))) ...
                      ,'UniformOutput',false));
% 定数
  n = length(xm);                   % 次数
```

```
  kappa = 3-n;                    % スケーリングパラメータ
  w0 = kappa/(n+kappa);           % 重み
  wi = 1/(2*(n+kappa));
  W = diag([w0;wi*ones(2*n,1)]);
%% U 変換
% シグマポイントの生成
  L = chol(Pxx);
  X = [xm';
       ones(n,1)*xm'+sqrt(n+kappa)*L;
       ones(n,1)*xm'-sqrt(n+kappa)*L];
% シグマポイントに対応する y を計算
  Y = mapcols(f,X')';
% y の期待値
  ym = sum(W*Y)';
% 共分散行列
  Yd = bsxfun(@minus,Y,ym');     % 平均値の除去
  Xd = bsxfun(@minus,X,xm');     % 平均値の除去
  Pyy = Yd'*W*Yd;
  Pxy = Xd'*W*Yd;
end
```

例題7.4

非線形状態方程式

$$x(k+1) = f(x(k)) + v(k)$$
$$= 0.2x(k) + \frac{25x(k)}{1+x^2(k)} + 8\cos 1.2k + v(k) \qquad (7.66)$$

$$y(k) = h(x(k)) + w(k) = \frac{1}{20}x^2(k) + w(k) \qquad (7.67)$$

で記述される時系列 $y(k)$ について考える．ただし，システム雑音 $v(k)$ と観測雑音 $w(k)$ は互いに独立な正規性白色雑音とする．それらの平均値はともに 0 であり，分散は $\sigma_v^2 = 1$, $\sigma_w^2 = 3$ とする．また，$x(0) = 0$ とする．差分方程式から明らかなように，この時系列は非線形性が強く，状態推定が難しい対象である．そのため，統計学や計量経済学でしばしば用いられるベンチマーク的な問題である．

次ページの図に時系列の真値（実線）と観測値（∗印でプロット）を示す．観測値は状態の 2 乗でしか与えられないので，基本的に正の値しかとらないことに注

意する．通常，このような観測値から時系列を推定することはほとんど不可能であるが，非線形カルマンフィルタでは，式 (7.66)，(7.67) で与えた時系列のモデルを利用することによって状態推定を行うことができる．この問題に対して，EKF と UKF を設計して，状態推定の性能を比較せよ．

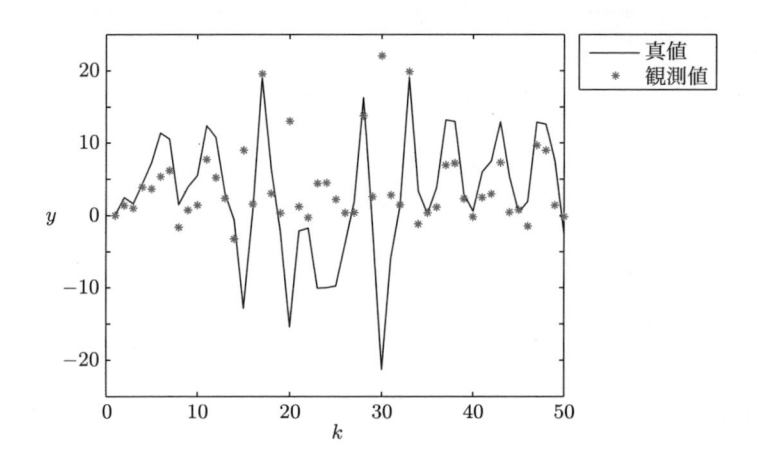

解答 $\hat{x}(0) = 0$，$p(0) = 1$ とし，システム雑音と観測雑音の分散は既知として，それらをカルマンフィルタで用いた．また，UKF のパラメータは $\kappa = 2$ とした．

以上の準備のもとで，EKF と UKF により状態推定された結果の一例を図7.14に示す．また，雑音の初期値を変えて10回試行し，RMSE の値を比較すると，EKF では 11.59，UKF では 5.614 であった．この例でも EKF に比べて UKF のほうが良い推定が行われた． ∎

この例題を MATLAB でプログラミングした一例を以下にまとめる．

MATLAB 例題7.4

```
%% 問題設定
 f = @(x, k) 0.2*x + 25*x/(1+x^2) + 8*cos(1.2*k);
 h = @(x) 1/20*x.^2;
% f のヤコビアン（EKFで必要）
 A = @(x) 0.2 + 25*(1-x^2)/(1+x^2)^2;
% h のヤコビアン（EKFで必要）
```

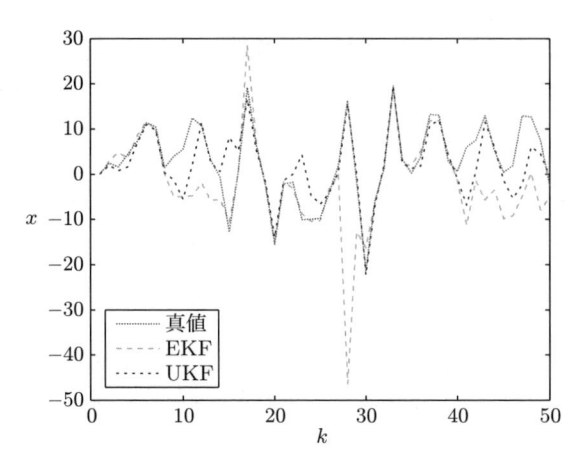

図7.14 EKFとUKFによる状態推定値と，状態の真値（例題7.4）

```
 C = @(x) x/10;
% 観測条件
 Q = 1;        % システム雑音の分散
 B = 1;
 R = 3;        % 観測雑音の分散
 N = 50;       % データ数
 n = 1;        % 状態変数の個数
%% データの生成
% 雑音の生成
 v = randn(1,N)*sqrtm(Q);      % システム雑音
 w = randn(1,N)*sqrtm(R);      % 観測雑音
% 記憶領域の確保
 x = zeros(N,1);
 y = zeros(N,1);
% 初期値
 x(1) = 0;
 y(1) = h(x(1));
% 時間更新
 for k=2:N
    x(k) = f(x(k-1),k-1) + v(k-1);
    y(k) = h(x(k))+w(k);
 end
%% EKFアルゴリズム
```

```
% 推定値の格納領域を確保
xhat_ekf = zeros(N,1);
% 初期値
xhat_ekf(1) = 0;            % 状態推定値
P_ekf = 1;                  % 誤差共分散
% 時間更新
for k=2:N
   [xhat_ekf(k,:),P_ekf] = ...
       ekf(@(x) f(x,k-1), h, A, B, C, Q, R, ...
           y(k), xhat_ekf(k-1,:), P_ekf);
end
%% UKFアルゴリズム
% 推定値の格納領域を確保
xhat_ukf = zeros(N,1);
% 初期値
xhat_ukf(1) = 0;            % 状態推定値
P_ukf = 1;                  % 誤差共分散
% 時間更新
for k = 2:N
   [xhat_ukf(k,:),P_ukf] = ...
       ukf(@(x) f(x,k-1), h, B, Q, R, ...
           y(k), xhat_ukf(k-1,:), P_ukf);
end
%% 結果の表示
% 推定値の図示
figure(1),clf
% y
plot(1:N,x,'k-',1:N,y,'r*');
xlabel('k'), ylabel('y')
% x
figure(2),clf
plot(1:N,x,'k',1:N,xhat_ekf,'b-.',1:N,xhat_ukf,'r--');
xlabel('k'), ylabel('x')
legend('true','ekf','ukf')
% RMSEの表示
RMSE = @(x) sqrt(mean(x.^2));
fprintf('RMSE(ekf) = %f\n',RMSE(xhat_ekf-x));
fprintf('RMSE(ukf) = %f\n',RMSE(xhat_ukf-x));
```

7.5 状態と未知パラメータの同時推定

非線形カルマンフィルタの応用例として，状態と未知パラメータの**同時推定問題**を考えよう．

時系列 $y(k)$ は線形状態方程式

$$\boldsymbol{x}(k+1) = \boldsymbol{A}(\boldsymbol{\theta})\boldsymbol{x}(k) + \boldsymbol{b}v(k) \tag{7.68}$$

$$y(k) = \boldsymbol{c}^T(\boldsymbol{\theta})\boldsymbol{x}(k) + w(k) \tag{7.69}$$

によって記述されるものと仮定する．これまでは，状態方程式の係数行列 $\boldsymbol{A}$ と係数ベクトル $\boldsymbol{c}$ は既知であると仮定したが，ここでは，それらの一部が未知であると仮定する．そして，$\boldsymbol{\theta}$ をその未知パラメータと定義する．ただし，ここでは未知パラメータは一定値をとる，すなわち，

$$\boldsymbol{\theta}(k+1) = \boldsymbol{\theta}(k) \tag{7.70}$$

とする．

いま，新しい状態変数として，

$$\boldsymbol{z}(k) = \left[\begin{array}{c} \boldsymbol{x}(k) \\ \boldsymbol{\theta}(k) \end{array} \right] \tag{7.71}$$

を導入する．式 (7.68)〜(7.70) をつぎのようにまとめて，**拡大系**（augmented system）

$$\boldsymbol{z}(k+1) = \boldsymbol{f}(\boldsymbol{z}(k)) + \boldsymbol{g}(\boldsymbol{z}(k))v(k) \tag{7.72}$$

$$y(k) = h(\boldsymbol{z}(k)) + w(k) \tag{7.73}$$

を構成することができる．ただし，

$$\boldsymbol{f}(\boldsymbol{z}(k)) = \left[\begin{array}{cc} \boldsymbol{A}(\boldsymbol{\theta}) & \boldsymbol{0} \\ \boldsymbol{0} & \boldsymbol{I} \end{array} \right] \boldsymbol{z}(k) \tag{7.74}$$

$$\boldsymbol{g}(\boldsymbol{z}(k)) = \left[\begin{array}{c} \boldsymbol{b} \\ \boldsymbol{0} \end{array} \right] \tag{7.75}$$

$$h(\boldsymbol{z}(k)) = \boldsymbol{c}^T(\boldsymbol{\theta})\boldsymbol{x}(k) \tag{7.76}$$

とおいた．

このように，状態とパラメータの同時推定問題では，式 (7.72)，(7.73) の非線形状態方程式が得られる．この非線形状態方程式モデルに対して，たとえば，EKF や UKF を適用すると，状態と未知パラメータを同時に推定することができる．この問題では推定値の大域的な収束性が保証されていないので，できるだけ真値に近いところに未知パラメータや状態の初期値を選ぶ必要がある．

つぎの例題を通して，同時推定に対する理解を深めよう．

例題 7.5

1.3 節で用いた力学システム（バネ・マス・ダンパシステム）を考える．すなわち，つぎの状態方程式で記述されるシステムを考える．

$$\frac{\mathrm{d}}{\mathrm{d}t}\begin{bmatrix} x_1(t) \\ x_2(t) \end{bmatrix} = \begin{bmatrix} 0 & 1 \\ -\frac{K}{M} & -\frac{C}{M} \end{bmatrix} \begin{bmatrix} x_1(t) \\ x_2(t) \end{bmatrix} + \begin{bmatrix} 0 \\ \frac{1}{M} \end{bmatrix} u(t) \quad (7.77)$$

$$y(t) = \begin{bmatrix} 1 & 0 \end{bmatrix} \begin{bmatrix} x_1(t) \\ x_2(t) \end{bmatrix} \quad (7.78)$$

ただし，物理パラメータの公称値を $M=2$，$C=1$，$K=0.7$ とする．そして，質量 M とバネ定数 K が既知で，粘性係数 C は未知と仮定する．

与えられた連続時間システムを離散化周期 $T=0.01$ s でルンゲクッタ法により離散化し，離散時間システムを求め，出力には平均値 0，分散 0.1 の観測雑音 $w(k)$ を加えるものとする．

以上の準備のもとで，同時推定によって式 (7.77) の二つの状態と，未知である粘性係数 C を推定せよ．

解答　この例題を MATLAB でプログラミングした一例を以下にまとめる．

MATLAB 例題 7.5

```
clear
%% プラントモデルを用いた入出力データの生成
% 物理パラメータの設定
 c=1; m=2; k=0.7;
% 離散化周期
 dT = 0.01;
```

```
% 入力の設定
 N = 2000;
 t = (dT*(0:(N-1)))';
 u = @(t) 4*sawtooth(t*sqrt(2))+10*sin(t);
% 観測雑音
 R = 0.1;
% 連続時間モデル
 dxdt = @(t,x) [x(2); -x(3)*x(2)/m-k*x(1)/m; 0] + [0; 1/m; 0]*u(t);
 h    = @(x) x(1);
% ルンゲクッタ法で離散時間状態遷移写像fを計算
 f = c2d_rk4(dxdt,dT);
% 出力の計算
%   記憶領域の確保
 x  = zeros(N,3);
 y0 = zeros(N,1);
%   状態初期値
 x(1,:) = [0;0;c];
 y0(1)  = h(x(1,:));
%   時間更新
 for n=2:N
    x(n,:)  = f((n-1)*dT,x(n-1,:)');
    y0(n,:) = h(x(n,:));
 end
 w = randn(N,1)*sqrtm(R);
 y = y0+w;
%% UKFによる同時推定
% 仮想的なシステム雑音の共分散
 Q = diag([1e-5,1e-5,1e-5]);
% 推定値記憶領域の確保
 xhat = zeros(N,3);
 yhat = zeros(N,1);
% 初期値
 xhat(1,:) = [0; 0; 0.1*c];
 yhat(1,:) = h(xhat(1,:));
 P = diag([10, 10, 10]);
% 時間更新
 for n=2:N
    [xhat(n,:),P] = ...
       ukf(@(x) f((n-1)*dT,x),h,1,Q,R,y(n,:),xhat(n-1,:),P);
    yhat(n,:) = h(xhat(n,:));
```

```
    end
%% 結果の出力
figure(1),clf
ylabels = {'Position','Velocity','Parameter c'};
for p=1:3
    subplot(3,1,p);
    plot(t,x(:,p),'r',t,xhat(:,p),'b');
    xlim([min(t) max(t)]);
    ylabel(ylabels{p});
    xlabel('Time[s]')
    legend('true','estimated','Location','SouthEast')
end
```

****
ルンゲクッタ法で離散時間状態遷移関数を構築する function 文
```
function [ fd ] = c2d_rk4( fc, h )
% C2D_RK4 ルンゲクッタ法による積分で離散時間状態遷移関数を構築
%   [ fd ] = c2d_rk4( fc, h )
%       以下のように x の微分値を与える関数 fc について
%           x'(t) = fc(t,x(t))
%       以下の関係を満たす離散時間状態遷移関数 fd を生成する.
%           x(t+h) = fd(t,x(t))
%       fd は1ステップの4次ルンゲクッタ法で積分を行い,
%       時間刻み h は十分に小さいことが期待される.
%   引数:
%       fc: xの微分値を与える関数のハンドル.
%           時刻と状態を引数とする関数である必要がある.
%       h:  時間刻み
%   戻り値:
%       fd: 離散時間状態遷移関数のハンドル.

    function x_new=fproto(t,x)
        k1 = fc(t,x);
        k2 = fc(t+h/2,x+h/2*k1);
        k3 = fc(t+h/2,x+h/2*k2);
        k4 = fc(t+h,x+h*k3);
        x_new = x + h/6*(k1+2*k2+2*k3+k4);
    end
    fd=@fproto;
end
```

■

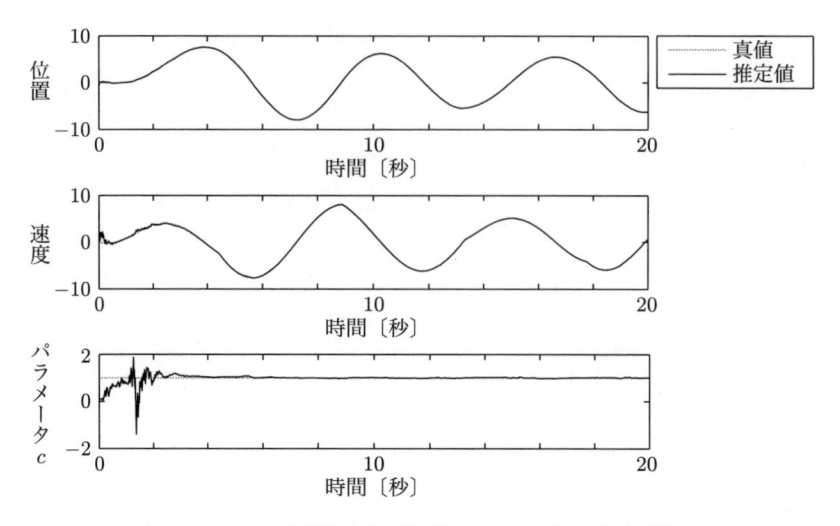

図7.15 二つの状態推定値と物理パラメータ推定値（例題7.5）

演習問題

7-1 行列

$$A = \begin{bmatrix} 1 & 2 & 3 \\ 2 & 8 & 2 \\ 3 & 2 & 14 \end{bmatrix}$$

をコレスキー分解して，平方根行列 S を求めよ．

7-2 非線形状態方程式

$$x(k+1) = -0.1x(k) + \sin x(k) + v(k), \quad x(0) = 0$$
$$y(k) = x^2(k) + w(k)$$

で記述される時系列 $y(k)$ を考える．ここで，$v(k)$ は平均値 0, 分散 1 の正規性白色雑音，$w(k)$ は平均値 0, 分散 0.5 の正規性白色雑音とし，互いに独立であるとする．このとき EKF と UKF によって状態推定を行い，その結果を比較して考察せよ．ただし，$\hat{x}(0) = 0$, $p(0) = 1$ とし，システム雑音と観測雑音の分散の真値が利用できるものとする．

参考文献

[1] Simon Haykin : Kalman Filtering and Neural Networks (4th Ed.), Wiley-Interscience, 2001.

[2] 片山 徹：新版 応用カルマンフィルタ，朝倉書店，2000.

[3] M. S. Grewal and A. P. Andrews : Kalman Filtering: Theory and Practice Using MATLAB (3rd Edition), Wiley-IEEE Press, 2008.

[4] 魚崎勝司：非線形フィルタリングの新しい展開，システム/制御/情報，Vol.53, No.5, pp.166–171, 2009.

[5] S. Julier, J. Uhlmann and H. F. Durrant-Whyter : A new method for nonlinear transformation of means and covariances in filters and estimates, IEEE Trans. on Automatic Control, Vol.45, No.3, pp.477–482, 2000.

[6] 山北昌毅：UKF（Unscented Kalman Filter）って何？，システム/制御/情報，Vol.50, No.7, pp.261–166, 2006.

[7] 北川源四郎：モンテカルロ・フィルタおよび平滑化について，統計数理，Vol.44, No.1, pp.31–48, 1996.

[8] 樋口知之：粒子フィルタ，電子情報通信学会誌，Vol.88, No.12, pp.989–994, 2005.

[9] 中村・上野・樋口：データ同化――その概念と計算アルゴリズム，統計数理，Vol.53, No.2, pp.211–229, 2005.

第8章 カルマンフィルタの応用例

本章では，カルマンフィルタの応用例を二つ紹介する．一つは航法システムで利用されている相補フィルタであり，もう一つは電気自動車などで必要となるリチウムイオン二次電池の状態推定問題へのカルマンフィルタの適用例である．

8.1 相補フィルタ

これまでカルマンフィルタはさまざまな対象に応用されてきたが，**統合慣性航法システム**（integrated inertial navigation system）は，その中で最も成功したものの一つであろう[1]．これは，**慣性航法システム**（INS：Inertial Navigation System）と，GPS（Global Positioning System）のような他のセンサからの航法データとを統合するシステムであり，カルマンフィルタを用いて**センサフュージョン**（sensor fusion, あるいは「データ統合」とも呼ばれる）を行う方法が提案されている．さまざまなセンサからのデータは，それぞれ質が異なるので，その得意分野を効率的に融合することがセンサフュージョンの目的である．

本節では，まずセンサフュージョンを行うために有用な相補フィルタを紹介し，その統合慣性航法システムへの応用例を示す．

8.1.1 相補フィルタの原理

図8.1に示すように，同じ信号 $s(t)$ を二つのセンサによって測定したデータを融合して，信号のより良い推定値を求める問題を考える．図において $n_1(t)$ はセンサ1の雑音，$n_2(t)$ はセンサ2の雑音であり，これらの雑音は独立であると仮定する．また，$x(t)$ をフィルタリングによる信号の推定値とする．なお，以下では直観的な理解を容易にするため，連続時間で説明する．

8.1 相補フィルタ

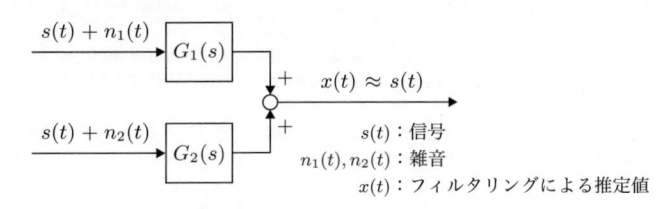

$$s(t)+n_1(t) \to G_1(s) \to \oplus \to x(t) \approx s(t)$$
$$s(t)+n_2(t) \to G_2(s) \to$$

$s(t)$：信号
$n_1(t), n_2(t)$：雑音
$x(t)$：フィルタリングによる推定値

図 8.1　二つのセンサの融合

　本書では説明していないが，ウィナーフィルタでは信号と雑音がともに定常確率過程であると仮定していた．しかし，われわれが取り扱う制御や通信の分野では，信号は確率的ではなく，確定的な場合が一般的なので，信号が定常確率過程であるという仮定は現実的ではない．そのため，特に制御で扱う典型的なフィルタリング問題は，ウィナーフィルタの枠組みに入らないことが多かった．しかし，計測の分野ではこれから述べるように信号を確率過程であるとみなせるため，ウィナーフィルタが利用される場合も多い．

　さて，図 8.1 において，信号 $s(t)$ が雑音のように振る舞う定常確率過程であれば，平均二乗誤差（MSE）を最小にするように，ウィナーフィルタによって図中の二つの伝達関数 $G_1(s)$ と $G_2(s)$ を決定することができる．しかし，通常は確率過程としてモデリングが難しく，また，観測雑音をフィルタリングする際に信号の位相を遅らせたり，歪ませたりしたくない．そこで，図 8.2 に示すような**相補フィルタ**（complementary filter）の利用を考える．図 8.2 は図 8.1 において

$$G_1(s) = 1 - G(s), \quad G_2(s) = G(s) \tag{8.1}$$

とおいたものに対応する．

　図 8.2 のブロック線図から，ラプラス領域における関係式

$$X(s) = [1 - G(s)][S(s) + N_1(s)] + G(s)[S(s) + N_2(s)]$$

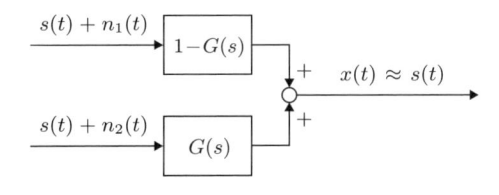

図 8.2　相補フィルタ

$$= S(s) + [1 - G(s)]N_1(s) + G(s)N_2(s) \tag{8.2}$$

が得られる．ただし，

$$S(s) = \mathcal{L}[s(t)], \quad X(s) = \mathcal{L}[x(t)], \quad N_1(s) = \mathcal{L}[n_1(t)], \quad N_2(s) = \mathcal{L}[n_2(t)]$$

とおいた．ここで，$\mathcal{L}[\cdot]$ はラプラス変換を表す．式 (8.2) において，右辺第1項に信号が現れるが，伝達関数などがかかっていない信号単独の形で出ている．また，右辺第2項と第3項に二つの雑音の項があるが，それぞれの雑音にかかる伝達関数が $[1 - G(s)]$ と $G(s)$ のように相補的[1]であることが，この構成の特徴である．

たとえば，n_1 が低周波雑音（外乱）で，n_2 が高周波雑音であるというように，二つの雑音の周波数成分が分離していたら，両者の影響を周波数帯域ごとに低減化するように，伝達関数 $G(s)$ を設計することができる．この場合には $G(s)$ を低域通過特性に選べばよい．相補フィルタは，ロバスト制御理論における感度関数と相補感度関数に対応している．

さて，図 8.2 のブロック線図を変形すると，図 8.3 のブロック線図が得られる．これは相補フィルタの差分・フィードフォワード構成と呼ばれる．図において，伝達関数 $G(s)$ の入力は二つの雑音の差 $n_1(t) - n_2(t)$ である．フィルタリングの目的は伝達関数の出力が $n_1(t)$ になるように $G(s)$ を設計することである．センサ1の測定値から，推定された $\hat{n}_1(t)$ を引くことによって，信号 $s(t)$ の高精度な推定値が得られる．伝達関数の入力が雑音で出力も雑音なので，ウィナーフィルタの設計法を用いて $G(s)$ を設計することができる．もちろん，この伝達関数部分をカルマンフィルタを用いて設計することも可能である．

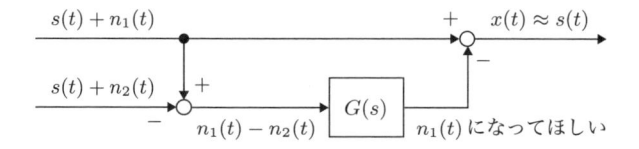

図 8.3　相補フィルタの差分・フィードフォワード構成

---

[1]. 「相補的」とは互いに他を補うという意味で，二つの伝達関数を足すと 1 になることから，このように表現される．中学校のときに数学で習った補集合 (complementary set) と同じ考え方である．

8.1.2　相補フィルタの適用例

フィードバック制御系の設計において，閉ループシステムの安定性を改善するためには，速度フィードバックが有効であることがよく知られている[2]．速度を計測するセンサとしてタコメータ（回転速度計）があるが，タコメータ出力には雑音が含まれ，その雑音を除去するために低域通過フィルタを適用すると，速度信号に遅れが生じてしまう．そこで，タコメータとともに加速度計を取り付け，速度と加速度情報を融合させて速度情報を高精度に推定できる相補フィルタを構成する問題を考える．

構成した相補フィルタを図8.4に示す．図において，タコメータ出力には雑音 n_1 が加わっているものとし，その影響を除去するために1次遅れ系の低域通過フィルタ（LPF）を $G(s)$ として利用した．一方，加速度計の出力には雑音 n_2 が加わっているものとし，観測値を積分することにより速度情報に変換する．その際に積分という低域通過フィルタを通過したために，低域の雑音が強調されるので，相補フィルタとして高域通過フィルタ（HPF：High-Pass Filter）$1 - G(s)$ を利用した．

図8.4のブロック線図を等価変換すると，図8.5のように簡単になる．以上の問題設定において，われわれが設計するパラメータはフィルタの時定数 T のみであり，これはウィナーフィルタを用いて設計することができる．

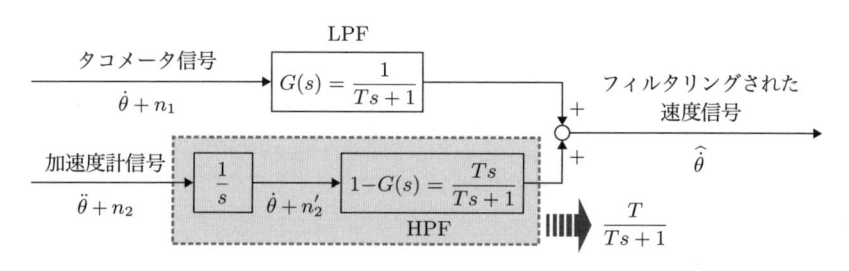

図8.4　タコメータと加速度計のセンサフュージョン (1)

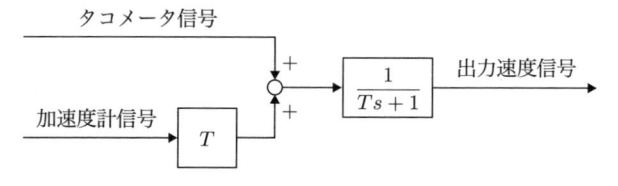

図8.5　タコメータと加速度計のセンサフュージョン (2)

8.1.3　相補フィルタを用いた慣性航法システム

前項で導入した相補フィルタを慣性航法システム（INS）に適用した例を図8.6に示す．これは図8.3をINSに適用したものである．

まず，INSはセンサとしてジャイロスコープをもち，角速度を計測する．そして，それを数値積分して姿勢角を算出する．また，加速度計をもち，加速度を積分して速度，さらに積分して位置を算出する．このようにINSでは姿勢，位置，速度情報を観測あるいは計算できるが，積分計算を含むため，姿勢や位置の誤差は本質的に不安定になり，ドリフト誤差をもつ．

いまINSの観測値を $h(\boldsymbol{x}^*)$ とおくと，これは

$$h(\boldsymbol{x}^*) = (真の位置，速度など) + n_1 \tag{8.3}$$

のように考えられる．ただし，n_1 は慣性系誤差である．

一方，補助センサとして，ここではGPSやドップラーレーダなどを考え，$z(k)$ とおく．これは

$$z(k) = (真の位置，速度など) + n_2 \tag{8.4}$$

のように記述できる．ただし，n_2 は補助センサ誤差である．

図8.6に示したように，式(8.3)と式(8.4)の差をとると，

$$h(\boldsymbol{x}^*) - z(k) = n_1 - n_2 \tag{8.5}$$

のように，真の位置，速度などの信号成分は消去され，雑音成分のみになる．そこで，この雑音成分 $n_1 - n_2$ を入力とし，$\hat{n}_1$ を出力とするカルマンフィルタを設計で

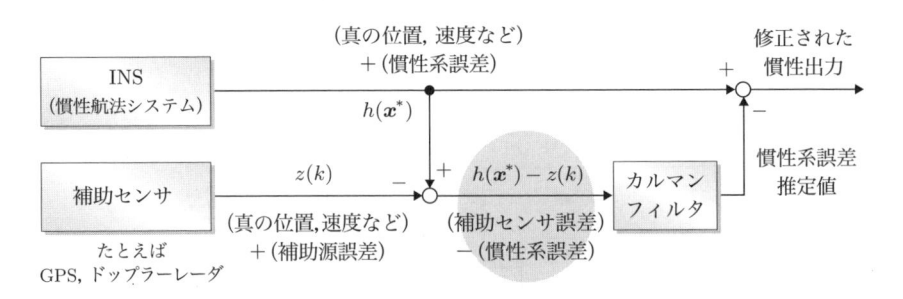

図8.6　相補フィルタを用いた統合慣性航法システムの構成

きれば，

$$h(\boldsymbol{x}^*) - \widehat{n}_1 \tag{8.6}$$

を計算することによって，慣性系のより高精度な推定値を得ることができる．これが，相補フィルタを用いた INS のフィードフォワード構成である．

このような複合慣性航法系の利点をまとめておこう．

- カルマンフィルタ用のモデルの制約に対処できる．

  たとえば 2 点間の距離を測定するとき，それぞれの直交成分の 2 乗を足して平方根をとる（すなわち，三平方の定理を用いる）が，この演算は非線形演算である．このように，航法系では観測方程式は非線形になる場合が多く，通常のカルマンフィルタを利用するためには，ある参照軌道のまわりで線形化をしなければならなかった．しかし，相補フィルタを用いた定式化では，式 (8.5) の差分演算によって非線形性が相殺されるので，通常の線形カルマンフィルタを利用することができる．

- いろいろな補助センサを利用できる．

  さまざまなミッションの中で，利用できる補助センサは変わるかもしれないが，カルマンフィルタを用いたセンサフュージョンでは，ソフトウェアですべてに対応できる．

- 相補フィルタは速い応答性能を実現し，瞬時に雑音を除去できる．

  カルマンフィルタは慣性系誤差と補助源誤差に対してのみ作用し，着目する慣性系のダイナミクスには作用しないので，遅れや歪みが生じない．

一方，この複合慣性航法系がうまく動作するためには，慣性系誤差を記述する状態空間モデルが必要になり，そのモデリングが重要である．

8.1.4　相補フィルタの数値例

信号 $z(k)$ が非線形状態方程式

$$z(k+1) = z(k) + 2\cos(0.05k) + d(k), \quad z(0) = 10 \tag{8.7}$$

によって記述される場合を考える．ただし，$d(k)$ は平均値 0，分散 5 の正規性白色雑音とする．この条件のもとで生成した $z(k)$ の一例を図 8.7 に示す．

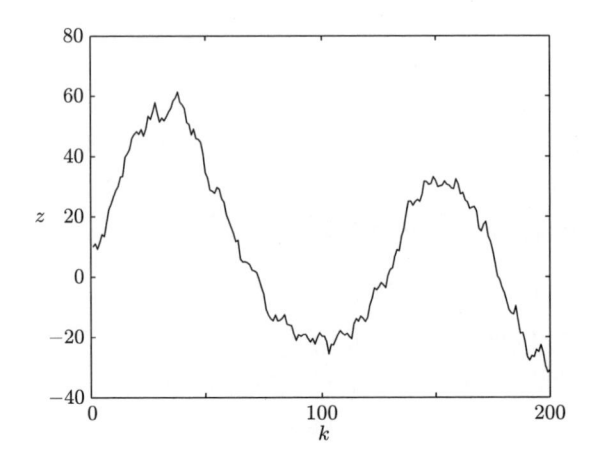

図8.7 対象とする非線形時系列信号 $z(k)$

この信号 $z(k)$ を二つの特性の異なるセンサで測定することを考える．まず，センサ1による測定誤差 $e_1(k)$ は，

$$e_1(k) = \mu(k) + \beta(k) \tag{8.8}$$

で記述されるものとする．ただし，$\mu(k)$ は1次低域通過フィルタ

$$\mu(k+1) = a\mu(k) + (1-a)v_1(k), \quad \mu(0) = \mu_0 \tag{8.9}$$

によって生成される低周波雑音とする．ただし，$0 < a < 1$ とし，$v_1(k)$ は平均値 0，分散 $\sigma_{v_1}^2$ の正規性白色雑音とする．また，$\beta(k)$ は，

$$\beta(k+1) = \beta(k), \quad \beta(0) = \beta_0 \tag{8.10}$$

を満たすバイアス成分とする．このように，センサ1は低周波雑音を多く含んでいると仮定する．

一方，センサ2による測定誤差 $e_2(k)$ は，

$$e_2(k) = v_2(k-1) \tag{8.11}$$

で記述されるものとする．ただし，v_2 は平均値 0，分散 $\sigma_{v_2}^2$ で，v_1 と独立な正規性白色雑音とする．したがって，センサ2は全周波数帯域にほぼ一様に雑音が存在する．

数値シミュレーションを行うために，$\sigma_{v_1}^2 = \sigma_{v_2}^2 = 60$, $a = 0.75$, $\mu_0 = 0$, $\beta_0 = 20$, $e_2(0) = 0$ として，センサ1とセンサ2の誤差を生成した．その結果を図8.8に示す．図より，センサ1ではバイアスがかかった低周波雑音であり，センサ2では平均値が0の白色性雑音であることがわかる．さらに，確認のために両者をフーリエ変換し，得られた振幅スペクトルを図8.9に示した．

このように作成したセンサ雑音を信号 $z(k)$ に加えて，センサ1とセンサ2の測定値（それぞれ $y_1(k)$, $y_2(k)$ とする）を生成した．すなわち，

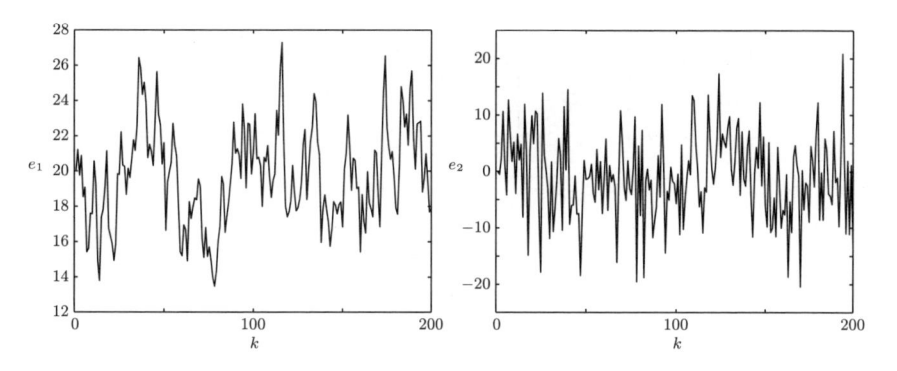

$$y_1(k) = z(k) + e_1(k) \tag{8.12}$$
$$y_2(k) = z(k) + e_2(k) \tag{8.13}$$

図8.8 センサ1（左）とセンサ2（右）の測定誤差

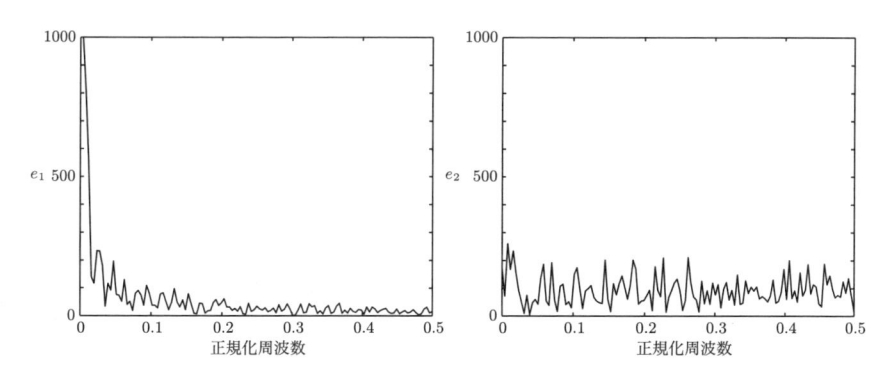

図8.9 センサ1（左）とセンサ2（右）の測定誤差の振幅スペクトル

とした．生成された二つのセンサ出力と真値 $z(k)$ を図8.10に示す．

つぎに，相補フィルタを設計するために，測定誤差システムの状態方程式を導出しよう．いま，センサ1とセンサ2の測定誤差より構成される状態変数を

$$\boldsymbol{x}(k) = \begin{bmatrix} \mu(k) \\ \beta(k) \\ e_2(k) \end{bmatrix} \tag{8.14}$$

とおくと，式(8.9), (8.10), (8.11)より，状態方程式

$$\boldsymbol{x}(k+1) = \boldsymbol{A}\boldsymbol{x}(k) + \boldsymbol{B}\boldsymbol{v}(k) \tag{8.15}$$

が得られる．ただし，

$$\boldsymbol{A} = \begin{bmatrix} a & 0 & 0 \\ 0 & 1 & 0 \\ 0 & 0 & 0 \end{bmatrix}, \quad \boldsymbol{B} = \begin{bmatrix} 1-a & 0 \\ 0 & 0 \\ 0 & 1 \end{bmatrix}, \quad \boldsymbol{v}(k) = \begin{bmatrix} v_1(k) \\ v_2(k) \end{bmatrix} \tag{8.16}$$

とおいた．

相補フィルタでは，二つのセンサの差分が観測量になるので，観測方程式は，

$$\begin{aligned} y(k) &= y_1(k) - y_2(k) = e_1(k) - e_2(k) \\ &= \mu(k) + \beta(k) - e_2(k) = \boldsymbol{c}^T \boldsymbol{x}(k) \end{aligned} \tag{8.17}$$

となる．ただし，

$$\boldsymbol{c} = [\,1\ 1\ -1\,]^T \tag{8.18}$$

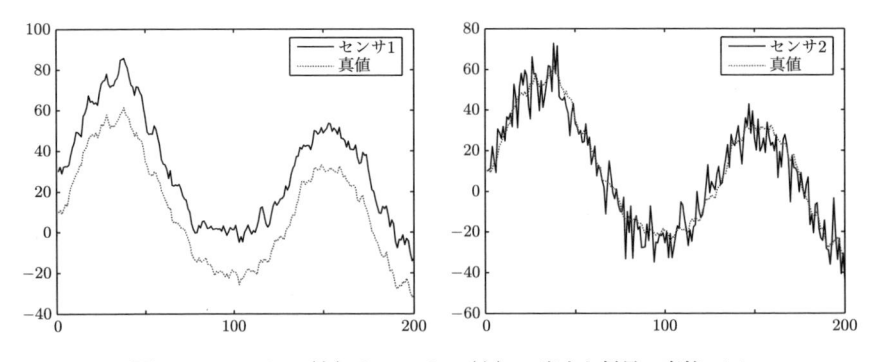

図8.10 センサ1（左）とセンサ2（右）の出力と信号の真値 $z(k)$

とおいた．以上で導出した式 (8.15)，(8.17) が誤差システムの状態方程式である．

以上の準備のもとで，線形カルマンフィルタを用いて状態推定を行い，それぞれのセンサの測定誤差を推定した．このとき，カルマンフィルタの状態推定値と共分散行列の初期値として，

$$\widehat{\boldsymbol{x}}(0) = [\,10\ 30\ 20\,]^T, \quad \boldsymbol{P}(0) = \begin{bmatrix} 1000 & 0 & 0 \\ 0 & 1000 & 0 \\ 0 & 0 & 1000 \end{bmatrix} \tag{8.19}$$

を用いた．また，システム雑音 $\boldsymbol{v}(k)$ と観測雑音の共分散行列をそれぞれ

$$\boldsymbol{Q} = \begin{bmatrix} 60 & 0 \\ 0 & 60 \end{bmatrix}, \quad R = 10^{-4} \tag{8.20}$$

とした．なお，式 (8.17) の観測方程式では観測雑音 $w(k)$ を考慮していないので，観測雑音の分散は仮想的に非常に小さな値を用いた．

状態推定の結果を用いて，それぞれのセンサの測定誤差は，

$$\widehat{e}_1(k) = \widehat{x}_1(k) + \widehat{x}_2(k) \tag{8.21}$$

$$\widehat{e}_2(k) = \widehat{x}_3(k) \tag{8.22}$$

より推定できる．

このようにして推定されたそれぞれのセンサの測定誤差を実際のセンサ測定値から引くことによって，高精度な測定値を求めることができる．その結果を図 8.11 に示す．図では，センサ 1 とセンサ 2 の測定値からそれぞれカルマンフィルタによる測

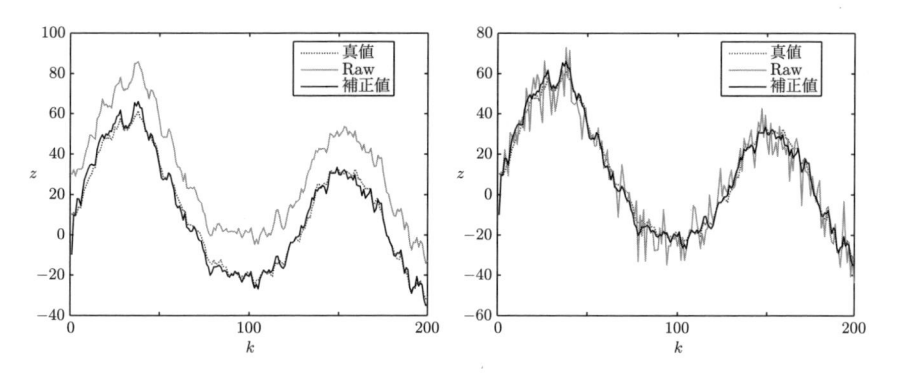

図 8.11 相補フィルタの効果（左：センサ 1 を補正，右：センサ 2 を補正）

定誤差の推定値を引いて補正した結果を示している．いずれの場合も，相補フィルタにより測定誤差推定が有効に機能し，高精度な値が得られていることがわかる．

この例では，対象とする時系列は式 (8.7) から明らかなように，非線形状態方程式によって生成されていた．しかし，相補システムを誤差システムに対して設計することにより，線形カルマンフィルタで対応できたことは重要な点である．

この例題を MATLAB でプログラミングした一例を以下にまとめる．

MATLAB 相補フィルタの数値例

```matlab
%% 真値の生成
 N = 200;                              % データ数
 z = zeros(N,1);
 d = randn(N,1)*sqrtm(5);
 z(1)=10;
 for k=2:N
    z(k) = z(k-1) + 2*cos(0.05*k) + d(k-1);
 end
%% 観測値の生成
% センサ誤差の設定
 a = 0.75;
 A = [a 0 0;0 1 0;0 0 0];
 B = [(1-a) 0;0 0;0 1];
 Q = diag([60,60]);
 R = 1e-4;
 C = [1 1 -1]';
% センサ誤差の生成
 v = randn(N,2)*sqrtm(Q);              % ランダム要素
 x = zeros(N,3);                        % 記憶領域の確保
 x(1,:) = [0;20;0];                    % 初期状態
 for k=2:N                              % 時間更新
    x(k,:) = A*x(k-1,:)' + B*v(k-1,:)';
 end
 e1 = x(:,1)+x(:,2);                   % センサ1の測定誤差
 e2 = x(:,3);                          % センサ2の測定誤差
% センサ出力
 y1 = z+e1;
 y2 = z+e2;
% 相補フィルタが用いる出力
 y = y1 - y2;
```

```
%% 測定誤差 e1,e2 の振幅スペクトルの計算
 fs = 1;
 m = length(e1);                      % 窓長
 n = pow2(nextpow2(m));               % 変換長
 f = (0:n-1)*(fs/n);                  % 周波数範囲
 ye1 = fft(e1,n);                     % DFT --> e1 の振幅スペクトル
 ye2 = fft(e2,n);                     % DFT --> e2 の振幅スペクトル
 me1=abs(ye1);  me2=abs(ye2);
%% 相補フィルタによる誤差推定
% 推定値記憶領域の確保
 xhat_ukf = zeros(N,3);
 xhat = zeros(N,3);
% 初期推定値
 xhat(1,:) = x(1,:)' + [10;10;20]; % 状態推定
 P = 1000*eye(3);                     % 誤差共分散
% 時間更新
 for k=2:N
    [xhat(k,:),P] = kf(A,B,0,C,Q,R,0,y(k),xhat(k-1,:),P);
 end
 error = xhat-x;
%% 推定値を用いて各センサ出力を補正
 yhat1 = y1-xhat(:,1)-xhat(:,2);
 yhat2 = y2-xhat(:,3);
%% 結果の図示
% 信号 z(k) の図示
 figure(1),clf
 plot(z), xlabel('k'), ylabel('z')
% 測定誤差 e1 と e2 の図示
 figure(2),clf
 plot(e1), xlabel('k'), ylabel('e1')
 figure(3),clf
 plot(e2), xlabel('k'), ylabel('e2')
% 測定誤差 e1 と e2 の振幅スペクトルの図示
 figure(4),clf
 plot(f,me1), xlabel('Normalized frequency'), ylabel('e1')
 axis([0 0.5 0 1000])
 figure(5),clf
 plot(f,me2), xlabel('Normalized frequency'), ylabel('e2')
 axis([0 0.5 0 1000])
```

```
% それぞれのセンサの出力の図示
figure(6),clf
  plot(1:N,y1,'k:',1:N,z,'r--');
  legend('Sensor1','True');
figure(7),clf
  plot(1:N,y2,'k:',1:N,z,'r--');
  legend('Sensor2','True');
% 相補フィルタによりセンサ1を補正した図
figure(8),clf
  plot( 1:N,z,'r--',1:N,y1,'k:', 1:N,yhat1,'b-');
  xlabel('k'), ylabel('z')
  title('Measurement with sensor 1')
  legend('True','Raw','Corrected')
% 相補フィルタによりセンサ2を補正した図
figure(9),clf
  plot( 1:N,z,'r--',1:N,y2,'k:', 1:N,yhat2,'b-');
  xlabel('k'), ylabel('z')
  title('Measurement with sensor 2')
  legend('True','Raw','Corrected')
```

8.2　リチウムイオン二次電池の状態推定

　電池は，パソコン，携帯電話，デジカメなどをはじめとする，さまざまな電気製品の使用可能時間を決定する重要な構成要素である．特に最近では，ハイブリッド自動車や電気自動車などにおいて電池に対する関心が高まっている．電池の中でも充電可能な二次電池のニーズは高く，その中でもリチウムイオン二次電池が注目されている[3][4]．

　電池は電気化学の分野で研究開発されてきたため，制御工学で利用するような数学的なモデリングが行われることが少なかったが，近年，電池の数学的なモデリングに関する研究が急速に進んでいる[5]．たとえば，電気自動車全体を設計するときに，電気機械部品であるモータや，電気化学部品である電池の数学モデルを構築することによって，標準的な設計が行えるからである．細分化されたそれぞれの技術分野における技術用語の「方言」を，モデルという「標準語」（共通語）に置き換えることによって，技術の定着と製品の生産性の向上が期待できる．このよ

うな考え方は**モデルベース開発**（MBD：Model-Based Development）と総称されている．

8.2.1 二次電池の充電率と健全度

電池を利用する際に最も気になるのは電池の残量だろう．これは次式で定義される**充電率**（SOC：State Of Charge）と呼ばれる量で定量化できる．

$$\text{SOC} = \frac{\text{RC}}{\text{FCC}} \tag{8.23}$$

ただし，RC は残量（Remaining Capacity）であり，FCC は満充電容量（Full Charge Capacity）である．

携帯電話などを長い期間使っていて，充電してもすぐに電池がなくなってしまう経験をした読者も多いだろう．これは，二次電池を使用していくうちに経年劣化によって，電池の容量が小さくなっていく現象である．このような電池の劣化具合を，次式で定義される**健全度**（SOH：State Of Health）という量で定量化する．

$$\text{SOH} = \frac{\text{FCC}}{\text{DC}} \tag{8.24}$$

ただし，DC は設計容量（Design Capacity）であり，これは FCC の初期値である．以上で登場した DC, FCC, RC の関係を図 8.12 に示す．これは電池の容量をタンクにたとえたものであり，電池のタンクモデルと呼ばれる．

たとえば，ガソリン自動車であれば，燃料タンクの中に浮子のようなものを浮かべておいて，その高さを測れば，ガソリンの残量を知ることができる．しかしなが

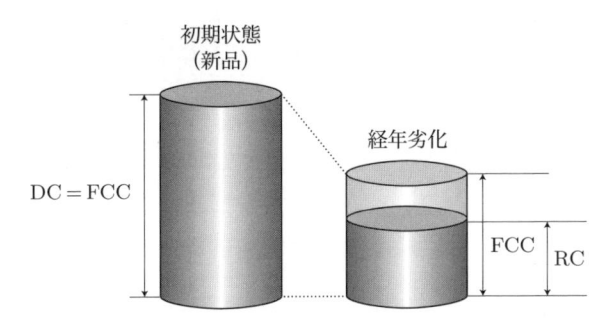

図8.12 リチウムイオン二次電池のタンクモデル

ら，二次電池の場合には，測定できる量は電池の端子電圧と回路を流れる電流だけである．そのため，電池残量を知る手がかりである SOC や SOH を，たとえば電気自動車の運転中に直接測定することはできない．したがって，間接的な方法，あるいは何らかのモデルに基づいてこれらの量を推定する必要がある．

8.2.2 二次電池のモデル

リチウムイオン二次電池の模式図と化学反応式を図 8.13 に示す．図からわかるように，リチウムイオン二次電池のモデリングは化学プラントのモデリング問題と考えることができる．制御工学の分野において，化学プラントは，複雑な化学反応，非線形性，温度依存性などのために，モデリングが難しい対象として知られている．また，変数の多さに対して，測定可能な物理量が少ない（二次電池では通常，電流と電圧しかない）ことも問題を難しくする要因となっている．そのため，リチウムイオン二次電池を第一原理モデリングすることは一般に難しく，実験データに基づくモデリング法であるシステム同定の適用が検討されている．

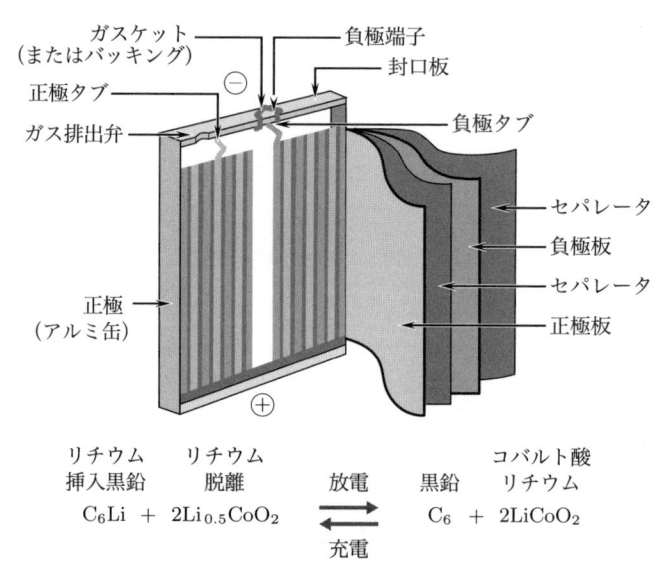

$$\underset{\text{挿入黒鉛}}{\text{リチウム}} + \underset{\text{脱離}}{2\text{Li}_{0.5}\text{CoO}_2} \underset{\text{充電}}{\overset{\text{放電}}{\rightleftarrows}} \underset{\text{黒鉛}}{\text{C}_6} + \underset{\text{リチウム}}{2\text{LiCoO}_2}$$

図 8.13 リチウムイオン二次電池は小さな化学工場（出典：社団法人電池工業会）

たとえば，リチウムイオン二次電池の等価電気回路モデルを作成して，その物理パラメータをシステム同定法によって推定する方法がある．定常電流のときの等価回路と微小過渡電流のときの等価回路の例を，図8.14に示す．図において，電流 I が電池への入力信号であり，電圧 V が出力信号である．また，OCV は開回路電圧 (Open Circuit Voltage) を表し，これは電池に負荷が接続されている場合には測定できない量である．

ここでは詳細については述べないが，入力電流として M 系列信号のような擬似白色信号を印加してシステム同定を行う方法が提案されている[6]．以下では，何らかの方法によってリチウムイオン二次電池の等価回路の物理パラメータが推定されている，すなわち，電池の数学モデルは利用可能であると仮定して，カルマンフィルタを適用する．

式 (8.23) で定義した SOC と，図8.14の等価回路中の OCV の間には，図8.15に示すような静的な非線形関係が成り立つことが知られている．この非線形関係をつぎのように関数近似する方法も提案されている[7]．

$$\text{OCV} = K_0 - \frac{K_1}{\text{SOC}} - K_2\text{SOC} + K_3 \ln(\text{SOC}) + K_4 \ln(1 - \text{SOC}) \tag{8.25}$$

ここで，$K_0 \sim K_4$ は係数パラメータであり，たとえば最小二乗推定法などを用いて図面データから推定することができる．

図8.15はSOCが小さくなるとOCVも減少することを示しているが，今後，性能の良い電池が開発されてくると，SOC が小さくなっても OCV の値はほとんど減ら

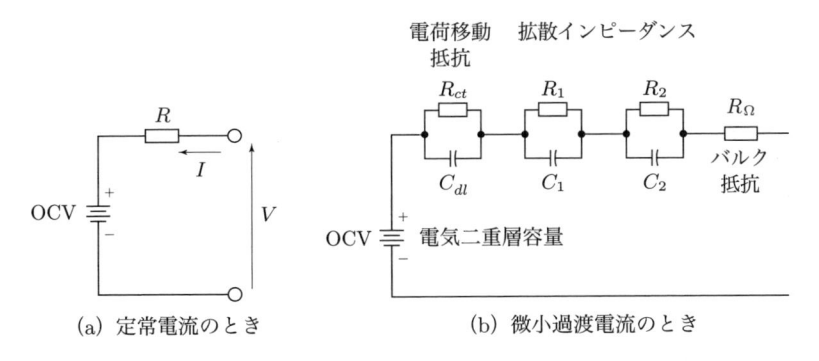

図8.14 リチウムイオン二次電池の等価回路

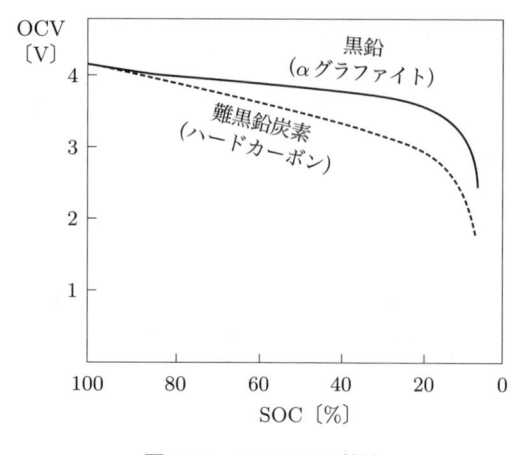

図8.15 SOC-OCV 特性

ずに一定になる．図8.15の SOC-OCV 曲線が平坦になるにつれて，OCV を用いた SOC 推定は難しくなる．

8.2.3　カルマンフィルタによる二次電池のSOC推定

簡単でしかも強力な方法として知られている SOC（充電率）の推定法は，クーロンカウント法（電流積算法）である．この方法は，電池に出入りする電荷量 $Q(t)$ を，

$$Q(t) = \int_0^t I(\tau) d\tau \tag{8.26}$$

のように，電流 $I(t)$ を積算することによって求める．そして，電池の総電荷量，すなわち電池の満充電容量（FCC）で，現時刻 t の電荷量を割れば，SOC を求めることができる．すなわち，

$$\text{SOC}(t) = \frac{Q(t)}{\text{FCC}} \tag{8.27}$$

より，現時刻 t での $\text{SOC}(t)$ を計算する方法である．

通常，SOC の初期値は，電池を負荷に接続する前，すなわち回路が開放のときの電圧を前述の OCV とみなして，図8.15の SOC-OCV 特性から算出される．しかし，この方法では初期値のずれによるバイアス誤差の影響を受けやすい．クーロンカウント法では誤差の影響を低減するフィードバック構造が入っていないので，ひとたびバイアス誤差が混入すると，その影響は積分されてどんどん大きくなってし

まう．また，電流センサによる測定値には測定誤差が含まれているので，クーロンカウント法ではバイアス誤差と測定誤差の両方の影響を受けてしまう問題点がある．さらに，式(8.27)中のFCCの値は経年劣化などによって変化してしまうため，現実には未知である．

クーロンカウント法の問題点を改善するために，リチウムイオン二次電池の等価電気回路モデルを用いた非線形カルマンフィルタによるSOCの推定法を利用することができる．以下では，簡単のために，図8.14の左に示した定常電流の場合の等価回路を用いて，それを紹介する．この回路において，入力は電流，出力は端子電圧であり，これらの量だけが測定可能である．本書で用いてきた入出力の記号を使うと，

$$u(k) = I(k), \quad y(k) = V(k) \tag{8.28}$$

となる．ここでは回路に含まれる抵抗 R と図8.15のSOC-OCV特性が利用できるものと仮定する．

式(8.26)，(8.27)で与えたクーロンカウント法によるSOCの計算をサンプリング周期 T で離散化すると，

$$\mathrm{SOC}(k+1) = \mathrm{SOC}(k) + \frac{T}{\mathrm{FCC}} u(k) \tag{8.29}$$

が得られる．ここでは，SOCをカルマンフィルタによって推定する問題を考えるので，推定すべき状態をSOC，すなわち，

$$x(k) = \mathrm{SOC}(k) \tag{8.30}$$

とする．

以上の準備のもとで，スカラ非線形状態方程式

$$x(k+1) = x(k) + bu(k) + v(k) \tag{8.31}$$
$$y(k) = h(x(k), u(k)) + w(k) \tag{8.32}$$

が得られる．ただし，

$$b = \frac{T}{\mathrm{FCC}} \tag{8.33}$$
$$h(x(k), u(k)) = \mathrm{OCV}(x(k)) + Ru(k) \tag{8.34}$$

とおいた．ここで，$\mathrm{OCV}(x(k))$ として式(8.25)の非線形関数を用いる．係数 $K_0 \sim K_4$ は既知であると仮定する．また，$v(k)$ と $w(k)$ は，それぞれ $N(0, \sigma_v^2)$，$N(0, \sigma_w^2)$ である互いに独立なシステム雑音と観測雑音とする．

式 (8.31) より状態方程式には制御入力 $u(k)$ が含まれること，式 (8.32) より非線形性は観測方程式だけに現れることに注意する．

Point 7.1 (p.157) にまとめた EKF を適用するために，ヤコビアンを計算しておく．

$$c(k) = \left.\frac{\partial h(x)}{\partial x}\right|_{x=\widehat{x}^-(k)} = \left.\frac{\mathrm{d(OCV)}}{\mathrm{d(SOC)}}\right|_{\mathrm{SOC}=\widehat{x}^-(k)}$$
$$= \left.\left(\frac{K_1}{\mathrm{SOC}^2} - K_2 + \frac{K_3}{\mathrm{SOC}} - \frac{K_4}{1-\mathrm{SOC}}\right)\right|_{\mathrm{SOC}=\widehat{x}^-(k)} \tag{8.35}$$

すると，つぎのアルゴリズムで状態 $x(k)$ を推定することができる．

$$\widehat{x}^-(k) = \widehat{x}(k-1) + bu(k-1) \tag{8.36}$$

$$p^-(k) = p(k-1) + \sigma_v^2 \tag{8.37}$$

$$g(k) = \frac{p^-(k)c(k)}{p^-(k)c^2(k) + \sigma_w^2} \tag{8.38}$$

$$\widehat{x}(k) = \widehat{x}^-(k) + g(k)\{y(k) - h(\widehat{x}^-(k))\} \tag{8.39}$$

$$p(k) = \{1 - g(k)c(k)\}p^-(k) \tag{8.40}$$

ここで，式 (8.36) において，制御入力の項 $bu(k-1)$ を考慮したことに注意する．

以上で与えた SOC 推定アルゴリズムの有効性を，数値例を用いて示そう．使用した入力電流と出力電圧を図 8.16 に示す．入力電流は $-20\,\mathrm{A}$ と一定値であり，これは

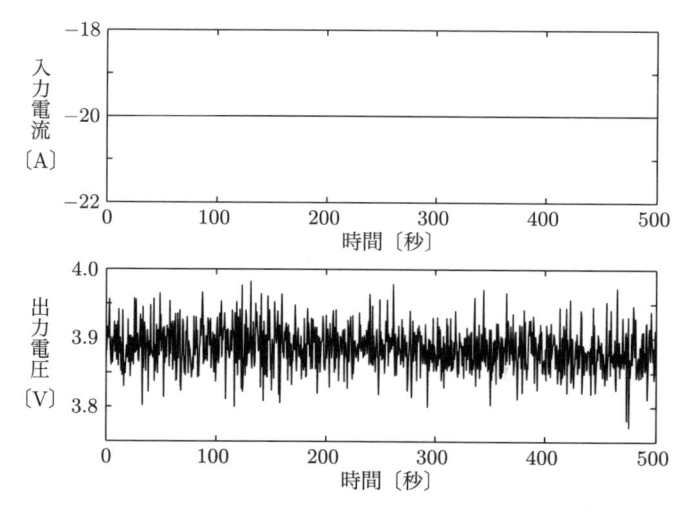

図8.16　入力電流と出力電圧

放電を模擬している.

SOC の推定結果を図8.17に示す.測定された電圧には測定雑音 $w(k)$ が加わっているので,その測定値から OCV を求めて,それを SOC に変換すると,図のグレー線のように,非常に変動的な値が得られた.それに対して,非線形カルマンフィルタを適用することにより,高精度な SOC 推定を行うことができた.

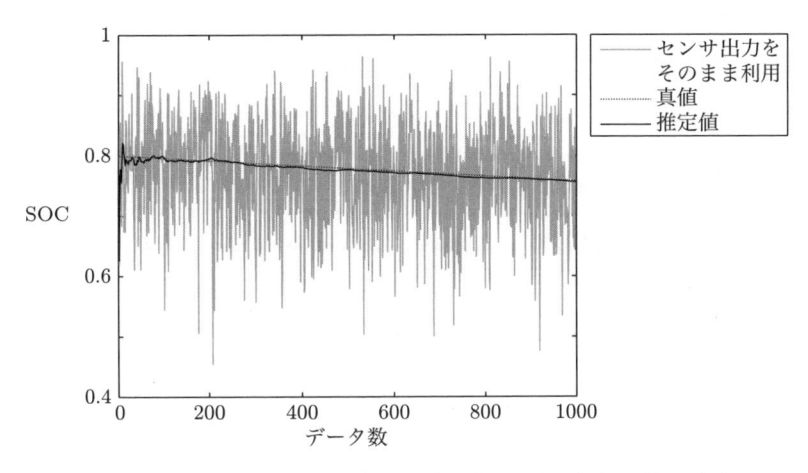

図 8.17 SOC の推定値(実線)と真値(点線)の比較(グレー線は電圧センサの測定値から OCV を計算し,SOC に変換したもの)

8.3 まとめ

本章ではカルマンフィルタの応用例を二つ紹介した.これら以外にもカルマンフィルタは多分野に応用され,さまざまな製品に組み込まれている.また,カルマンフィルタの応用に関する理論研究も精力的に行われている.

本書ではカルマンフィルタの設計法を中心に解説したが,カルマンフィルタを実問題に応用する場合,その成功の鍵を握るのは,対象となる時系列やシステムのモデリングの精度である.現代制御,ロバスト制御,あるいはモデル予測制御といったモデルベースト制御の制御性能が,利用するモデルの品質に大きく依存しているように,カルマンフィルタによる状態推定も,モデルの品質が重要なポイントになる.

カルマンフィルタを実問題に応用して成功を収めるには，モデリングに対する深い理解が必要である．

演習問題

8-1 読者が取り組んでいる研究テーマにカルマンフィルタが適用可能であれば，適用検討を行い，その結果について考察せよ．

参考文献

[1] M. S. Grewal and A. P. Andrews : Kalman Filtering: Theory and Practice Using MATLAB (3rd Edition), Wiley-IEEE Press, 2008.

[2] 足立修一：MATLAB による制御工学（第12章 古典制御理論による制御系設計），東京電機大学出版局，1999．

[3] 廣田・足立 編著，出口・小笠原 著：電気自動車の制御システム（第5章 電池と電源システム），東京電機大学出版局，2009．

[4] N. A. Chaturvedi, R. Klein, J. Christensen, J. Ahmed and A. Kojic : Algorithms for advanced battery-management systems — Modeling, estimation, and control challenges for lithium-ion batteries, IEEE Control Systems Magazine, pp.49–68, June 2010.

[5] G. L. Plett : Extended Kalman filtering for battery management systems of LiPB-based HEV battery packs: Part 1. Background, Journal of Power Sources, Vol.134, No.2, pp.252–261, 2004.

[6] 福永・川口・足立・板橋・岩鼻・寺西：等価回路を用いたリチウムイオン2次電池のパラメータ推定，第53回自動制御連合講演会，pp.577–580, 高知, 2010.

[7] G. L. Plett : Extended Kalman filtering for battery management systems of LiPB-based HEV battery pack: Part 2. Modeling and identification, Journal of Power Sources, Vol.134, No.2, pp.262–276, 2004.

付録A MATLAB プログラム

　本書に掲載した MATLAB プログラムはいずれも小規模なものであり，何らかのプログラミング言語の経験があれば直観的に理解できるように，できるだけ基本的な言語要素のみを用いて構成するように配慮した．しかし，プログラムを簡潔に記述するために，やや高度な言語要素である

- 無名関数
- 関数ハンドル
- クロージャ
- 高階関数

も使用した．これらの事項について以下で説明する．

A.1　無名関数

　無名関数は多くのプログラミング言語に備わっており，プログラムを簡潔に記述する上で利便性が高い機能である．特に MATLAB においては，別ファイルを作ることなく関数を作成する手段として重宝される．

　たとえば，平方根平均二乗誤差（RMSE）を計算する関数 RMSE が必要な場合，

```
RMSE = @(x) sqrt(mean(x.^2))
```

のように RMSE を定義すれば，

```
e=randn(10000,1);
RMSE(e)
ans =
```

```
    1.0065
```

のように，通常の関数と同様の構文で使うことができる．

　ここで用いられている「@(x) x の式」が無名関数を作成する式である．この式は正確には「引数 x をとり，x の式を戻り値とする無名の関数」を作成し，この関数に対応する関数ハンドルを返す．関数ハンドルについてはつぎで説明する．

A.2　関数ハンドル

　関数ハンドルは変数に代入可能な値の一種であり，「関数を呼び出すために必要な情報を含む値」である．関数ハンドルが代入された変数は，関数と同様に扱うことができる．たとえば，変数 f に関数ハンドルが代入されている場合，f(x) という式はこの関数ハンドルに対応する関数を引数 x で呼び出してその戻り値を返す．前述したように，無名関数の作成時には自動的にその関数ハンドルが生成されるが，ほかにも名前をもつ通常の関数や入れ子関数に対しても関数ハンドルを作成することが可能であり，

```
x=[1,5,4,3,2];
assessment = @max;    % 評価関数は最大値
assessment(x)         % x を評価
ans =
     5
```

のように，「@関数名」という式で関数ハンドルを作成することができる．関数ハンドルにはさまざまな用途があるが，上の例のような関数ハンドル assessment を関数 max の代わりにプログラムにおいて一貫して用いることで，後々評価関数を平均値や中間値，あるいはさらに複雑な関数に変更する際のプログラム変更を，最小限に留めることができる．

　また，関数の引数として関数ハンドルを渡すことも可能であり，これを利用することで再利用性が高い関数を書くことができる．たとえば MATLAB の標準関数である fplot は，関数ハンドルを受け取って関数の形状に応じた適応ステップコントロールを行いながらグラフを描画する関数である．関数 $x \mapsto \sin(x^2)$ のグラフをプ

ロットする場合，

```
fplot( @(x) sin(x^2), [0,5], 'o-')
```

のように，当該計算を行う関数のハンドルを渡すことで，必要な点でのみ関数値を計算して，効率良く正確なグラフを描画することができる．

　個別の問題に依存する値を変数で置き換えることによって，式やアルゴリズムを一般の問題に適用可能にすることは，プログラミングにおける基礎的な技術である．関数ハンドルは関数を変数に代入する手段を提供することによって，アルゴリズムと個別の問題を分離する際の自由度を高めるものであり，これを活用することは，再利用性が高いプログラムを記述する上で重要である．

A.3　クロージャとしての関数ハンドル

　C言語経験者であれば，関数ハンドルは関数ポインタと等価なものに見えるかもしれない．しかし，関数ポインタが単に関数のアドレスを格納する変数であるのに対して，関数ハンドルはアドレス以上の情報を保持しうることに留意するべきである．関数ハンドルがもつ付加的な情報は，以下のような実験で確認することができる．

```
a=1;
f = @(x) a+x;   % xにaを加えた値を返す関数
f(1)
ans =
     2
a=2;            % aの値を変更
f(1)            % fは変化するか？
ans =
     2          % -> 変化していない
```

　この例で確認できるように，関数ハンドル f は無名関数の評価に必要な変数 a の情報を内部に保持している．実は，無名関数や入れ子関数の関数ハンドルを作成する場合，関数内で使われているすべての変数（引数を除く）の値は，関数ハンドル内に保存される．さらに重要なのは，関数ハンドルを戻り値や引数として他の関数に渡した場合もこの情報が保持される点である．これらの仕様は瑣末なことのように

思えるが，グローバル変数に頼らずに外部の関数に情報を引き継ぐ有効な手段を与えている点で重要である．

たとえば，線形システム $\dot{x} = Ax + Bu$ に対して，システムの極と可制御性行列を計算し，さらに $u(t) = \sin(t^2)$ に対する応答を計算するプログラムは，無名関数の関数ハンドルを用いると，以下のように書ける．

```
% システムと入力
 A = [0,1;-1,-1];
 B = [0;1];
 u = @(t) sin(t^2);
 dxdt = @(t,x) A*x + B*u(t);
% 解析
 pole_sys = eig(A)
 ctrb_sys = ctrb(A,B)
 ode45(dxdt,[0,30],[0;0])
```

無名関数の関数ハンドルを使わず dxdt を通常の関数として書くとすれば，A，B，u といった変数の情報を dxdt と他のプログラムの間で共有するためには，グローバル変数に頼らなければならない．しかし，グローバル変数の利用はプログラムの保守性を下げる場合が多く，自然で簡潔な記述が可能な無名関数の関数ハンドルは有用である．

ここで扱われている無名関数の関数ハンドルのような「関数＋関数実行時に使われる変数の情報」の機能をもつものを，プログラミング言語における用語でクロージャ（closure, 閉包）と呼ぶ．現代的な言語の多くがこの機能をもっており，関数ハンドルがクロージャとしての機能をもつことは，MATLAB の表現力を高めることに大いに貢献している．

プログラムの再利用性を高めるために役立つ概念である高階関数についてつぎに述べるが，その実装にもクロージャが必要不可欠である．

A.4　高階関数

　高階関数とは，関数を引数や戻り値とする関数のことである．一見すると複雑に思われるかもしれないが，高階関数によって自然で再利用性が高い実装を行うことができるケースは多い．関数を引数とする高階関数は，関数ハンドルを引数とすることで実現可能であり，すでに何度か用いている．ここでは関数を戻り値とする高階関数の例をあげて，その有用性の一端を示そう．

　ここでは，例題として連続時間モデルから離散時間モデルへの変換を扱う．本書で示しているカルマンフィルタのアルゴリズムは，離散時間モデルを前提としているが，実システムは連続時間モデルで記述されることが多く，そのためにはこの変換作業が必要になる．

　非線形モデルではこのような変換は煩雑なので，この変換作業を自動化する関数は実際に有用である．そこで，ここでは連続時間状態空間モデル

$$\frac{\mathrm{d}}{\mathrm{d}t}x(t) = f_\mathrm{c}(t, x(t)) \tag{A.1}$$

を記述する関数 f_c から，同じ状態変数に関する離散時間差分方程式

$$x(t+h) = f_\mathrm{d}(t, x(t)) \tag{A.2}$$

を記述する関数 f_d を，近似的に生成する関数を作成する．

c2d_euler.m
```
function [ fd ] = c2d_euler( fc, h )
    function x_new=fproto(t,x)
        x_new = x + h*fc(t,x);
    end
    fd=@fproto;
end
```

　上記の関数 `c2d_euler` は，これを実現する最も単純な関数の一つである．この関数は，入れ子関数 `fproto` の関数ハンドルを返す．`fproto` はオイラー法で1ステップ先の応答を計算する関数であり，`fc` と `h` は `fproto` の外にある変数なので，関数ハンドル `fd` の作成時にその値が格納されることに注意する．`c2d_euler` を使用する例を以下に示そう．

test_c2d.m
```
clear;
% 問題設定
 x0 = [2,0];
 t0 = 0;   tfinal = 10;
 fc = @vdp1;
% 連続時間のシミュレーション
 [tc,xc] = ode45(fc, [t0 tfinal], x0);
% 離散時間のシミュレーション
 h  = 0.2;
 td = t0:h:tfinal;
 fd = c2d_euler(fc,h);
 xd      = zeros(numel(td),2);
 xd(1,:) = x0;
 for k=1:(numel(td)-1)
     xd(k+1,:) = fd(td(k), xd(k,:)');
 end
% 結果の表示
 plot( tc, xc(:,1), '-', ...
     td, xd(:,1), '*')
 xlabel('t')
 ylabel('x1')
 legend('Continuous', 'Discrete')
```

この例では，MATLABに標準で用意されている関数vdp1をf_Cとして，c2d_eulerの性能を確認している．このように連続時間モデルから離散時間モデルへの変換操作を関数化することにより，再利用性が高く見通しの良いプログラムを書くことができる．また，オイラー法の性能が問題になった場合に，改善すべき点がc2d_euler関数に集約されていることも重要である．実際，test_c2dの結果は図A.1のようになり誤差が大きいが，以下のようなルンゲクッタ法によるルーチンに入れ替えることで改善が可能である（図A.2参照）．

c2d_rk4.m
```
function [ fd ] = c2d_rk4( fc, h )
    function x_new=fproto(t,x)
        k1 = fc(t,x);
        k2 = fc(t+h/2,x+h/2*k1);
```

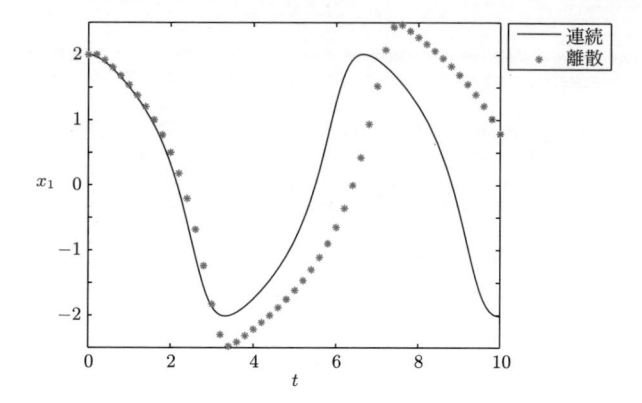

図 A.1 オイラー法による離散時間近似システムの応答

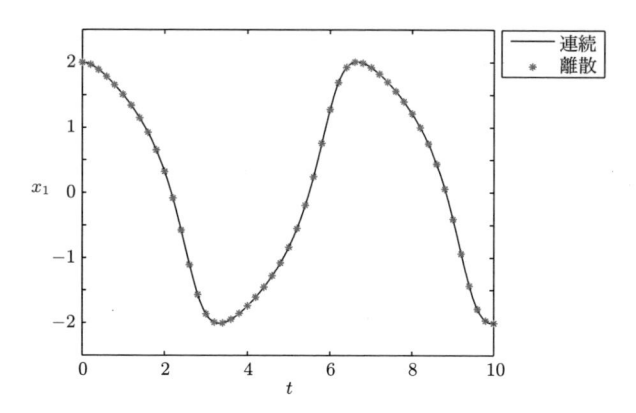

図 A.2 ルンゲクッタ法による離散時間近似システムの応答

```
        k3 = fc(t+h/2,x+h/2*k2);
        k4 = fc(t+h,x+h*k3);
        x_new = x + h/6*(k1+2*k2+2*k3+k4);
    end
    fd=@fproto;
end
```

演習問題の解答

第1章

1-1 このような調べものにはウェブ検索が便利である．ちょっと検索すれば，日食フィルタ，赤外線フィルタ，迷惑メールフィルタなど，さまざまなフィルタが存在することがわかるだろう．

1-2 たとえば，電気回路の古典的な教科書である『改訂 電気回路理論』（末崎・天野 著，コロナ社，1969年）などを読んで勉強するとよい．昭和時代に出版された電気回路の教科書は，非常に詳しく解説しているのでお勧めである．

1-3 たとえば，『MATLABによるディジタル信号とシステム』（足立 著，東京電機大学出版局，2002年）をはじめとして，信号処理の教科書は，ディジタルフィルタに関して詳細に記述している．

第2章

2-1 これはかなりやっかいな計算である．たとえば『演習で身につくフーリエ解析』（黒川・小畑 著，共立出版，2005年）が参考になる．

2-2 次ページを参照

第3章

3-1 たとえば，制御理論の教科書『システム制御理論入門』（小郷・美多 著，実教出版，1979年）の第1章には，さまざまな第一原理モデルの例が記述されている．

2-2 (1)

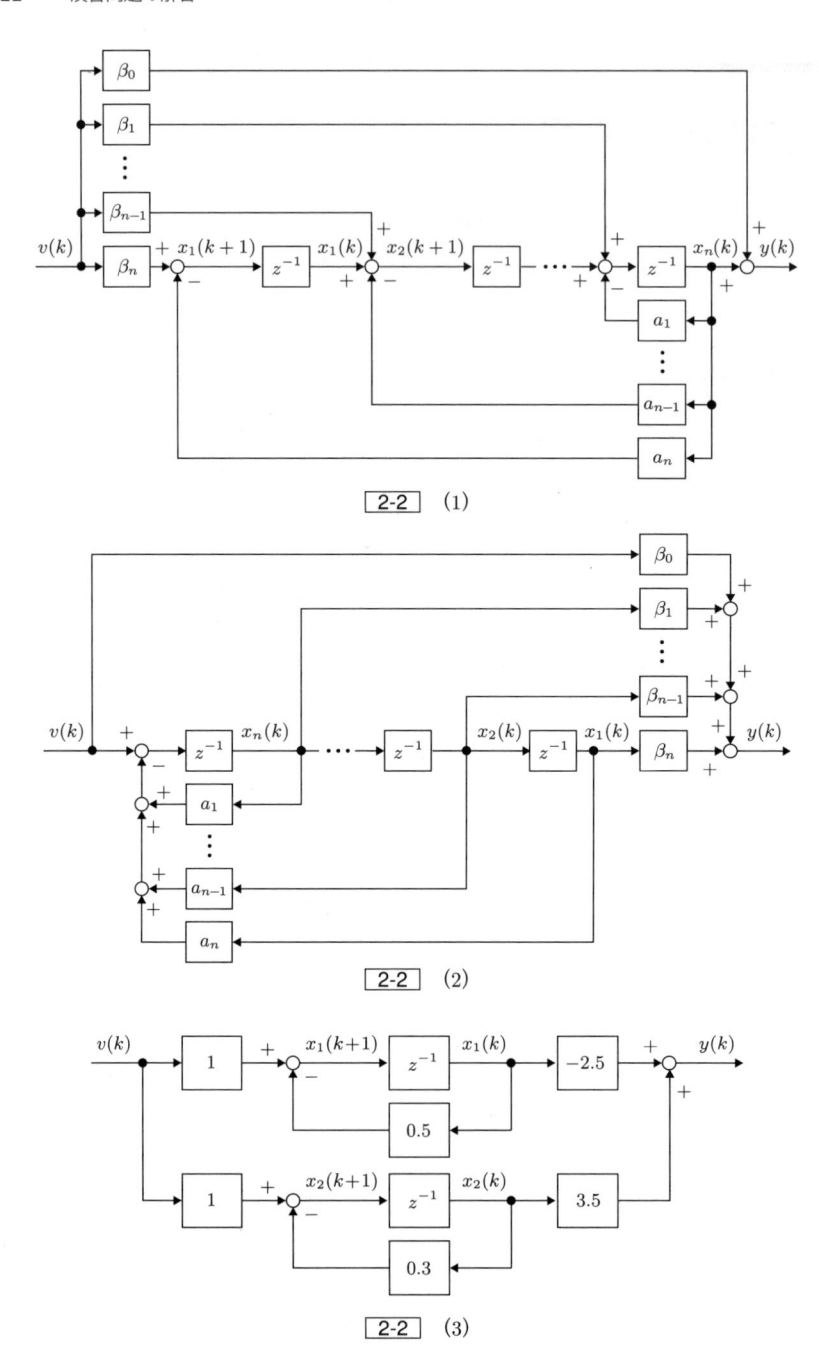

2-2 (2)

2-2 (3)

3-2 システム同定に関する本（たとえば第3章の文献 [8]）に詳しく記述されている．

第4章

4-1 略　　4-2 略　　4-3 略

4-4 $Q = P - P\varphi(1+\varphi^T P\varphi)^{-1}\varphi^T P$

第5章

5-1 略　　5-2 略

第6章

6-1 (1) カルマンフィルタの時間更新式は，つぎのようになる．
$$\widehat{x}^-(k) = 0.6\,\widehat{x}(k-1)$$
$$p^-(k) = 0.36\,p(k-1) + 1$$
$$g(k) = \frac{p^-(k)}{p^-(k)+1}$$
$$\widehat{x}(k) = \widehat{x}^-(k) + g(k)(y(k)-\widehat{x}^-(k))$$
$$p(k) = (1-g(k))p^-(k)$$

(2) $\widehat{x}(2) = \dfrac{15045}{96052}y(1) + \dfrac{1781}{3256}y(2) \fallingdotseq 0.157y(1)+0.547y(2)$,　$g(2) \fallingdotseq 0.547$

(3) リッカチ方程式を計算すると，定常カルマンゲインは，$g^* \fallingdotseq 0.545$ となる．よって，定常カルマンフィルタの時間更新式は，つぎのようになる．
$$\widehat{x}^-(k) = 0.6\,\widehat{x}(k-1)$$
$$\widehat{x}(k) = \widehat{x}^-(k) + 0.545(y(k)-\widehat{x}^-(k))$$

$g(2) = 0.547$ だったので，この例では，数ステップで，カルマンフィルタは定常カルマンフィルタにほぼ収束していることがわかる．

(4) 略　　(5) 略

6-2 $P^* = 1+\sqrt{3} \fallingdotseq 2.73$,　$g^* = (1+\sqrt{3})/(2+\sqrt{3}) \fallingdotseq 0.732$

6-3 略　　6-4 略

第7章

7-1 $S = \begin{bmatrix} 1 & 0 & 0 \\ 2 & 2 & 0 \\ 3 & -2 & 1 \end{bmatrix}$

7-2 略

第8章

8-1 ぜひ実問題にカルマンフィルタを応用し，その有効性を確かめていただきたい．

索引

■ 数字

1次モーメント（平均値） 31
1入力1出力システム 7
2次モーメント（分散） 31

■ 英字

ARE（Algebraic Riccati Equation） 129
ARIMAモデル 27
ARMAモデル 22, 41
ARXモデル 141
ARモデル 25, 38
Control System TOOLBOX 134
EKF（Extended Kalman Filter） 154, 156, 157
FIRモデル 27
GPS（Global Positioning System） 192
INS（Inertial Navigation System） 192, 196
kalman 134, 136
MATLAB 51, 56, 213
MAモデル 25, 26
MBD（Model-Based Development） 1, 47, 205
MSE（Mean Square Error） 61
rarx 144
SN比 65
SOC（State Of Charge） 205
SOH（State Of Health） 205
System Identification TOOLBOX 51, 56, 125
UD分解 165
UKF（Unscented Kalman Filter） 154, 163, 172
U変換 167
z変換 30

■ あ

アンサンブルカルマンフィルタ 155
安定・最小位相 21

■ い

一段先予測値 102
一様誤差 82
一括処理 98
　　　──最小二乗推定法 40
イノベーション過程 103

■ う

ウィナー過程 111
ウィナーフィルタ 3, 43, 193

■ お

オイラー法 176, 218
オブザーバ 3
オブジェクト指向モデリング 54

■ か

可安定 130
回帰ベクトル 39, 142
解析 45
ガウシアン 31
ガウス分布 31
ガウス＝マルコフの定理 89
可観測 130
　　　──行列 131
　　　──性 131
　　　──正準形 35
拡大系 186
拡張カルマンフィルタ 154, 156, 157
確率過程 18, 111
確率差分方程式 23
確率密度関数 31
可検出 130

可制御　130
　　　——行列　131
　　　——性　131
　　　——正準形　37
カルマンゲイン　103
カルマンフィルタ　1, 107
関数ハンドル　214, 215
慣性航法システム　192, 196
観測雑音　30
観測方程式　6, 30

■き
期待値　81
基本演算素子　35
逆行列補題　72, 87
共分散行列　33, 108, 109

■く
クーロンカウント法　208
グラフィカルモデル　49
グレーボックスモデリング　51
クロージャ　215, 216

■け
健全度　205
現代制御　47

■こ
高階関数　217
公称モデル　56
誤差共分散行列　70
古典制御　47
コマンド
　　kalman　134, 136
　　rarx　144
コレスキー分解　164, 165

■さ
最小二乗推定値　40, 72, 87
最小二乗推定法　39, 60, 63, 73
最小分散推定値　62
最小平均二乗誤差推定値　97
最適推定値　96, 97
最適フィルタ　96
サイバネティックス　43
最頻値　84
最尤推定値　89, 93, 94
最尤推定法　88
サポートベクター回帰　83

■し
時間推移演算子　19
シグマポイント　164
　　　——カルマンフィルタ　164
時系列　9
　　　——モデリング　38, 95
事後共分散行列　106
事後推定値　63, 99
自己相関関数　18
事後分布　80
指数平滑　133
システム行列　30
システム雑音　30
システム同定　10, 50, 140
事前共分散行列　105
事前状態推定誤差　102
事前推定値　63, 99
事前分布　80
実現　34
時不変　30
時変　30
シミュレータ　50
充電率　205
周辺確率　78
条件付確率　78
条件付期待値　83
状態　29
　　　——空間表現　3, 5, 6
　　　——空間モデル　29, 42, 95
　　　——推定誤差　97
　　　——ベクトル　6
　　　——方程式　6
乗法定理　79

■す
推定ゲイン　65
推定誤差　61
推定問題　9
数学モデル　49
スペクトル分解　20

■せ
正規化周波数　21
正規性　86
　　　——白色雑音　30
正規白色性　7
正規分布　31

索引

正規方程式　40
制御入力　122, 123
設計　45
絶対誤差　82
線形化　154
線形時不変　96
線形推定則　61
線形予測器　100
線形離散時間状態空間モデル　96, 110
センサフュージョン　192

■そ

双対性　131
相補フィルタ　193, 195
ソフトセンサ　8
損失関数　97

■た

第一原理モデリング　50, 54
対角正準形　37
代数リッカチ方程式　129
ダイナミクス　4
多変数正規分布　33

■ち

逐次最小二乗推定法　72, 140
逐次処理　98
中央値　83
中心極限定理　31
直達項　30, 34
直交射影　67
直交性の原理　66, 67, 101

■て

低域通過フィルタ　3, 7, 133
定常確率過程　3, 20, 96
定常過程　25
定常カルマンフィルタ　114
定常時系列　3
データ同化　155
適応ディジタルフィルタ　140
適応能力　128
テプリッツ行列　41
伝達関数　3
　　——モデル　95

■と

統計的サンプリング法　154
統計モデル　80

統合慣性航法システム　192
同時確率　78
同時推定問題　186
特異値分解　164, 165
独立　79

■な

内積　67

■に

二乗誤差　82

■の

ノンパラメトリックモデル　47

■は

パーティクルフィルタ　155
排反　79
バイプロパー　34
白色雑音　18
パラメータ推定　39
パラメトリックモデル　24, 48
パワースペクトル密度関数　20

■ひ

非線形カルマンフィルタ　154
非線形システム　152
非定常過程　30
非定常時系列　128
評価関数　82, 97
表現定理　24
標準正規分布　31

■ふ

フィッティング　26
フィルタ　2
フィルタリング　2, 9
　　——推定値　99
　　——ステップ　100
物理モデリング　50
部分空間同定法　42
不偏推定値　61
ブラウン運動　111
ブラックボックスモデリング　50
分離性　131

■へ

平滑　9
平均二乗誤差　61, 97

ベイズ推定値　83
ベイズ統計　76, 80, 81
ベイズの定理　77, 80, 91
閉包　215, 216
平方完成　62, 64
平方根行列　164, 165

■ほ
ホワイトボックスモデリング　50
ボンドグラフ　54

■ま
マルチドメインモデリング　54

■み
未知パラメータベクトル　39, 142

■む
無相関　18, 66
無名関数　213

■め
メディアン　83

■も
モード　84
モデリング　15, 45
モデル　1, 15
　　　——の不確かさ　16, 55
　　　——フリー制御　46

　　　——ベース開発　1, 205
　　　——ベースト制御　46
　　　——予測制御　49

■や
ヤコビアン　154

■ゆ
尤度　80
有理形スペクトル密度関数　21

■よ
予測　9
　　　——推定値　99
　　　——ステップ　100

■ら
ランダムウォーク　144

■り
力学システム　4, 187
離散時間信号　8
離散時間非線形状態空間表現　152
リチウムイオン二次電池　204
リッカチ方程式　129

■る
ルンゲクッタ法　187, 218

■ろ
ロバスト制御　48

【著者紹介】

足立修一（あだち・しゅういち）
- 学　歴　慶應義塾大学大学院工学研究科博士課程修了，工学博士（1986年）
- 職　歴　(株)東芝総合研究所（1986～1990年）
　　　　　宇都宮大学工学部電気電子工学科 助教授（1990年），教授（2002年）
　　　　　航空宇宙技術研究所 客員研究官（1993～1996年）
　　　　　ケンブリッジ大学工学部 客員研究員（2003～2004年）
- 現　在　慶應義塾大学理工学部物理情報工学科 教授（2006年）

丸田一郎（まるた・いちろう）
- 学　歴　京都大学大学院情報学研究科博士課程修了，博士（情報学）（2011年）
- 職　歴　日本学術振興会特別研究員PD（於 慶應義塾大学，2011年）
　　　　　京都大学大学院情報学研究科システム科学専攻　特定助教（2012年）
　　　　　京都大学大学院情報学研究科システム科学専攻　助教（2013年）
- 現　在　京都大学大学院工学研究科航空宇宙工学専攻　講師（2017年）

カルマンフィルタの基礎

2012年10月10日　第1版1刷発行	ISBN 978-4-501-32890-0 C3055
2020年5月20日　第1版9刷発行	

著　者　足立修一・丸田一郎
　　　　Ⓒ Adachi Shuichi, Maruta Ichiro 2012

発行所　学校法人 東京電機大学　〒120-8551 東京都足立区千住旭町5番
　　　　東京電機大学出版局　Tel. 03-5284-5386（営業）03-5284-5385（編集）
　　　　　　　　　　　　　　Fax. 03-5284-5387　振替口座00160-5-71715
　　　　　　　　　　　　　　https://www.tdupress.jp/

JCOPY ＜(社)出版者著作権管理機構 委託出版物＞

本書の全部または一部を無断で複写複製（コピーおよび電子化を含む）することは，著作権法上での例外を除いて禁じられています。本書からの複製を希望される場合は，そのつど事前に，(社)出版者著作権管理機構の許諾を得てください。また，本書を代行業者等の第三者に依頼してスキャンやデジタル化をすることはたとえ個人や家庭内での利用であっても，いっさい認められておりません。
［連絡先］Tel. 03-5244-5088, Fax. 03-5244-5089, E-mail: info@jcopy.or.jp

制作：㈱グラベルロード　　印刷：新灯印刷㈱　　製本：渡辺製本㈱
装丁：川崎デザイン
落丁・乱丁本はお取り替えいたします。　　　　　　Printed in Japan